LES EXPERTISES AGRICOLES

A LA SUITE D'INCENDIES, DE GRÊLES, ETC., ETC.

AIDE-MÉMOIRE

Par EUGÈNE BORÉ

INSPECTEUR DE LA COMPAGNIE D'ASSURANCES CONTRE L'INCENDIE
LA CONFIANCE
ANCIEN ÉLÈVE DE GRIGNON

PARIS
ADMINISTRATION DU
JOURNAL DES ASSURANCES
18, rue Saint-Marc, 18

ANGERS
P. LACHÈSE ET DOLBEAU
LIBRAIRES
4, rue Chaussée Saint-Pierre, 4

LES

EXPERTISES AGRICOLES

ANGERS, IMPRIMERIE P. LACHÈSE ET DOLBEAU

LES EXPERTISES AGRICOLES

A LA SUITE D'INCENDIES, DE GRÊLES, ETC., ETC.

AIDE-MÉMOIRE

Par EUGÈNE BORÉ

INSPECTEUR DE LA COMPAGNIE D'ASSURANCES CONTRE L'INCÉNDIE
LA CONFIANCE
ANCIEN ÉLÈVE DE GRIGNON

PARIS
ADMINISTRATION DU
JOURNAL DES ASSURANCES
18, rue Saint-Marc, 18

ANGERS
P. LACHÈSE ET DOLBEAU
LIBRAIRES
4, rue Chaussée Saint-Pierre, 4

AVANT-PROPOS

Nous nous sommes proposé, dans ce volume, de fournir aux personnes qui le consulteront tous les éléments dont on peut avoir besoin pour faire les expertises agricoles à la suite d'incendies.

Nous y avons recueilli les renseignements nécessaires en pareille circonstance, et ces renseignements, nous les avons puisés aux sources les plus autorisées, notamment dans les ouvrages de MM. Gasparin, Moll, Heuzé, Lecouteux, Barral, Londet et autres auteurs ayant écrit sur l'agriculture pratique.

Un règlement après incendie n'est autre chose, en réalité, qu'un inventaire *après coup*, dont il faut reconstituer les éléments détruits par le feu.

Grâce aux données réunies dans ce volume, il sera facile à toute personne s'occupant d'expertise, de retrouver des indices qui la guideront dans ses recherches et dans ses évaluations.

Les experts auxquels les Compagnies d'assurances confient le soin d'effectuer ces règlements sont souvent, par la nature même de leurs fonctions, appelés, à de courts intervalles, dans des régions de la France fort éloignées les unes des autres.

Ils ne peuvent avoir toujours présents à la mémoire, tous les renseignements qui leur sont indispensables et qui varient suivant les contrées dans lesquelles ils opèrent.

Les ingénieurs, les architectes, etc., etc., ont des agendas, des vade-mecum ou aides-mémoire qu'il leur est loisible de consulter chaque fois qu'ils ont besoin d'y recourir. Mais les experts agricoles ne possèdent aucun ouvrage semblable, et il ne fait pas moins défaut aux inspecteurs et agents que leurs fonctions peuvent obliger à régler d'une façon amiable des sinistres de moindre importance. C'est ce memento que nous nous sommes proposé de leur offrir.

Notre plus grand désir serait de voir notre travail acquérir, avec le temps, la valeur que possèdent les ouvrages du même genre, qui maintenant font autorité.

DE L'EXPERTISE

L'expertise est *amiable* ou *judiciaire*.

Elle est *amiable* lorsque les experts procèdent sans intervention de la justice, et uniquement en vertu de pouvoirs que leur ont donnés les parties.

L'expertise est *judiciaire* quand elle est ordonnée par des juges sur la demande et la présentation des parties et par un jugement ou une simple ordonnance sur requête.

L'expertise judiciaire est obligatoire ou facultative pour les magistrats. Elle est obligatoire quand ce sont les parties qui la réclament.

Il existait autrefois des *experts-jurés*, qui pouvaient seuls faire des rapports. Aujourd'hui les offices de ce genre n'existent plus. Toute personne capable peut remplir les fonctions d'expert, sauf les cas d'incapacité déclarés par la loi. L'article 34 du Code pénal déclare incapables d'être experts : les condamnés, les interdits et les personnes pourvues d'un conseil judiciaire.

Les mineurs, les femmes, les étrangers peuvent remplir les fonctions d'expert. Un mineur peut être accepté par les parties, mais ne pourrait être désigné d'office, ne présentant pas des garanties suffisantes de responsabilité. Il y a des cas d'incompatibilité en raison d'autres fonctions. Ainsi, un juge ne peut être expert, mais un greffier peut l'être.

D'après l'article 310 du Code civil les experts peuvent être récusés pour les motifs pour lesquels les témoins peuvent être reprochés.

Nul n'est obligé d'accepter les fonctions d'expert.

Les Compagnies d'assurances contre l'incendie ont toujours recours, pour leurs expertises, à des hommes expérimentés. Sans vouloir leur tracer, ici, une ligne de conduite, je vais rappeler les principes et la marche que les Compagnies indiquent généralement dans leurs instructions à leurs agents.

De l'estimation des dommages sur maisons et bâtiments.

1. — Les experts devront s'enquérir de l'âge des bâtiments, de leur bon ou mauvais état, de leurs dimensions, du nombre des étages, des portes et fenêtres, de la nature des constructions et couvertures, de la distribution intérieure, etc. Ils s'informeront du montant des loyers et des contributions, et ils se feront représenter les anciens baux et contrats d'acquisition, actes de partage, etc.

2. — Si les bâtiments étaient de construction trop massive et qu'ils pussent être remplacés, à valeur égale, par des bâtiments d'une construction moderne ; si à des charpentes d'une force inusitée on peut substituer des bois de dimension moins coûteuse, mais tout aussi solides, les experts devront avoir égard à ces circonstances dans leurs estimations.

3. — A moins que l'exclusion n'en ait été stipulée dans le contrat, les caves et fondations entreront toujours dans l'expertise.

4. — Si les bâtiments devaient être démolis ou s'ils étaient hors d'emploi, on ne les estimerait que pour le prix des matériaux, parce que ce prix seul en représenterait la valeur vénale.

5. — S'ils étaient devenus impropres à leur destination primitive ; si, ayant été construits et disposés pour une ferme, ils ne pouvaient plus servir au même usage ou s'ils étaient devenus trop spacieux pour celui auquel ils avaient été destinés : soit parce qu'une partie des terrains de la ferme a été aliénée ; dans ce cas ou tout autre analogue, il ne faudrait pas procéder par voie de différence du neuf au vieux, mais rechercher le prix que le propriétaire aurait retiré de l'immeuble s'il l'avait mis en vente la veille du jour de l'incendie, et déduire de ce prix le sauvetage avec la valeur du sol.

6. — Toutes les fois que, pour des motifs quelconques, l'expertise par voie de différence du neuf au vieux pourrait donner à l'assuré un bénéfice relatif, on adoptera le mode indiqué à l'article précédent. Autant que possible, le même mode sera suivi lorsqu'une maison ayant été brûlée entièrement, il n'en restera plus aucune partie susceptible d'être réparée.

De l'estimation des mobiliers et produits de récoltes.

7. — Les pertes sur mobiliers ne sont pas aussi notoirement appréciables que les dommages sur immeubles; aussi l'assuré doit-il, à moins d'impossibilité constatée, fournir à la Compagnie, sous peine de déchéance et dans les quinze jours qui suivent le sinistre, un état certifié par lui des objets incendiés, avariés et sauvés.

8. — L'assuré doit ensuite justifier de ses pertes par tous les moyens en son pouvoir, et cette justification est mise sous les yeux des experts avec les observations nécessaires; si l'assuré se refuse à la produire, il faut suspendre l'expertise.

Mobilier de ménage. Mobilier aratoire.

9. — Pour déterminer l'existence et la valeur d'un mobilier détruit, on prend en considération la fortune et l'état de maison de l'assuré, l'époque de son établissement, le nombre de personnes dont se compose sa famille, etc. Le sauvetage donnera encore moyen d'apprécier, par comparaison, la nature et la valeur du mobilier existant au moment de l'incendie. Enfin, le témoignage des gens de la maison, des personnes qui la fréquentaient, servira aussi à éclairer les experts sur la nature et le montant des pertes. La même marche sera suivie pour l'estimation du mobilier aratoire.

Produits de récoltes.

10. — Pour apprécier les pertes sur produits de récoltes, on examinera :

1º L'étendue et la nature des terres qu'exploite l'assuré;

2º Les produits de la dernière récolte, eu égard aux accidents, tels que la grêle, la gelée, les maladies qui auraient altéré ou diminué les quantités;

3º L'époque de l'année d'après laquelle les approvisionnements doivent être plus ou moins considérables;

4º Le montant des ventes faites depuis la récolte et la différence à déduire par suite de la consommation journalière de la ferme.

11. — On exigera la représentation des livres et des notes que pourrait tenir l'assuré, et, si l'utilité s'en fait sentir, on consultera les maires, les adjoints ou tous autres notables de la commune.

12. — S'il s'agit de récoltes en granges ou en greniers, on cubera, au besoin, le local pour en évaluer la contenance. S'il est question de récoltes en meules, on calculera la dimension des meules d'après l'emplacement qu'elles occupaient et d'après l'examen de celles qui se trouveront à proximité ; on se renseignera près des couvreurs, dont généralement le travail est payé à raison de la quantité de gerbes couvertes.

13. — Les grains, fourrages et autres produits sont estimés d'après la dernière mercuriale du marché le plus voisin, sous déduction, toutefois, des frais de battage, de transport, de factage, dons d'usage, location, etc., etc.

Les prix des marchés impliquent que tous les frais nécessaires à l'arrivée des produits au dit marché ont été faits. Les frais non faits seront à déduire. Ainsi, pour le cas des meules de gerbes de blé, il y aura à déduire :

1° Les frais de transport des gerbes au lieu du battage ;

2° Les frais de battage, vannage, criblage, ensachement et transport du grain au grenier et de la paille à la grange ;

3° Les frais de transport au marché et les droits de halle, mesurage, pesage ;

4° L'importance des déchets dûs aux insectes ou animaux granivores ;

5° La valeur, pour la paille, des 4 bottes par 100 bottes qu'il est d'usage d'accorder au vendeur ;

6° Enfin, l'intérêt du prix net des produits depuis le jour du règlement au jour probable de leur vente respective au marché ou de leur consommation.

Bestiaux.

On établira l'existence et la valeur des bestiaux, troupeaux et animaux de labour, en s'éclairant du témoignage des ouvriers et journaliers, ainsi que des renseignements donnés par les cultivateurs voisins.

La propriété bâtie en France, d'après un relevé statistique fait par ordre du Ministre du commerce.

Il y a en France : 7.609.464 maisons dont :

```
3.996.571 à simple rez-de-chaussée.
2.458.563 à rez-de-chaussée et 1 étage.
  851.547 à        —          2   —
  216.429 à        —          3   —
   36 354 à        —          4   —    et au-dessus.
```

Plus de la moitié des maisons en France n'ont qu'un rez-de-chaussée. En dehors des appartements et logements consacrés à l'habitation et qui sont au nombre de 10.729.281, il y a 1.115.547 locaux séparés servant d'ateliers, de magasins ou de boutiques.

Des causes assez générales d'incendie dans les campagnes [1].

La disposition vicieuse des cheminées, poëles établis sur le plancher sans l'interposition d'isolateurs. Tuyaux traversant des cloisons sans être séparés par un vide annulaire, ou manchon en corps incombustible et mauvais conducteur de la chaleur.

Les approvisionnements de charbons, copeaux et chiffons, laissés sous les fourneaux de cuisine.

Les crevasses dans les cheminées, les conduites de fumée, les voûtes des fours.

L'habitude de faire sécher le bois au-dessus de la voûte du four à pain.

L'usage des huiles de pétrole, schiste ou autres huiles minérales.

Le défaut de clôture des granges, écuries, fermes, qui favorisent la malveillance.

[1] Extrait du *Traité des causes des Incendies* par M. Maxime Meunier, Directeur de l'Union générale du Nord.

La combustion causée par des verres à vitres renfermant des noyaux formant lentille convexe et incendiant, à la manière des verres grossissants, les matières combustibles à portée.

La combustion spontanée des foins rentrés humides et des fumiers mis en grand tas près des bâtiments et non arrosés.

L'emploi de lampes sans verre, de chandelles, de chaufferettes à braise, de couveaux, de moines.

Les provisions de chaux vive en grenier ou dans des caves et celliers, sur lesquelles de l'eau pluviale aurait été ou pourrait être accidentellement répandue.

L'habitude trop fréquente de fumer dans les écuries et granges. L'emploi des allumettes chimiques autres que celles dites amorphes.

L'introduction d'une lumière nue dans les écuries et granges.

Les mendiants et vagabonds, qui, parfois, se vengent d'un secours en argent refusé.

La présence fréquente près des foyers des animaux domestiques tels que chiens et chats, sur lesquels des étincelles sont souvent projetées, et qui se sentant brûler se réfugient n'importe où, portant le feu avec eux.

Il faut aussi noter les cas où ces mêmes animaux renversent des lumières, qui propagent l'incendie.

Causes qui entraînent la déchéance, par suite de défaut de déclaration de la part de l'assuré.

L'établissement de meules de récoltes, de fagots, écorces et cotrets à moins de 10^m des bâtiments.

La création de chantiers de bois de construction ou à brûler à moins de 5^m des risques assurés.

L'introduction dans les bâtiments de simple habitation de matières augmentant les risques.

La transformation de maisons d'habitation en fermes, magasins.

La construction d'usines dans le voisinage immédiat des bâtiments ou objets assurés.

L'installation dans les immeubles de séchoirs, étuves chauffés par des poêles ou des calorifères.

Le remplacement de murs ou de toitures en dur par des

murs en torchis, bois, pisé, ou des toitures en chaume, bois, papier bitmué ou asphalté.

Le teillage de lin ou chanvre dans les locaux assurés.

La construction mitoyenne de bâtiments couverts en chaume ou en mixte, construits en bois ou en mixte.

L'introduction dans un bâtiment occupé par l'assuré seulement, d'ouvriers batteurs de blé ou teilleurs de lin et de chanvre, travaillant pour le compte de diverses personnes étrangères à l'assuré.

Causes qui entraînent la déchéance ou la responsabilité pour faits caractérisés *faute lourde*.

L'inexécution des réglements de police sur la réparation des bâtiments, le ramonage des cheminées, des fours.

La violation des défenses faites à toutes personnes de porter ou d'allumer du feu dans les forêts, landes ou bruyères. L'inobservation des dispositions qui fixent la distance à laquelle on peut allumer du feu dans les champs, des mesures qui règlent la manière de tirer les pièces ou feux d'artifice.

L'action de laisser tourner à vide, abandonné à lui-même, un moulin à moudre blé, huile, tan ou autres substances.

L'allumage de grands feux dans des appartements remplis ou non de matières inflammables, que l'on ferme à clef sans y pénétrer de longtemps.

L'installation d'un poêle ou d'un foyer découvert dans une grange remplie de récoltes.

L'action de faire chauffer à feu nu dans des chambres ordinaires, non disposées à cet effet, des matières inflammables telles que du goudron, des essences.

Le placement de récoltes, même provisoirement, dans une chambre à coucher où l'on peut faire du feu et introduire de la lumière.

L'écangage, l'espadage ou le teillage de lins ou chanvres dans des locaux assurés.

Précautions légales à prendre concernant les incendies dans la construction des cheminées (Voir l'art. 674, C. civ. et ordonnance du 11 décembre 1852).

Art. 1. — Toutes les cheminées, tous les poêles et autres appareils de chauffage, doivent être établis et disposés de manière à éviter les dangers du feu et pouvoir être facilement nettoyés ou ramonés.

Art. 2. — Il est interdit d'adosser des foyers de cheminées, des poêles et des fourneaux à des cloisons dans lesquelles il entrerait du bois, à moins de laisser, entre le parement extérieur du mur entourant ces foyers et les cloisons, un espace de seize centimètres.

Art. 3. — Les foyers des cheminées ne devront être posés que sur des voûtes en maçonnerie, ou sur des trémies en matériaux incombustibles. La longueur des trémies sera au moins égale à la largeur des cheminées, y compris la moitié de l'épaisseur des jambages. Leur largeur sera d'un mètre au moins, à partir du fond du foyer jusqu'au chevêtre.

Art. 4. — Il est interdit de poser les bois des combles et des planchers à moins de 16 centimètres de toute face intérieure des tuyaux de cheminées et autres foyers.

Art. 11. — Les tuyaux de poêles, et autres tuyaux conducteurs de fumée, en métal, devront toujours être isolés, dans toute leur hauteur, d'au moins seize centimètres des cloisons dans lesquelles il entrerait du bois. Lorsqu'un tuyau traversera une de ces cloisons, le diamètre de l'ouverture faite dans la cloison doit excéder de seize centimètres celui du tuyau.

Ce tuyau sera maintenu au passage, par une tôle dans laquelle il sera percé une ouverture égale au diamètre extérieur dudit tuyau.

Art. 12. — Aucun tuyau conducteur de fumée, en métal, ne pourra traverser un plancher ou un pan de bois, à moins d'être entouré au passage par un manchon en métal ou en terre cuite.

Le diamètre de ce manchon excédera de dix centimètres celui du tuyau, de manière qu'il y ait partout, entre le manchon et le tuyau, un intervalle de cinq centimètres.

Observations.

Sur certains points de la France, il est d'usage de surélever les murs de refend de 0ᵐ, 50 à 0ᵐ, 60 au-dessus du toit. Les bois de charpente de la toiture sont, de cette façon, sans contact avec la maison voisine, et, dans le cas d'incendie, on évite une trop rapide propagation du feu, si on ne l'arrête pas avant qu'il ait atteint le voisin. Ces murs surélevés sont surtout d'un grand secours dans les localités où les toitures sont en chaume. Ils devraient être recommandés partout, et rendus obligatoires par les maires des communes où l'on continue à couvrir en chaume.

Toitures en chaume. — On peut préserver les toitures en chaume à l'aide du mélange suivant :

Terre glaise	7	parties.
Sable	1	—
Crottin de cheval	1	—
Chaux vive	1	—

qui, mêlé avec de l'eau, à la consistance du plâtre gâché, est appliqué à l'aide d'une truelle, en une couche de 1 centimètre d'épaisseur. Les fentes et fissures sont reprises à mesure de la dessiccation.

Au moyen d'un trempage préalable des pailles dans des bains de silicate de potasse ou de soude, on arrive à les rendre incombustibles; le feu s'arrête au point initial sans se propager.

Feux de cheminée. — Le plus souvent dans les campagnes, on bouche l'ouverture des cheminées au moyen de fumier ou de foin mouillé. Ce procédé peut avoir pour inconvénient de faire éclater les cheminées qui ne sont pas solidement construites, et, ensuite, de mettre le feu aux objets combustibles renfermés dans les greniers.

L'emploi du soufre en poudre est préférable dans ce cas. On empêche l'accès de l'air dans les cheminées au moyen d'un drap ou d'une couverture mouillée. Le soufre en brûlant dégage une grande quantité d'acide sulfureux qui étouffe le feu dans la cheminée. A défaut de soufre, on peut employer des oignons crus coupés en morceaux et jetés en quantité suffisante sur le feu de l'âtre. Il se produit beaucoup de fumée et de gaz qui éteignent la suie embrasée.

Moyens préventifs. — Pour les bois de charpente et de menuiserie, les enduire de deux couches d'une solution faible de silicate de soude ou de potasse, à un litre de solution sirupeuse de silicate pour trois litres d'eau.

Pour les cordes des étendages, séchoirs : les faire tremper dans une dissolution concentrée d'alun.

Pour les étoffes légères : les immerger dans une dissolution d'ammoniaque, 7 parties de sulfate contre 93 d'eau.

Pour préserver les bois de l'incendie, M. Mandet a composé un enduit nommé glycéro-colle qui se compose de :

Dextrine blanche soluble, très adhésive	1 kil.	500
Glycérine blonde à 28°	1 —	900
Sulfate d'alumine	0 —	100

Incendies. — On peut arrêter ou diminuer l'ardeur du feu en projetant à l'aide d'une pompe, une dissolution de chlorure de calcium. L'eau, après s'être vaporisée, laisse un enduit vitreux à la surface des objets, qui empêche le feu de se propager.

Le chlorhydrate d'ammoniaque en dissolution (28 grammes par litre d'eau), et le chlorure de magnesium (1 kilog. par hectolitre d'eau), arrêtent les feux les plus violents.

Les dissolutions aqueuses concentrées de phosphate d'ammoniaque, de sulfate d'ammoniaque, d'alun, de borax, de sulfate de cuivre, de chlorure de calcium, produisent les mêmes effets.

LOIS ET USAGES RURAUX

De la Distinction des biens.

Art. 516 du Code civil. — Tous les biens sont meubles ou immeubles.

Des Immeubles.

Art. 517. — Les biens sont immeubles, ou par leur nature, ou par leur destination, ou par l'objet auquel ils s'appliquent.

Art. 518. — Les fonds de terre et les bâtiments sont immeubles par leur nature.

Art. 519. — Les moulins à vent, ou à eau, fixés sur piliers et faisant partie du bâtiment, sont aussi immeubles par leur nature.

Art. 520. — Les récoltes pendantes par les racines, et les fruits des arbres non encore recueillis, sont pareillement immeubles. Dès que les grains sont coupés et les fruits détachés, quoique non enlevés, ils sont meubles. — Si une partie seulement de la récolte est coupée, cette partie seule est meuble.

Art. 521. — Les coupes ordinaires des bois taillis ou des futaies mises en coupes réglées, ne deviennent meubles qu'au fur et à mesure que les arbres sont abattus.

Art. 522. — Les animaux que le propriétaire du fonds livre au fermier ou au métayer pour la culture, estimés ou non, sont censés immeubles tant qu'ils demeurent attachés au fonds par l'effet de la convention. — Ceux qu'il donne à cheptel à d'autres qu'au fermier ou métayer, sont meubles.

Art. 523. — Les tuyaux servant à la conduite des eaux dans une maison ou autre héritage, sont immeubles et font partie du fonds auquel ils sont attachés.

Art. 524. — Les objets que le propriétaire d'un fonds y a placés pour le service et l'exploitation de ce fonds, sont immeubles par destination. — Ainsi, sont immeubles par destination, quand ils ont été placés par le propriétaire pour le service et l'exploitation du fonds :

Les animaux attachés à la culture ;

Les ustensiles aratoires ;

Les semences données aux fermiers ou colons partiaires ;

Les pigeons des colombiers ;

Les lapins de garennes ;

Les ruches à miel ;

Les poissons des étangs ;

Les pressoirs, chaudières, alambics, cuves et tonnes ;

Les ustensiles nécessaires à l'exploitation des forges, papeteries et autres usines ;

Les pailles et engrais.

Sont aussi immeubles par destination, tous effets mobiliers que le propriétaire a attachés au fonds à perpétuelle demeure.

Art. 525. — Le propriétaire est censé avoir attaché à son fonds des effets mobiliers à perpétuelle demeure, quand ils sont scellés en plâtre ou à chaux ou à ciment, ou lorsqu'ils ne peuvent être détachés sans être fracturés et détériorés, ou sans briser ou détériorer la partie du fonds à laquelle ils sont attachés. — Les glaces d'un appartement sont censées mises à perpétuelle demeure, lorsque le parquet sur lequel elles sont attachées fait corps avec la boiserie. Il en est de même des tableaux et autres ornements. — Quant aux statues, elles sont immeubles lorsqu'elles sont placées dans une niche pratiquée exprès pour les recevoir, encore qu'elles puissent être enlevées sans fracture ou détérioration.

Des Meubles.

Art. 527. — Les biens sont meubles par leur nature ou par la détermination de la loi.

Art. 528. — Sont meubles par leur nature, les corps qui peuvent se transporter d'un lieu à un autre, soit qu'ils se meuvent par eux-mêmes, comme les animaux, soit qu'ils ne puissent changer de place que par l'effet d'une force étrangère, comme les choses inanimées.

Art. 529. — Sont meubles par la détermination de la loi, les obligations, actions, etc., etc.

Art. 531. — Les bateaux, bacs, navires, moulins et bains sur bateaux, et généralement toutes usines non fixées par des piliers, et ne faisant point partie de la maison, sont meubles.

Art. 532. — Les matériaux provenant de la démolition d'un édifice, ceux assemblés pour en construire un nouveau, sont meubles jusqu'à ce qu'ils soient employés par l'ouvrier dans une construction.

Art. 533. — Le mot *meuble*, employé seul dans les dispositions de la loi ou de l'homme, sans autre addition ni désignation, ne comprend pas l'argent comptant, les pierreries, les dettes actives, les livres, les médailles, les instruments des sciences, des arts et métiers, le linge de corps, les chevaux, équipages, armes, grains, vins, foins et autres denrées ; il ne comprend pas aussi ce qui fait l'objet d'un commerce.

Art. 534. — Les mots *meubles meublants* ne comprennent que les meubles destinés à l'usage et à l'ornement des appartements, comme tapisseries, lits, sièges, glaces, pendules, tables, porcelaines et autres objets de cette nature. — Les tableaux et les statues qui font partie du meuble d'un appartement y sont aussi compris ; mais non les collections de tableaux qui peuvent être dans les galeries ou pièces particulières. — Il en est de même des porcelaines : celles seulement qui font partie de la décoration d'un appartement, sont comprises sous la dénomination de *meubles meublants*.

Art. 535. — L'expression de *biens meubles*, celle de *mobilier* ou *effets mobiliers*, comprennent généralement tout ce qui est censé meuble d'après les règles ci-dessus établies. — La vente ou le don d'une maison meublée ne comprend que les meubles meublants.

De l'Usufruit.

Art. 578. — L'usufruit est le droit de jouir des choses dont un autre a la propriété, comme le propriétaire lui-même, mais à la charge d'en conserver la substance.

Art. 579. — L'usufruit est établi par la loi, ou par la volonté de l'homme.

Art. 581. — Il peut être établi sur toute espèce de biens meubles ou immeubles.

Art. 600. — L'usufruitier prend les choses dans l'état où elles sont ; mais il ne peut entrer en jouissance qu'après avoir fait dresser, en présence du propriétaire, ou lui dûment appelé, un inventaire des meubles et un état des immeubles sujets à l'usufruit.

Art. 605. — L'usufruitier n'est tenu qu'aux réparations d'entretien. — Les grosses réparations demeurent à la charge du propriétaire, à moins qu'elles n'aient été occasionnées par le défaut de réparations d'entretien, depuis l'ouverture de l'usufruit ; auquel cas l'usufruitier en est aussi tenu.

Art. 607. — Ni le propriétaire, ni l'usufruitier, ne sont tenus de rebâtir ce qui est tombé de vétusté, ou ce qui a été détruit par cas fortuit.

Art. 624. — Si l'usufruit n'est établi que sur un bâtiment, et que ce bâtiment soit détruit par un incendie, ou autre accident, ou qu'il s'écroule de vétusté, l'usufruitier n'aura le droit de jouir ni du sol, ni des matériaux. Si l'usufruit était établi sur un domaine dont le bâtiment faisait partie, l'usufruitier jouirait du sol et des matériaux.

Des Servitudes établies par la loi.

DU MUR MITOYEN

Art. 653. — Dans les villes et les campagnes, tout mur servant de séparation entre bâtiments jusqu'à l'héberge ou entre cours et jardins, et même entre enclos dans les champs, est présumé mitoyen, s'il n'y a titre ou marque du contraire.

Art. 654. — Il y a marque de non-mitoyenneté lorsque la sommité du mur est droite et à plomb de son parement d'un côté, et présente de l'autre un plan incliné ; — lors encore qu'il n'y a que d'un côté ou un chaperon ou des filets et corbeaux de pierre qui y auraient été mis en bâtissant le mur. Dans ce cas, le mur est censé appartenir exclusivement au propriétaire du côté duquel sont l'égout ou les corbeaux et filets de pierre.

Art. 655. — La réparation et la reconstruction du mur mitoyen sont à la charge de tous ceux qui y ont droit, et proportionnellement au droit de chacun.

Art. 657. — Tout copropriétaire peut faire bâtir contre un mur mitoyen, et y faire placer des poutres ou solives dans toute l'épaisseur du mur, à cinquante-quatre millimètres (deux pouces) près, sans préjudice du droit qu'a le voisin de faire réduire à l'ébauchoir la poutre jusqu'à la moitié du mur, dans le cas où il voudrait lui-même asseoir des poutres dans le même lieu, ou y adosser une cheminée.

Art. 662. — L'un des voisins ne peut pratiquer dans le corps d'un mur mitoyen aucun enfoncement, ni y appliquer ou appuyer aucun ouvrage sans le consentement de l'autre, ou sans avoir, à son refus, fait régler par experts les moyens nécessaires pour que le nouvel ouvrage ne soit pas nuisible aux droits de l'autre.

Art. 664. — Lorsque les différents étages d'une maison appartiennent à divers propriétaires, si les titres de propriété ne règlent pas le mode de réparations et reconstructions, elles doivent être faites ainsi qu'il suit : — Les gros murs et le toit sont à la charge de tous les propriétaires, chacun en proportion de la valeur de l'étage qui lui appartient. — Le propriétaire de chaque étage fait le plancher sur lequel il marche. — Le propriétaire du premier étage fait l'escalier qui y conduit, le propriétaire du second étage fait, à partir du premier, l'escalier qui conduit chez lui, et ainsi de suite.

Art. 674. — Celui qui veut construire près d'un mur mitoyen ou non, cheminée ou âtre, forge, four ou fourneau, — y adosser une étable — ou établir contre ce mur un magasin de sel ou amas de matières corrosives, est obligé à laisser la distance prescrite par les règlements et usages particuliers sur ces objets, ou à faire les ouvrages prescrits par les mêmes règlements et usages, pour éviter de nuire au voisin.

Des Délits et des Quasi-délits.

Art. 1382. — Tout fait quelconque de l'homme, qui cause à autrui un dommage, oblige celui par la faute duquel il est arrivé, à la réparer.

Art. 1383. — Chacun est responsable du dommage qu'il a causé non seulement par son fait, mais encore par sa négligence ou par son imprudence.

Art. 1384. — On est responsable non seulement du dommage que l'on a causé par son propre fait, mais encore de celui qui est causé par le fait des personnes dont on doit répondre, ou des choses que l'on a sous sa garde. — Le père, et la mère après le décès du mari, sont responsables du dommage causé par leurs enfants mineurs habitant avec eux ; les maîtres et les commettants, du dommage causé par leurs domestiques et préposés dans les fonctions auxquelles ils sont employés ; — les instituteurs et les artisans, du dommage causé par leurs élèves et apprentis pendant le temps qu'ils sont sous leur surveillance. — La responsabilité ci-dessus a lieu, à moins que les pères et mères, instituteurs et artisans, ne prouvent qu'ils n'ont pu empêcher le fait qui donne lieu à cette responsabilité.

Art. 1386. — Le propriétaire d'un bâtiment est responsable du dommage causé par sa ruine, lorsqu'elle est arrivée par une suite du défaut d'entretien ou par le vice de sa construction.

Nota. — Pour exercer utilement un recours de voisinage, il faut :

1° Établir le point de départ de l'incendie ;

2° Prouver que c'est par la faute du voisin que le feu a pris chez lui, et s'est communiqué aux immeubles ou locaux voisins.

Des Règles communes aux baux des maisons et des biens ruraux.

Art. 1714. — On peut louer ou par écrit ou verbalement.

Art. 1720. — Le bailleur est tenu de délivrer la chose en bon état de réparations de toute espèce. Il doit y faire, pendant la durée du bail, toutes les réparations qui peuvent devenir nécessaires, autres que les locatives.

Art. 1721. — Il est dû garantie au preneur pour tous les vices ou défauts de la chose louée qui en empêchent l'usage, quand même le bailleur ne les aurait pas connus lors du bail. S'il résulte de ces vices ou défauts quelque perte pour le preneur, le bailleur est tenu de l'indemniser.

Art. 1722. — Si, pendant la durée du bail, la chose louée est détruite en totalité par cas fortuit, le bail est résilié de plein droit ; si elle n'est détruite qu'en partie, le preneur peut, suivant les circonstances, demander ou une diminution du prix ou la résiliation même du bail. Dans l'un ou l'autre cas, il n'y a lieu à aucun dédommagement.

Art. 1725. — Le bailleur n'est pas tenu de garantir le preneur du trouble que des tiers apportent par voies de fait à sa jouissance, sans prétendre d'ailleurs aucun droit sur la chose louée ; sauf au preneur à les poursuivre en son nom personnel.

Art. 1732. — Le preneur répond des dégradations ou des pertes qui arrivent pendant sa jouissance, à moins qu'il ne prouve qu'elles ont eu lieu sans sa faute.

Art. 1733. — Il répond de l'incendie, à moins qu'il ne prouve que l'incendie est arrivé par cas fortuit ou force majeure, ou par vice de construction, ou que le feu a été communiqué par une maison voisine.

Art. 1734. — S'il y a plusieurs locataires, tous sont responsables de l'incendie proportionnellement à la valeur locative de la partie de l'immeuble qu'ils occupent, à moins qu'ils ne prouvent que l'incendie a commencé dans l'habitation de l'un d'eux, auquel cas celui-là seul en est tenu, ou que quelques uns ne prouvent que l'incendie n'a pu commencer chez eux, auquel cas ceux-là n'en sont pas tenus.

Art. 1735. — Le preneur est tenu des dégradations et des pertes qui arrivent par le fait des personnes de sa maison ou de ses sous-locataires.

Art. 1754. — Les réparations locatives ou de menu entretien dont le locataire est tenu, s'il n'y a clause contraire, sont celles désignées comme telles par l'usage des lieux. Et, entre autres, les réparations à faire aux âtres, contre-cœurs, chambranles et tablettes de cheminées ; — au recrépiment du bas des murailles des appartements et autres lieux d'habitation, à la hauteur d'un mètre ; — aux pavés et carreaux des chambres, lorsqu'il y en a seulement quelques-uns de cassés ; — aux vitres, à moins qu'elles ne soient cassées par la grêle, ou autres accidents extraordinaires ou de force majeure, dont le locataire ne peut être tenu ; aux portes, croisées. planches de cloison ou de fermeture de boutiques, gonds, targettes et serrures.

Art. 1755. — Aucune des réparations réputées locatives n'est à la charge des locataires, quand elles ne sont occasionnées que par vétusté ou force majeure.

Art. 1767. — Tout preneur de bien rural est tenu d'engranger dans les lieux à ce destinés d'après le bail.

Art. 1772. — Le preneur peut être chargé des cas fortuits par une stipulation expresse.

Art. 1773. — Cette stipulation ne s'entend que des cas fortuits ordinaires, tels que grêle, feu du ciel, etc., etc.

Art. 1777. — Le fermier sortant doit laisser à celui qui lui succède dans la culture, les logements convenables et autres facilités pour les travaux de l'année suivante ; et réciproquement, le fermier entrant doit procurer à celui qui sort les logements convenables et autres facilités pour la consommation des fourrages, et pour les récoltes restant à faire. Dans l'un et l'autre cas, on doit se conformer à l'usage des lieux.

Art. 1778. — Le fermier sortant doit aussi laisser les pailles et engrais de l'année, s'il les a reçus lors de son entrée en jouissance ; et quand même il ne les aurait pas reçus, le propriétaire pourra les retenir suivant l'estimation.

De la Garantie des défauts de la chose vendue.

Art. 1641. — Le vendeur est tenu de la garantie à raison des défauts cachés de la chose vendue qui la rendent impropre à l'usage auquel on la destine, ou qui diminuent tellement cet usage, que l'acheteur ne l'aurait pas acquise, ou n'en aurait donné qu'un moindre prix, s'il les avait connus.

Loi du 20 mai 1838, concernant les vices rédhibitoires dans les ventes et échanges d'animaux domestiques.

Art. 1er. — Sont réputés vices rédhibitoires, et donneraient seuls ouverture à l'action résultant de l'article 1641 du Code civil, dans les ventes et échanges d'animaux domestiques ci-dessous dénommés, sans distinction des localités où les ventes et échanges auront eu lieu, les maladies ou défauts ci-après, savoir :

Pour le *cheval,* l'*âne* et le *mulet :*

La fluxion périodique des yeux ; l'épilepsie ou mal caduc ; la morve ; le farcin ; les maladies anciennes de poitrine ou vieilles courbatures ; l'immobilité ; la pousse ; le cornage chronique ; le tic sans usure des dents ; les hernies inguinales intermittentes ; la boiterie intermittente pour cause de vieux mal.

Pour l'*espèce bovine :*

La phtisie pulmonaire ; l'épilepsie ou mal caduc ; les suites de la non-délivrance ; le renversement du vagin ou de l'utérus, après le part chez le vendeur.

Pour l'*espèce ovine :*

La claveléc : Cette maladie reconnue chez un seul animal, entraînera le rédhibition de tout le troupeau .

Le sang de rate : Cette maladie n'entraînera la rédhibition du troupeau, qu'autant que dans le délai de la garantie, sa perte constatée s'élèvera au quinzième au moins des animaux achetés.

Dans ces deux cas, la rédhibition n'aura lieu que si le troupeau porte la marque du vendeur.

Art. 2. — L'action en réduction du prix autorisée par l'article 1644 du Code civil, ne pourra être exercée dans les ventes et échanges d'animaux énoncés dans l'article 1er ci-dessus.

Art. 3. — Le délai pour intenter l'action rédhibitoire sera, non compris le jour fixé pour la livraison, — de trente jours pour le cas de la fluxion périodique des yeux et d'épilepsie ou mal caduc; — de neuf jours pour tous les autres cas.

Art. 4. — Si la livraison de l'animal a été effectuée, ou s'il a été conduit dans les délais ci-dessus, hors du lieu du domicile du vendeur, les délais seront augmentés d'un jour par cinq myriamètres de distance du domicile du vendeur au lieu où l'animal se trouve.

Art. 5 — Dans tous les cas, l'acheteur, à peine d'être non-recevable, sera tenu de provoquer, dans les délais de l'article 3, la nomination d'experts chargés de dresser procès-verbal; la requête sera présentée au juge de paix du lieu où se trouve l'animal. Ce juge nommera immédiatement, suivant l'exigence des cas, un ou trois experts, qui devront opérer dans le plus bref délai.

Art. 6. — La demande sera dispensée du préliminaire de conciliation et l'affaire instruite et jugée comme matière sommaire.

Art. 7. — Si pendant la durée des délais fixés par l'art. 3, l'animal vient à périr, le vendeur ne sera pas tenu de la garantie. à moins que l'acheteur ne prouve que la perte de l'animal provient de l'une des maladies spécifiées par l'article 1.

Art. 8. — Le vendeur sera dispensé de la garantie résultant de la morve et du farcin pour le cheval, l'âne et le mulet, et de la clavelée pour l'espèce ovine, s'il prouve que l'animal, depuis la livraison, a été mis en contact avec des animaux atteints de ces maladies.

Du Bail à cheptel.

DISPOSITIONS GÉNÉRALES.

Art. 1800. — Le bail à cheptel est un contrat par lequel l'une des parties donne à l'autre un fonds de bétail pour le garder, le nourrir et le soigner, sous les conditions convenues entre elles.

Art. 1801. — Il y a plusieurs sortes de cheptels :

Le cheptel simple ou ordinaire;

Le cheptel à moitié;

Le cheptel donné au fermier ou colon partiaire.

Art. 1802. — On peut donner à cheptel toute espèce d'animaux susceptibles de croît ou de profit pour l'agriculture ou le commerce.

Art. 1803. — A défaut de conventions particulières, ces contrats se règlent par les principes qui suivent.

DU CHEPTEL SIMPLE

Art. 1804. — Le bail à cheptel simple est un contrat par lequel on donne à un autre des bestiaux à garder, nourrir et soigner, à condition que le preneur profitera de la moitié du croît, et qu'il supportera aussi la moitié de la perte.

Art. 1805. — L'estimation donnée au cheptel dans le bail n'en transporte pas la propriété au preneur ; elle n'a d'autre objet que de fixer la perte ou le profit qui pourra se trouver à l'expiration du bail.

Art. 1806. — Le preneur doit les soins d'un bon père de famille à la conservation du cheptel.

Art. 1807. — Il n'est tenu du cas fortuit que lorsqu'il a été précédé de quelque faute de sa part, sans laquelle la perte ne serait pas arrivée.

Art. 1808. — En cas de contestation, le preneur est tenu de prouver le cas fortuit, et le bailleur est tenu de prouver la faute qu'il impute au preneur.

Art. 1809. — Le preneur qui est déchargé par le cas fortuit, est toujours tenu de rendre compte des peaux des bêtes.

Art. 1810. — Si le cheptel périt en entier sans la faute du preneur, la perte en est pour le bailleur ; s'il n'en périt qu'une partie, la perte est supportée en commun, d'après le prix de l'estimation originaire, et celui de l'estimation à l'expiration du cheptel.

Art. 1811. — On ne peut stipuler, — que le preneur supportera la perte totale du cheptel, quoique arrivée par cas fortuit et sans sa faute, — ou qu'il supportera dans la perte, une part plus grande que dans le profit ; — ou que le bailleur prélèvera, à la fin du bail, quelque chose de plus que le cheptel qu'il a fourni. — Toute convention semblable est nulle. Le preneur profite seul des laitages, du fumier et du travail des animaux donnés à cheptel. La laine et le croît se partagent.

Art. 1812. — Le preneur ne peut disposer d'aucune bête du troupeau, soit du fonds, soit du croît, sans le consentement du bailleur qui ne peut lui-même en disposer sans le consentement du preneur.

Art. 1813. — Lorsque le cheptel est donné au fermier d'autrui, il doit être notifié au propriétaire de qui ce fermier tient ; sans quoi il peut le saisir et le faire vendre pour ce que son fermier lui doit.

Art. 1814. — Le preneur ne pourra tondre sans en prévenir le bailleur.

Art. 1815. — S'il n'y a pas de temps fixé par la convention pour la durée du cheptel, il est censé fait pour trois ans.

Art. 1816. — Le bailleur peut en demander plus tôt la résolution, si le preneur ne remplit pas ses obligations.

Art. 1817. — A la fin du bail, ou lors de sa résolution, il se fait une nouvelle estimation du cheptel.

Le bailleur peut prélever des bêtes de chaque espèce, jusqu'à concurrence de la première estimation : l'excédent se partage. S'il n'existe pas assez de bêtes pour remplir la première estimation, le bailleur prend ce qui reste, et les parties se font raison de la perte.

DU CHEPTEL A MOITIÉ.

Art. 1818. — Le cheptel à moitié est une société dans laquelle chacun des contractants fournit la moitié des bestiaux, qui demeurent communs pour le profit ou la perte.

Art. 1819. — Le preneur profite seul, comme dans le cheptel simple, des laitages, du fumier et des travaux des bêtes. — Le bailleur n'a droit qu'à la moitié des laines et du croît. Toute convention contraire est nulle,

à moins que le bailleur ne soit propriétaire de la métairie dont le preneur est fermier ou colon partiaire.

Art. 1820. — Toutes les autres règles du cheptel s'appliquent au cheptel à moitié.

DU CHEPTEL DONNÉ PAR LE PROPRIÉTAIRE A SON FERMIER OU COLON PARTIAIRE.

Du cheptel donné au fermier.

Art. 1821. — Ce cheptel (aussi appelé *cheptel de fer*), est celui par lequel le propriétaire d'une métairie le donne à ferme, à la charge qu'à l'expiration du bail, le fermier laissera des bestiaux d'une valeur égale au prix de l'estimation de ceux qu'il aura reçus.

Art. 1822. — L'estimation du cheptel donné au fermier ne lui en transfère pas la propriété, mais néanmoins le met à ses risques.

Art. 1823. — Tous les profits appartiennent au fermier pendant toute la durée du bail, s'il n'y a convention contraire.

Art. 1824. — Dans les cheptels donnés au fermier, le fumier n'est point dans les profits personnels des preneurs, mais appartient à la métairie, à l'exploitation de laquelle il doit être uniquement employé.

Art. 1825. — La perte, même totale et par cas fortuit, est en entier pour le fermier, s'il n'y a convention contraire.

Art. 1826. — A la fin du bail, le fermier ne peut retenir le cheptel en en payant l'estimation originaire; il doit en laisser un de valeur pareille à celui qu'il a reçu. S'il y a déficit, il doit le payer, et c'est seulement l'excédent qui lui appartient.

Du cheptel donné au colon partiaire

Art. 1827. — Si le cheptel périt en entier, sans la faute du colon, la perte est pour le bailleur.

Art. 1828. — On peut stipuler que le colon délaissera au bailleur sa part de la toison à un prix inférieur à la valeur ordinaire; — que le bailleur aura une plus grande part du profit; —qu'il aura la moitié des laitages. — Mais on ne peut stipuler que le colon sera tenu de toute la perte.

Art. 1829. — Le cheptel finit avec le bail à métairie.

Art. 1830. — Il est d'ailleurs soumis à toutes les règles du cheptel simple.

DU CONTRAT IMPROPREMENT APPELÉ CHEPTEL.

Art. 1831. — Lorsqu'une ou plusieurs vaches sont données pour les loger et les nourrir, le bailleur en conserve la propriété; il a seulement le profit des veaux qui en naissent.

———

Responsabilité des architectes en cas de vice de construction.

Art. 1792. — Si l'édifice construit à prix fait, périt en tout ou en partie par le vice de construction, même par le vice du sol, les architectes et entrepreneurs en sont responsables pendant dix ans.

Art. 2270. — Après dix ans, l'architecte et les entrepreneurs sont déchargés de la garantie des gros ouvrages qu'ils ont faits ou dirigés.

———

Domaines congéables.

BAIL A CONVENANT.

Le bail à *convenant* n'existe que dans les départements du Finistère, du Morbihan et des Côtes-du-Nord.

Son origine remonte au quatorzième siècle, époque où les Bretons, chassés de la Grande-Bretagne par les Saxons, vinrent se réfugier dans l'Armorique. Les propriétaires du sol firent alors aux nouveaux venus des concessions de terres incultes, à charge par eux de les défricher, d'y construire des édifices et de payer une faible redevance annuelle. Les propriétaires se réservèrent le droit de rentrer en possession, mais à la condition de rembourser aux colons la valeur des améliorations et des travaux faits par eux.

Avant la Révolution, le bail à domaine congéable était régi par d'anciens usages variables selon les lieux, et qui ont été ramenés à l'unité par une loi du 6 août 1791, espèce de code sur la matière.

Le bail à *convenant* ou à *domaine congéable*, est une espèce de contrat de louage par lequel le preneur devient tout à la fois fermier du fond et propriétaire de tous les édifices.

Le bailleur porte le nom de *propriétaire foncier* ; le fermier, celui de *colon* ou *domanier* ; le fermage, celui de *rente convenancière*.

Le bailleur qui veut *congédier*, c'est-à-dire renvoyer son fermier ou colon, doit préalablement lui rembourser, à dire d'experts, la valeur de tous les édifices.

A défaut de stipulation contraire dans les baillées ou assurances, parmi les objets composant les droits réparatoires sont :

Les bâtiments existants sur la tenue, y compris les pressoirs, les auges qui y sont placées pour son confortable.

Les pierres et les bois employés aux édifices doivent être évalués en congément, lors même qu'ils ont été pris sur la ferme ou tenue.

Les édifices s'estiment par le menu, ce qui signifie qu'au lieu de s'attacher à leur valeur vénale ou à la plus value qui en résulte pour la tenue, on recherche seulement ce qu'ils ont coûté, ou plutôt ce qu'ils coûteraient à l'époque du congément. Le travail de l'expert consiste donc, pour les édifices, à dresser le devis d'une construction semblable à celle qu'il s'agit d'estimer en faisant au prix des réductions proportionnées à la vétusté. Il n'y a que les édifices en ruine qui s'évaluent seulement en raison des matériaux qu'on peut en retirer.

Quand l'objet à estimer peut se réparer convenablement et être en quelque sorte remis à neuf, on tient compte de la vétusté en déduisant du prix de sa construction la dépense nécessaire à sa réparation.

Au point de vue de l'assurance, les bâtiments construits par des fermiers édificiers ne peuvent être assimilés à des constructions sur terrain d'autrui et soumis aux même restrictions, attendu que l'édificier est propriétaire des bâtiments. Le propriétaire-foncier, qui veut rentrer en possession de ses terres, est tenu de rembourser au fermier la valeur du bâtiment au jour du congément.

L'édificier n'est donc pas intéressé à un incendie, même quand les constructions sont en ruine, puisque, d'après l'usage, ils s'évaluent seulement en raison des matériaux qu'on peut en tirer.

Des Contraventions.

Sont considérés comme contraventions de simple police, les faits qui peuvent donner lieu, soit à 15 francs d'amende et au-dessous, soit à cinq jours d'emprisonnement et au-dessous; qu'il y ait ou non confiscation des choses saisies et quelle qu'en soit la valeur. (Code d'instruction crim., art. 737.)

Seront punis d'amende, depuis 1 franc jusqu'à 5 francs : ceux qui auront négligé d'entretenir, réparer ou nettoyer les fours, cheminées ou usines où l'on fait du feu; ceux qui auront violé la défense de tirer, en certains lieux, des pièces d'artifices.

Les personnes requises dans les cas d'incendies qui refuseraient leur concours à l'autorité, seraient passibles d'une contravention.

Les maires peuvent prendre les mesures qu'ils jugent propres à prévenir les incendies, par exemple : défendre de couvrir les maisons en chaume ou autres matières combustibles; d'entrer dans des lieux qui renferment du foin et de la paille, autrement qu'avec des lanternes bien closes; d'établir des dépôts de fourrages dans les parties des maisons où il y a des poêles ou cheminées; d'allumer des feux à moins de cent mètres de distance des habitations; d'établir dans l'intérieur des cours, à moins d'une certaine distance de la voie publique et des habitations, des meules de grains, pailles ou fourrages (Cass. 12 juillet 1866).

Machines à battre locomobiles.

*Extrait du décret du 25 janvier 1865. — (Circulaire aux Préfets
du 1ᵉʳ mars 1865).*

Art. 22. — Sont considérées comme *locomobiles*, les machines à
vapeur qui pouvant être transportées facilement d'un lieu à un
autre, n'exigent aucune construction pour fonctionner sur un
point donné, et ne sont effectivement employées que d'une manière temporaire à chaque station.

Art. 23. — Les chaudières des machines locomobiles sont
soumises aux mêmes épreuves et munies des mêmes appareils
de sûreté que les générateurs établis à demeure ; toutefois, elles
peuvent n'avoir qu'un seul tube indicateur du niveau de l'eau
en verre. Elles sont l'objet d'une déclaration adressée au préfet
du département où est le domicile du propriétaire de la machine.

Art. 24. — Aucune locomobile ne peut être employée sur une
propriété particulière à moins de 5 mètres de tout bâtiment
d'habitation ou de tout amas découvert de matières inflammables *appartenant à des tiers, sans le consentement formel de
ceux-ci.*

Art. 29. — Les contraventions au présent règlement sont
constatées, poursuivies et réprimées conformément à la loi du
21 juillet 1856, sans préjudice de la responsabilité civile que les
contrevenants peuvent encourir aux termes des articles 1382 et
suivants du Code Napoléon.

DES USAGES RURAUX

Le législateur a formulé dans nos Codes des principes généraux, susceptibles de développements pratiques, suivant les
lieux et les circonstances. Ne pouvant prévoir tous les détails,
le législateur renvoie souvent à *l'usage local* [1].

---

[1] Art. 1159 du Code civil. — Ce qui est ambigu s'interprète par ce
qui est *d'usage* dans le pays où le contrat est passé.

Art. 1160. — On doit suppléer dans le contrat les clauses qui y *sont
d'usage,* quoiqu'elles n'y soient pas exprimées.

L'*usage* est le droit non écrit, qui, par une longue habitude, s'est acquis la force et l'autorité de la loi.

Avant le Code civil, plusieurs provinces de France, bien que soumises aux lois générales du royaume, étaient de plus régies par des *coutumes* particulières. Il existait des *coutumes* spéciales comme en Bretagne, connues sous le nom *d'usements* ou *usances*.

Un *usage* n'est obligatoire que lorsqu'il a été consacré par la pratique constante d'une localité. La preuve s'en fait par témoins ou par écrit, devant les juges appelés à l'appliquer.

Il est deux autres moyens de constater l'usage, dont on se sert encore, mais moins fréquemment qu'autrefois, ce sont :

1° Les *actes de notoriété*, ou attestations écrites émanant de personnes en position d'être bien informées;

2° Les *parères*, espèces de certificats délivrés par des négociants à l'occasion de procès existants.

L'appréciation de ces deux sortes de preuves est laissée aux magistrats qui ne sont pas obligés d'en tenir compte

USAGES RURAUX.

Aire (*Maisons et bâtiments*). — Nivellement à la hauteur du seuil, à la charge du fermier, pour appartements non carrelés. — Réparations aux frais du fermier.

Ardoises. (*Pour réparation des toitures*) — Le fermier va les prendre au port ou au magasin le moins éloigné.

Assurances. (*Colon partiaire*). — Le propriétaire et le colon doivent s'entendre sur le choix de la Compagnie pour assurer bestiaux et récoltes.

Bail d'abeilles. — Le propriétaire fournit la ruche, le bail est de trois ans et les produits se partagent.

Battage des grains. (*Fermier sortant*). — Le fermier *sortant* bat les grains immédiatement après leur coupe et à ses frais exclusivement. L'entrant laisse libres l'aire et la grange jusqu'à la fin des travaux.

Bestiaux. (*Fourniture*). — Elle se fait moitié par le propriétaire, moitié par le colon. — (Col. part.). En fin de bail, les bestiaux restent, sauf indemnité, pour le colon pour sa part, après estimation au cours du jour, ou ils sont partagés par moitié ou divisés en deux lots et tirés au sort.

Bois de chauffage. — Il n'est pas dû par le propriétaire au fermier ; par exception il prend les branches mortes.

Borderie. — Exploitation d'une superficie de 6 à 10 hectares.

Borderie. (*Porte-à-col*). — Exploitation faite sans bœufs.

Carreaux. — Réparations à la charge du fermier, si quelques-uns seulement doivent être remplacés.

Chaumes. — Consommation sur place. Le fermier ne peut ni les vendre, ni les enlever, soit au cours, soit à la fin du bail.

Cheminées. (*Construction.*) — Il faut placer entre la cheminée ou le mur voisin une plaque en fonte, ou élever un contre-mur en briques ; ou laisser un espace libre de 0^m,33 ; ou établir un briquetage de 0^m,11 jusqu'à la hauteur du manteau.

Cloisons de planches. — Réparations à la charge du fermier.

Constructions élevées sur la ferme par le fermier. — Le propriétaire peut les retenir moyennant indemnité basée sur la valeur des constructions.

Colonie partiaire. — Le bail à colonie partiaire, autrement dit « à moitié fruits », est un contrat par lequel le propriétaire d'un fonds rural le donne à cultiver à une autre personne, sous la condition que les fruits naturels et industriels seront partagés entre eux par moitié.

Ce mode d'affermage se rapproche du contrat de société : il constitue une exploitation à frais et produits communs ; l'un des associés (le propriétaire) fournit le sol, les bâtiments et paie une partie des dépenses ; l'autre (le colon ou métayer) apporte avec les instruments aratoires, son travail et son industrie.

Comble. — On entend par comble tout ce qui peut être mis au-dessus des bords d'une mesure sans exagération. — *Denrées qui se mesurent comble* (sans convention spéciale) : pommes de terre, oignons, fruits à cidre et à couteau, cendres, charrées, son. — Les noix et marrons se mesurent un fruit sur *sarche*, c'est-à-dire un fruit au-dessus du cercle de la mesure. — Les avoines, maïs, haricots, chénevis, se vendent à *main torse*, c'est-à-dire en excédant un peu la mesure.

Ecuries et étables. (*Construction. Contre-mur et distance*). — On doit élever entre l'écurie et le mur du voisin, avec des fondements assez prof.nds pour empêcher toute infiltration, un contre-mur en bons matériaux, garantissant le voisin de tout dommage. — *Mangeoires et rateliers* : Généralement, ils sont censés appartenir au propriétaire comme immeubles par destination. Pour juger, on regarde s'ils peuvent se détacher sans rien détériorer; dans ces cas on les laisse au fermier.

Engrais. (*Emploi et confection*). — En règle générale, tous les engrais qui sont faits sur la ferme doivent y être employés.

Ensemencés (*Dernière année de jouissance*). — Le fermier sortant ensemence la même quantité de terre que dans les autres années, prenant les terres selon la rotation suivie les années précédentes.

Exploitation. (*Colon partiaire*). — La direction de l'exploitation est entièrement réservée au propriétaire. C'est lui qui choisit les animaux à acheter, à vendre et à échanger, qui fixe la nature des races, la quantité des élèves, qui indique quels mâles seront châtrés, quelles femelles seront saillies, qui détermine la forme des labours, le genre et l'étendue des cultures, etc., etc.

Tous les frais sont à la charge du colon, qui également exécute tous les travaux.

Foin. (*Fermier sortant. Quantité qu'il doit laisser à son successeur*). — Très variable suivant les localités et les dates de sortie des fermiers. — S'en référer aux usages de la localité.

Suivant certains usages, dans l'année de sa sortie, le fermier ne peut consommer, pour faire les travaux de sa dernière récolte, que le quart ou le tiers des foins naturels. Le fermier sortant jouit des secondes coupes ou regains de toutes les prairies naturelles et artificielles, mais sans pouvoir en vendre ni en louer. Il partage avec son successeur les graines de trèfle, luzerne, sainfoin, vesces et autres plantes fourragères. — Le fermier entrant fauche, fane, engrange et met en barge tous les foins naturels et la portion des foins artificiels qui lui reviennent; mais le sortant les charroie et prête son concours pour faire les charretées, et, par compensation, les gerbes de son arrière récolte sont voiturées par son successeur. Les foins du fermier entrant sont mis à couvert dans la grange ou le grenier, de préférence à ceux du fermier sortant

Fermier. — Le fermier fournit tous les bestiaux, instruments aratoires et semences nécessaires à l'exploitation. — La ferme doit toujours être garnie de meubles, instruments aratoires et bestiaux en suffisante quantité pour une bonne exploitation et garantir les droits du propriétaire.

Foins. — Bottelage, généralement à la charge de l'acheteur. Le fermier ne peut ni vendre, ni enlever ses foins, pendant le cours et à la fin de son bail, sauf conventions spéciales. La consommation doit se faire sur place.

Forge. — Il faut laisser entre la forge et le mur voisin un intervalle vide de 0^m,165, puis construire un mur de 0^m,33 d'épaisseur. — Ou sans vide, construire un contre-mur de 0^m,50 d'épaisseur

Four. — (*Construction.*) — Il faut laisser entre le four et le mur voisin un espace vide de 0^m,15 à 0^m,20 de largeur. — Ou laisser un vide de 0^m,335 et construire un contre-mur de 0^m,50.

Droit au four du voisin. — Celui qui a ce droit ne peut en jouir que du lever au coucher du soleil, après avoir prévenu 24 heures d'avance. Il lui est interdit, sauf conventions formelles, de mettre chanvre ou lin dans le four soumis à la présente servitude. — L'entretien. du four est à la charge du fermier. L'entretien de la voûte est à la charge du propriétaire.

Fourneau. — (*Construction*). Il faut établir entre le fourneau et le mur voisin un intervalle vide de 0^m,365 et construire un contre-mur de 0^m,13. — Ou construire un contre-mur en briques à la hauteur du foyer.

Foyer. — L'entretien est à la charge du fermier.

Gouttières. — L'entretien de toutes les gouttières est à la charge du propriétaire.

Fourniture. — On entend par fourniture 21 pour 20, c'est-à-dire la vingtième partie en sus de la marchandise vendue ; se stipule dans beaucoup de localités ; se donne sans convention, quand il s'agit de fruits à cidre, pommes de terre, cendre, charrée, son, carreaux, voliges, lattes, charniers, bois, torches de cercle, etc., etc.

Fourrages. — La consommation par le sortant est réglée par des usages. Généralement, le sortant ne peut emporter les fourrages qu'il n'a pu faire consommer en nature.

Gros blés, gros grains. — Sous cette dénomination sont compris : froments, méteils et seigles, ensemencés en automne, par opposition aux *menus grains* : orge ou avoine, qui s'ense mencent au printemps.

Litières. — Leur emploi doit se faire sur les lieux, le fermier ne peut ni les vendre ni les enlever.

Loges, logereaux ou appentis. — Faits de bois et de paille, servant de refuge aux instruments aratoires, charrettes, etc , etc.

Les loges restent au propriétaire ; si le fermier justifie avoir fourni tout ou partie à ses frais, le propriétaire, s'il veut les retenir, doit tenir compte de la valeur, à dire d'experts, au moment de la sortie.

L'entretien et la réparation sont à la charge du fermier.

Maisons (*Blanchiment*). — L'entretien du blanchiment est à la charge du fermier. Le fermier doit reblanchir à sa sortie si, à son entrée, la maison avait été blanchie à la chaux.

Matériaux (*Réparations locatives*). — Suivant les localités sont fournis par le propriétaire ou le fermier. — (*Constructions, réfections et réparations*). Le fermier fait, sans salaire, avec le harnais du lieu, l'approche à pied d'œuvre de tous les matériaux nécessaires qu'il va chercher dans les dépôts les plus rapprochés. Dans certaines localités, seulement lorsqu'il a encore trois années de jouissance.

Métiviers. — Les gages des métiviers consistent ordinairement en une part de la récolte : 1/7 ou 1/8 de la moisson. — L'engagement des métiviers est censé fait pour tout le temps de la moisson.

Moulins à vent et à eau (*Échantillonnage ou état des lieux*). — A l'entrée, il est fait une première estimation des *tournants, virants et travaillants* (meules, rouages et autres agrès) ; à la sortie, il est fait une deuxième expertise, et la différence entre les deux *échantillonnages,* en améliorations ou détériorations, est attribuée au sortant. Le fermier doit le bon entretien de toutes les pièces comprises sous le nom d'agrès.

Mouture (*Droits de*). — Un dixième ou douzième du poids ou de la mesure.

Pailles. — Bottelage, à la charge du vendeur. — (*Consommation*). Elle doit se faire sur place. Le fermier ne peut les vendre ni les enlever pendant le cours ou à la fin de son bail, sauf sti-

pulation contraire. Il y a une répartition des pailles entre le
fermier entrant et le fermier sortant, réglée par des usages.

Plantes fourragères (*Consommation des*). — Elle se fait sur
place, et le fermier ne peut les vendre ni les enlever, tant à la
fin que pendant le cours de son bail, sauf conventions con-
traires.

Portes. — L'entretien, y compris le seuil et les jambages, en
est à la charge du fermier ; mêmes usages pour les croisées,
ferrures et serrures.

Partage de grains. — Suivant les localités, il y a entre le
fermier sortant et le fermier entrant un partage de grains
réglé par des usages.

Produits (*Col. partiaire*). — *Partage.* Tous les produits naturels et artificiels, excepté ceux qui doivent être consommés
sur le lieu pour la nourriture du ménage et des bestiaux, ou
pour l'amélioration du fonds, se partagent par moitié. — *Transport de la part du propriétaire.* Il se fait aux frais du colon, à
l'époque et au lieu fixés par le propriétaire,

Rateliers, auges. — Le bois est fourni *debout,* par le propriétaire ; la main d'œuvre et l'entretien sont à la charge du
fermier.

Récolte. — (*Arrière récolte ou arrière levée. — Attribution et
partage.*) — Le sortant a droit à la totalité de la récolte de
l'année en cours, en payant le prix de la ferme intégralement.
Dans d'autres localités, l'arrière récolte se partage par moitié,
après prélèvement des semences. — Le battage se fait à la ferme. — Le transport des gerbes est fait par l'entrant seul et
parfois avec le concours du sortant, — à qui il est dû une place
suffisante dans les étables pour les chevaux et bestiaux qui tra-
vaillent à l'arrière récolte.

Renable. — On appelle renable, souche ou souchement, les
objets, immeubles par nature ou par destination, que le fermier
reçoit au commencement du bail, pour l'exploitation de la ferme ; l'on donne le nom de procès-verbal de renable ou d'état
de lieux à l'acte qui contient l'énumération de ces objets.

Réparations locatives. — Le fermier doit entretenir les
biens loués en bon état de réparations locatives ; ces réparations, outre celles mentionnées dans l'article 1754 du C. C.
comprennent : — 1° l'entretien de l'aire, des maisons et greniers,

soit en terre, soit carrelées : — 2° l'entretien du blanc ou de la tapisserie des maisons ; — 3° l'entretien du carrelage des fours (l'entretien de la voûte du four est au compte du propriétaire, sauf les dégradations causées par la faute du locataire); — 4° des couvertures en ardoises ou en paille : — 5° du sol des écuries, rues et issues établies à la hauteur du dessous du seuil des écuries et étables ; — 6° des perches et garnitures de greniers à foin, des échelles, râteliers, mangeoires, crèches, entre-deux, auges, lorsque ces objets ont été fournis par le propriétaire et dépendent du lieu ; — 7° des barrières, échalas, haies, fossés et rigoles ; — 8° des cours et chemins d'exploitation fermés ; — 9° du pressoir et de l'instrument à broyer les pommes ; — 10° des loges couvertes en chaume ou en paille.

Ruches à miel. — Elles sont censées appartenir toujours au locataire ou fermier.

Semences. — (*Fourniture.* — *Qualité de la semence et quantité à prélever.*) — Les grains destinés à la semence sont choisis, sur le lieu, parmi les meilleurs et fournis par le fermier qui doit faire l'ensemencement. — Dans la colonie partiaire, les semences sont prélevées sur le monceau commun ; lorsqu'elles ne sont pas prises sur le monceau commun, elles sont payées par moitié ; dans certaines localités elles sont fournies par le colon exclusivement.

Sons. — Consommation sur place ; le fermier ne peut ni les vendre ni les enlever.

Taillis (*Bois*). — A défaut de conventions écrites, le bail est censé fait pour la durée de la coupe. Si le taillis est compris dans un bail à ferme de 7 ou 9 ans, la coupe se fait tous les 7 ou 9 ans.

Toitures. — Menues réparations à la charge du fermier.

Trempage de soupe. — Le fermier doit tremper la soupe aux ouvriers de tous états employés aux réparations d'entretien ou de reconstruction, sans aucune indemnité que les copeaux des bois travaillés sur la ferme pour ces réparations.

Vendange (*Ban de*). — Indication faite par l'autorité municipale de l'époque à laquelle chaque propriétaire peut commencer la récolte de ses fruits. — L'article 475 § 1er du Code pénal, prononce une amende de six à dix francs contre ceux qui auront contrevenu aux bans de vendange. — Le ban de vendange n'est applicable qu'aux vignes non closes ou aux clos communs. — Cette coutume tombe en désuétude.

Vente de denrées. — (*Quantité donnée en sus du nombre exprimé*). — Bois de chauffage 5 p. 0/0 pour les bourrées, fagots, et pommes de pins. — Fil de lin, 500 grammes par 10 kilog. — Graines de trèfle, 8 0/0. — Paille, foin et fourrage, de 4 à 5 0/0, suivant localités. — Les foins et pailles, se vendent aux 100 livres ou 50 kilos, aux 1000 livres ou 500 kilos, à la charretée de 500 ou 1000 kilos.

Visite et montrée. — Etat de lieu dressé au commencement de la jouissance des locataires ou des fermiers, pour constater les dégâts qui peuvent exister.

JURISPRUDENCE

Notices des décisions judiciaires extraites de l'ancien et du nouveau Répertoire des Assurances *de M. Badon-Pascal.*

Acquéreur. — L'acquéreur de la chose assurée, qui n'a pas demandé et obtenu la continuation de l'assurance, à son profit, dans le temps fixé par la police, n'a droit en cas de sinistre à aucune indemnité. — Trib. civ. de Péronne, 16 juillet 1852. — Trib. civ. d'Amiens, 30 décembre 1852. — Trib. de Com. de Dunkerque, 23 novembre 1853. — Trib. civ. de la Seine, 2 juin 1858. — Trib. civ. de Dijon, 26 décembre 1861. — Trib. civ. de Vienne, 26 février 1864.

Action directe. — **Mineur.** — L'assureur peut, sans être tenu de se faire subroger aux droits de l'assuré, intenter une action directe contre le mineur, auteur de l'incendie, ou contre les personnes qui en répondent. — (Cassation 22 décembre 1859).

Aggravation de risque. — *Foin en grange.* Celui qui engrange du foin dans une pièce de sa maison, située au-dessus de la cuisine, aggrave le risque (Trib. civ. de Bordeaux, 5 août 1853). — *Grange changée de destination :* La conversion d'une grange en atelier de tonnelier ne constitue pas une aggravation de risque si l'emploi du feu à l'intérieur n'est pas une conséquence nécessaire de cette dernière profession (Rouen, 6 janvier 1852). — *Récoltes* : Il y a aggravation de risque, dans le fait d'avoir introduit, dans un bâtiment déclaré maison d'habitation, des récoltes, des gerbes de blé, sans déclaration à l'assureur (Bordeaux, 30 mai 1859). — *Ouvriers chanvriers* : L'introduction d'ouvriers chanvriers dans une grange constitue une aggravation de risque et une faute lourde ; l'incendie qui en résulte, ne peut tomber à la charge de l'assureur (Paris, 24 mai 1850) — *Séchoir :* L'établissement d'un séchoir constitue une aggravation de risque qui doit être déclarée sous peine de déchéance (Colmar, 14 juin 1850).

Arrêté municipal. — (*Couverture prohibée*). Lorsqu'un arrêté municipal interdit de couvrir tout bâtiment d'habitation ou d'exploitation avec des matières inflammables, un tribunal de police a pu décider que le carton bitumé rentrait dans cette prohibition. (Cassation, 12 mars 1858). — *Ramonage* : L'autorité municipale a le droit, dans l'intérêt de la sûreté publique, de prendre un arrêté municipal prescrivant la visite des cheminées, pour éviter les incendies ; mais ces visites doivent être ordonnées et exécutées dans les conditions voulues par elle, c'est-à-dire par des hommes de l'art assistés des agents désignés par la loi.

Bois usagers. — Lorsqu'un assuré a le droit de prendre dans une forêt, des bois pour la construction de son immeuble incendié, ces bois doivent être déduits de l'indemnité, alors même que l'assuré a déclaré qu'il ne rebâtirait pas. (Trib. civ. de Saint-Dié, 7 janvier 1854. — Besançon, 7 mai 1853) — L'assuré peut refuser que l'assureur déduise du montant des dommages les bois qu'il aurait le droit de prendre dans une forêt, si ce droit n'est pas purement gratuit. (Besançon, 11 juin 1855).

Cas fortuit. — (*Malveillance*). La malveillance est un cas fortuit qui exonère le locataire de toute responsabilité. (Trib. civ. de Chalon-sur-Saône, 5 février 1850). — Mais il faut, au moins, que le fait de malveillance soit établi. (Trib. civ. de Cambrai, 18 juin 1852). — Lorsque des blés remis à un meunier sont détruits par un incendie qui a pris en dehors de son établissement, ce fait constitue le cas fortuit et la force majeure (Cassation, 3 mars 1869*).

Chemins de fer. - (*Incendies communiqués par des locomotives*).

— En principe les Compagnies de chemins de fer sont responsables des incendies causés par les matières incandescentes projetées par leurs locomotives ; mais le sinistré est tenu de prouver que c'est la locomotive qui a allumé l'incendie. (Trib. civ. de la Seine, 19 juin 1874 et 12 février 1875).

Colon partiaire. — (*Responsabilité locative. — Métayer*). — L'article 1733 du Code civil, aux termes duquel le locataire est responsable de l'incendie, est applicable au colon partiaire. (Cour d'appel d'Aix, 18 juillet 1874). — Le colon partiaire mis en possession des biens de la ferme, est tenu, comme le fermier, de rendre les bâtiments en bon état à la fin du bail, et, par conséquent, est soumis, comme tout locataire, à la responsabilité édictée par l'article 1733 du Code civil. (Trib. civ. de Privas, 26 décembre 1879). — Conforme : Cour d'appel de Riom, 19 novembre 1884; Cour de Pau, 27 avril 1880 et 5 avril 1884 ; Trib. civ. de Chambéry, 20 avril 1884.

Commune. — (*Frais d'extinction des incendies. — Pompiers.*) — Les frais d'extinction des incendies sont à la charge exclusive de la commune où l'incendie a éclaté (article 3, § 5, titre XI, loi des 16-24 août 1790, et article 4, § 9, loi du 21 frimaire an VII ; articles 10 et 11, loi du 18 juillet 1839). — En conséquence, l'arrêt qui met les frais occasionnés par un secours à la charge de l'incendié, et par suite, de la Compagnie à laquelle il était assuré, viole les articles des lois précitées. (Cour de Cass. 3 mars 1880). — Aux termes du décret du 29 décembre 1875, la direction et l'organisation des secours, en cas d'incendie, appartiennent à l'officier des pompiers le plus élevé en grade. Mais les dégâts occasionnés par eux pour éteindre l'incendie ne sont pas à leur charge ; ils doivent être supportés par la commune. (Trib. civ. de la Seine, 24 décembre 1881). — Les travaux de déblaiement ne constituent qu'un secours contre l'incendie, ils font donc partie des dépenses communales (article 4 de la loi du 11 frimaire, an VII). En conséquence, les sapeurs-pompiers organisés par la ville n'ont pas plus de droit que la ville elle-même ; ils ne peuvent réclamer au sinistré le montant de leurs dépenses. (Trib. civ. de la Seine, 26 janvier 1883). — Les frais de secours en cas d'incendie, incombent exclusivement à la commune. (Cour d'appel de Rouen, 22 novembre 1886).

Contrat d'assurances. — (*Droit strict. — Meules*). Le contrat d'assurances est un contrat aléatoire et de droit strict, qui doit être rigoureusement renfermé dans les termes de convention formellement exprimés. Il en résulte que si, dans la police d'assurance contre l'incendie des meules, il est dit que chaque meule sera toujours à une distance déterminée d'une autre meule, à peine de déchéance, l'assureur ne peut être condamné, sous prétexte que le défaut d'espace réglementaire, bien que constaté, n'a cependant pas causé l'incendie qui ne s'est pas étendu à une autre meule. (Cour de Cass. 27 août 1878).

Changement de domicile. — *(Défaut de déclaration).* L'assuré qui n'a pas averti en temps utile la Compagnie d'assurance de son changement de domicile et de la translation des objets assurés, et n'a pas fait rédiger un nouvel avenant encourt la déchéance édictée par les clauses de la police. Le fait d'avoir encaissé la prime au nouveau domicile de l'assuré n'établit pas la preuve que la Compagnie d'assurances ait connu la translation du mobilier assuré dans ce domicile et accepté, soit expressément soit tacitement, une modification au contrat existant. (Cour d'appel de Paris, 14 juin 1877).

Déclaration de sinistre. — *(Délai de 15 jours).* L'assuré doit, dans les 15 jours du sinistre, en faire la déclaration devant le juge de paix compétent, sous peine de déchéance (Trib. civ. de Marseille, 23 mars 1882).

Déclaration de vente. — *(Meules de blé).* Les meules de blé vendues à divers par adjudication publique et par lot de gerbes, restent la propriété du vendeur jusqu'à ce que ces gerbes aient été comptées à la livraison, et l'assureur, si les meules sont incendiées avant ce temps, en doit compte à l'assuré. (C. civ. art. 1585). Il n'importe que dans le cahier des charges il ait été dit que les gerbes vendues seraient aux risques et périls des adjudicataires, du moment où elles étaient adjugées. (Douai, 14 janvier 1865). — *Vente non déclarée :* Celui qui, assurant son établissement agricole et spécialement ses bestiaux et ses récoltes en meules, a vendu le grain de ses meules par un acte qui ne doit être exécuté qu'après l'époque où a lieu l'incendie, et a, lors de la signature de la police, gardé le silence sur cette vente, n'a pas commis une réticence entrainant la déchéance prévue par la police. — Lorsque d'après les termes du marché et la nature de la chose vendue, la vente ne devait être parfaite qu'au moment de la livraison, et que le grain demeurait aux risques de l'assuré, ce dernier avait intérêt à la surveillance de la meule, et par conséquent, la déclaration n'est pas contraire aux dispositions sainement interprêtées de la police. (Cour d'appel de Paris, 27 janvier 1877).

Déplacement des objets assurés. — (*Déchéance par défaut de déclaration*). — Le déplacement des objets assurés, sans déclaration, est une cause de déchéance en cas de sinistre. (Cour d'appel de Paris, 14 novembre 1872).

Détenteur de produits. — (*Voir à Cas fortuit*). Meunier à qui des blés ont été confiés.

Double assurance. — (*Défaut de déclaration*). — La clause de la police qui oblige l'assuré à déclarer toute assurance postérieure ou antérieure du même risque et stipule que le défaut de déclaration constitue une réticence entrainant la déchéance en cas de sinistre, est licite. (Cour de Cass., 10 avril 1877). L'assuré qui, postérieurement à la souscription de sa police, a fait garantir par une autre Compagnie des objets autres que ceux sur lesquels porte son assurance, mais faisant partie du même risque, est tenu d'en faire la déclaration à son premier assureur, sous peine de n'avoir droit à aucune indemnité, en cas de sinistre. Il en est surtout ainsi quand la compagnie s'était réservé en cas de déclaration de coassurance, le droit de résilier le contrat, attendu qu'elle a toujours été privée de cette faculté de résiliement. (Cour de Cassation, 6 août 1884). — La déchéance par suite d'une double assurance est indivisible et s'applique à tous les articles assurant un même risque. (Trib. civ. de Nancy, 21 février 1876, et 16 décembre 1876. — Cour de Toulouse, 3 décembre 1877).

Expertise amiable. — (*Refus par l'expert de l'assuré*). L'expertise amiable est de rigueur et tant qu'elle n'a pas eu lieu, l'assuré est non recevable à intenter une action tendant, soit à l'allocation d'une indemnité, soit même à la simple constatation des pertes au moyen d'une expertise judiciaire. — En conséquence, si l'expert de l'une des parties refuse de continuer à remplir son mandat, on doit en choisir un autre ou le laisser désigner par le président du tribunal. (Trib. civ. de Foix, 17 janvier 1885. — Trib. civ. de Gray, 13 juillet 1883). La demande d'expertise judiciaire introduite par l'assuré sous le prétexte que le travail des premiers experts est incomplet et ne saurait le lier, doit être rejetée. (Trib. civ. de Bergerac, 22 décembre 1880). — L'expertise est obligatoire pour les parties, elle leur est imposée par les articles de la police d'assurance qui fait la loi entre elles. (Trib. civ. de Béthune, 9 mai 1877).

Exagération de dommages. (*Déchéance*). — La déchéance pour exagération de dommages ne doit être prononcée que si la mauvaise foi du sinistré est établie. Lorsque l'expertise amiable apprécie avec équité les pertes éprouvées par l'assuré, elle doit être maintenue par les tribunaux, sans qu'il soit besoin d'expertise judiciaire. (Cour de Toulouse, 18 décembre 1873. Trib. de Com. de la Seine, 28 octobre 1876. Cour d'appel de Bordeaux, 30 mai 1877. Cour d'appel de Dijon, 3 avril 1879. Trib. civ. de Lyon, 2 juillet 1882. Cour d'appel de Limoges, 3 août 1883. Cour d'appel de Montpellier, 14 décembre 1885). — *État de pertes mensonger.* — Le fait de la part d'un assuré, de fournir aux agents de la Compagnie et aux experts chargés du règlement, un état de pertes mensonger, et de ne leur représenter qu'une partie seulement du sauvetage, constitue des manœuvres frauduleuses d'escroquerie. (Art. 405 C. Pén.) (Cour de Cassation, 6 mars 1886).

Fausse déclaration. — (*Déchéance*). L'assuré qui a fait de fausses déclarations pouvant modifier l'opinion du risque, est déchu de tous droits à une indemnité en cas de sinistre. — (Trib. civ. de Nantua, 7 août 1864. Dijon, 15 décembre 1871).

Faute lourde. — (*Responsabilité de l'assuré*). L'assuré est garanti contre les imprudences communes qu'il peut commettre, mais il est responsable vis-à-vis de l'assurance des *fautes lourdes*, qu'il aurait pu facilement éviter. La faute de l'assuré ne se présume pas ; mais si elle est bien constatée, elle affranchit l'assureur de toute responsabilité. (Trib. civ. de Lyon, 26 décembre 1876). — Une faute lourde de l'assuré, et en particulier un défaut complet de surveillance des objets en risque, quand ce défaut est la cause du sinistre, entraîne la déchéance du contrat. (Cour d'appel d'Agen, 27 décembre 1883).

Immeubles par destination. — (*Locataire*). L'assurance des risques locatifs comprend non seulement les bâtiments, mais aussi les objets qui sont immeubles par destination. (Trib. civ. de Lure, 20 mai 1878).

Incendie. — (*Extinction*). — Est déchu de tout droit à l'indemnité, l'assuré qui n'emploie pas tous ses efforts à éteindre le commencement d'incendie. (Cour de Caen, 24 mars 1862). — *Frais d'extinction* (voir au mot *Commune*).

Indemnité. — (*Valeur réelle.* — *Estimation*). L'assuré ne doit jamais trouver dans l'assurance un bénéfice, aussi ne doit-il recevoir à titre d'indemnité que la valeur réelle de l'objet au moment de l'incendie. (Cour d'appel d'Aix, 16 juin 1875). — Lorsque l'assurance repose sur un immeuble, il y a lieu de déduire la différence du neuf au vieux. (Trib. civ. de Pontarlier, 17 mai 1856). — La valeur fixée par le propriétaire au moment de l'assurance ne peut pas être admise comme base de la fixation de l'indemnité. (Lyon, 19 août 1852).

Locataire. — (*Locataire à titre gratuit*) — Les articles 1733 et 1734 du Code civil ne sont pas applicables au locataire à titre gratuit. — *Locataire, preuve à sa charge.* Le locataire, aux termes de l'art. 1733 du C. civ., répond de l'incendie, à moins qu'il ne prouve que l'incendie est arrivé par cas fortuit (vice de construction, feu du ciel, feu parti d'une maison voisine). Par suite, ce n'est pas au bailleur à prouver la faute du locataire, mais ce dernier doit établir qu'il se trouve dans un des cas énoncés audit article. (Cour d'appel d'Alger, 12 janvier 1882. Cour d'appel de Poitiers, 22 décembre 1873. Cour d'appel de Paris, 29 mars 1876). — Quand le propriétaire cohabite, c'est à lui à commencer par prouver que le feu n'a pas pris dans la partie de la maison qu'il occupait. — (Cour de Cass., 15 mars 1876. Cour de Paris, 14 février 1882. Cour d'appel de Paris, 14 mars 1884). — *Domestique.* — *Incendie volontaire.* Le locataire, dont le serviteur à gages a mis volontairement le feu à l'immeuble loué, est responsable de l'incendie vis-à-vis du propriétaire. (Cour d'appel de Paris, 7 février 1880) — *Déplacement de meubles.* L'obligation imposée à l'assuré, par sa police, d'avoir à déclarer son changement de domicile et la translation des objets assurés, sous peine de déchéance en cas de sinistre, constitue une obligation rigoureuse et de droit strict. (Cour de Paris, 14 juin 1877).

Locomobile. — (*Faute grave*). L'assureur n'est pas responsable quand le chauffeur d'une locomobile a activé si violemment le feu que l'incendie des pailles et des gerbes qui l'entouraient était inévitable. (Cour d'appel de Grenoble, 17 juin 1870). — L'assurance contre l'incendie n'exonère pas l'assuré des conséquences d'une faute grave que la loi assimile au dol, comme le serait l'infraction à des règlements édictés en vue de la sûreté publique. (Cour d'appel de Bourges, 11 avril 1874). — *Recours des voisins.* On est responsable envers les voisins de l'incendie que communique une machine à battre, vicieuse par elle-même ou par la manière dont on s'en sert. (Cour d'appel de Lyon, 23 juin 1883). — *Responsabilité :* Celui qui voudrait faire retomber sur le propriétaire d'une machine batteuse, la responsabilité de l'incendie doit prouver que cette machine est vicieuse. (Cour d'appel de Rennes, 23 avril 1866). — Pour que le propriétaire d'une locomobile soit responsable, il ne suffit pas de prouver que la machine a été cause de l'incendie, il faut de plus établir que l'incendie est le résultat d'une faute. (Trib civ. de Lyon, 10 mai 1878).

Objet de l'assurance. — (*Effets du maître*). L'assurance concentrée sur les effets et hardes du maître ne s'étend pas aux effets et hardes du serviteur.

Prime non payée. — (*Résiliation. Clause valable*). Lorsqu'une police d'assurance contient la clause que l'assurance sera résiliée si la prime n'est pas payée à l'échéance, il n'appartient pas aux juges du fait de refuser d'appliquer cette clause, à moins qu'ils ne constatent que les parties y ont dérogé par une exécution contraire constante. Il ne leur suffirait pas de constater que les Compagnies d'assurances n'appliquent pas d'ordinaire cette déchéance rigoureusement. (Cour de Cassation, 7 avril 1875).

Prime portable. — D'après la police, les primes sont portables, si l'assuré prétend que la Compagnie a dérogé au contrat, en faisant quérir, la preuve de cette allégation lui incombe. Si cette preuve n'est pas faite, la déchéance est encourue par l'assuré, qui n'avait pas payé sa prime au moment du sinistre. (Cour d'appel de Limoges, 20 novembre 1882. Cour d'appel d'Agen, 22 octobre 1886. Cour de Cassation, 1er décembre 1880).

Prime quérable. — La prime est quérable quand il résulte du contrat ou des agissements de l'assureur, que la prime est payable au domicile réel ou élu de l'assuré, sans déplacement de ce dernier. Dans ce cas une mise en demeure est nécessaire pour que la déchéance soit encourue à défaut de paiement. C'est à l'assuré à établir que la Compagnie a dérogé expressément ou tacitement à son contrat, et que, par suite, de portable qu'elle était la prime est devenue quérable. (Cassation Paris, 8 février 1877).

Prime payée après sinistre. — L'assuré en retard d'acquitter la prime est déchu de tout droit à une indemnité quand il a payé après sinistre, le délai fixé par la police sous peine de déchéance étant expiré. (Cour d'appel de Dijon, 25 juin 1875).

Privilège. — (*Indemnité locative*). L'indemnité que le locataire sinistré reçoit de la Compagnie d'assurances ne représente pas le prix d'une chose qui n'a pu être vendue ni livrée ; elle lui est allouée en vertu d'un contrat tout spécial, en ce qu'il a uniquement pour objet la garantie d'un risque. Elle tombe dans le patrimoine du locataire et fermier, et devient ainsi le gage commun de ses créanciers, conformément à l'art. 2093 du C. civ. (Cour d'appel de Paris, 8 décembre 1879).

Qualité — (*Fermier*). Le propriétaire, même à l'insu de son fermier, peut souscrire une assurance pour risque locatif. Dans ce cas, la seconde assurance souscrite par le fermier sur les mêmes objets est nulle, et le premier assureur n'a pas le droit d'exercer un recours contre le second assureur. (Trib. civ. de la Seine, 14 mars 1856).

Reconstruction — (*Immeuble incendié*). Le propriétaire qui a reçu l'évaluation faite par experts de l'immeuble incendié, ne peut, sans convention expresse avec ses locataires, leur réclamer le montant de la différence entre le prix des travaux de reconstruction et la somme fixée par l'expertise. (Cour de Paris, 18 mai 1872).

Recours des voisins. — (*Preuve*). Le recours contre un voisin ne peut être exercé qu'en établissant que celui-ci a commis une faute. Le voisin n'a action contre celui chez lequel le feu a commencé qu'autant qu'il prouve la faute. (Cass. 24 avril 1860. Cour d'appel de Paris, 7 janvier 1875. Cour d'appel d'Orléans, 6 décembre 1882. — L'exercice du recours des voisins est subordonné à la preuve d'une faute commise par celui chez lequel le feu a commencé. On ne peut faire résulter cette preuve, par voie de présomption, du fait que celui chez lequel le feu a commencé aurait commis une imprudence, par exemple, en pénétrant avec une lampe à feu nu dans la grange où l'incendie s'est déclaré, il faut encore prouver que c'est cette imprudence qui a causé l'incendie. (Trib. civ. de Montbrison, 15 février 1882).

Responsabilité. — (*Des parents*). Les parents sont responsables des actes de leurs enfants mineurs ; ils doivent donc supporter les conséquences entières de l'incendie allumé par eux. (Trib. civ. de Meaux, 2 juillet 1849. — Trib. civ. de Villefranche (Rhône), 2 août 1855. — Trib. civ. de St-Menehould, 5 février 1873) — *Des maîtres*. La responsabilité des maîtres en ce qui touche leurs domestiques, doit être appliquée restricti- vement et limitée, suivant les termes de la loi, au dommage causé par eux dans les fonctions auxquelles ils les ont employés. (Art. 1384, C. civ.). C'est à la Compagnie à faire la preuve que le domestique était dans l'exercice de ses fonctions au moment où, par son imprudence, il a été la cause de l'incendie. (Cour d'appel de Paris, 21 juillet 1876).

Réticence. — (*Nullité de la police*). Toute déclaration inexacte qui diminue l'opinion du risque annule le contrat. (Trib. civ. de la Seine, 19 avril 1882). — La non déclaration de l'établisse- ment d'une distillerie contiguë à l'immeuble assuré constitue une réticence de nature à diminuer les risques et entraîne la déchéance en cas de sinistre, même quand l'existence de la dis- tillerie était connue de l'agent. (Cour de cassation, 8 juillet 1878).

Règle proportionnelle. — La règle proportionnelle doit être basée, non sur la valeur de l'immeuble calculée à neuf et comparée à la somme assurée, mais sur la dite valeur réduite de la différence du neuf au vieux, au jour de l'incendie. — *Assurance insuffisante.* — Lorsque l'assurance ne porte que sur une somme moindre que la valeur des objets assurés, l'assuré reste son propre assureur pour l'excédent et doit supporter une part proportionnelle du dommage. (Trib. civ. de la Seine, 20 décembre 1871. — Trib. civ. de Rouen, 21 août 1871). — La règle proportionnelle s'applique également aux risques locatifs, mais ne peut s'appliquer à l'assurance contre le recours des voisins. (Cour d'appel de Dijon, 27 janvier 1876). — L'assu- rance des risques locatifs, quand les bâtiments sont occupés par un seul locataire, doit être basée sur la valeur totale des bâtiments, et, si elle est insuffisante, il y a lieu d'appliquer la règle proportionnelle. (Cour d'appel de Besançon , 5 janvier 1885).

Résiliation. — (*Après sinistre*). Les conventions légalement formées tiennent lieu de loi à ceux qui les font, (art. 1134, C. civ.). — En conséquence, lorsqu'il a été convenu « qu'après tout sinistre » la Compagnie pourra résilier l'assurance en tout ou en partie, cette clause est licite et dès lors elle est obligatoire pour les parties. (Cour de cassation, 17 mars 1874).

Risques locatifs. — (*Fermier*). Le propriétaire peut, en vertu de l'article 1733 du C. civ., poursuivre le fermier et le colon au même titre comme occupants. — Le fermier sortant ne peut

surveiller les lieux comme le ferait le fermier entrant.
D'ailleurs, lorsque le feu prend à l'extérieur d'une grange, le
fait peut être considéré comme cas fortuit déchargeant le locataire qui serait encore lié par un bail. (Trib. civ. de Rouen). —
Le fermier sortant, mais ayant encore des récoltes dans les
lieux laissés, doit être considéré comme locataire. — Le propriétaire dont les meubles ont été brûlés par le feu qui a
commencé chez son locataire, n'a pas d'action contre ce dernier,
en vertu de l'art. 1733 du C. civ. — *Assurance des risques locatifs
et des récoltes.* Est souverain et échappe à la censure de la Cour
de Cassation l'arrêt qui décide que l'assurance des récoltes et
l'assurance des risques locatifs, quoique constatées par une seule
et même police, doivent être considérées comme constituant
deux contrats distincts et que, par suite, la déchéance encourue
par l'assuré, relativement aux récoltes n'était pas encourue
relativement aux risques locatifs. (C. civ., art. 1134, 1229, 1217
et suivants. — Cour de cassation, 28 juin 1813)).

Constructions nouvelles, améliorations : La responsabilité du
locataire vis-à-vis du propriétaire à raison de l'incendie survenu dans les lieux loués, s'étend aux dégâts causés aux améliorations et constructions qu'il avait le droit de faire, d'après
les termes du bail, et qui, à la fin du bail, devaient revenir,
sauf indemnité, au propriétaire. (Cour d'appel de Paris, 17 janvier
1879). — Les pailles et fourrages, livrés au métayer comme
fonds de lieux et sans estimation, ne sont pas sa propriété et
par conséquent ne peuvent périr pour lui lors d'un incendie.
(Bourges, 13 juillet 1863). — La clause d'un bail portant obligation pour le preneur de payer la prime d'assurance contre
l'incendie, n'emporte pas renonciation par le bailleur à exercer
les droits résultant en sa faveur de l'art. 1733 du Cod. civ. ou à
y subroger la Compagnie d'assurances. (Bordeaux, 28 août 1854.
— Nancy, 9 août 1849).

Saisie-arrêt, subrogation. Le contrat d'assurance et une
expertise partielle confèrent au sinistré, pour le paiement de
son indemnité, une créance suffisamment certaine pour motiver
une saisie-arrêt contre l'assureur. (Trib. civ. de la Seine,
1er juillet 1873). — Une saisie-arrêt est pratiquée valablement
par l'assureur du propriétaire entre les mains de l'assureur du
locataire responsable de l'incendie, alors même que le propriétaire n'a pas encore été indemnisé. (Cour de cassation,
3 février 1885).

Sauvetage. — L'assuré doit veiller à la conservation du sauvetage, sauf à se faire rembourser par l'assureur les frais faits dans ce but. Dans tous les cas, l'assureur ne peut être responsable des dommages postérieurs à l'incendie. (Trib. civ. de Rouen, 21 août 1871). — *Dissimulation du sauvetage.* L'assuré qui dissimule des objets sauvés de l'incendie, qui présente à l'assureur un état sur lequel les objets sauvés figurent comme ayant été consumés par les flammes, commet une tentative d'escroquerie. (Cour d'appel de Bourges, 10 juillet 1884).

Tiers-expert. — Lorsque les experts nommés amiablement par les parties ne sont pas d'accord, il y a lieu à nomination d'un tiers-expert, conformément à la procédure réglée par les clauses de la police. Mais il n'y a pas lieu pour le tribunal d'accueillir la demande de l'assuré à l'effet d'ordonner une expertise judiciaire. (Cour d'appel de Rennes, 31 décembre 1871). — L'assuré est sans droits à réclamer une expertise judiciaire, tant qu'il n'a pas été procédé à la tierce-expertise, conformément aux conditions générales de la police. (Trib. civ. de Sancerre, 29 janvier 1884).

Terrain d'autrui. — L'assuré qui n'a pas déclaré que la maison, objet de l'assurance, est édifiée sur un terrain appartenant à autrui, encourt en cas de sinistre la déchéance stipulée par la police et prononcée par l'art 348, du C. com. (Trib. de com. de Bordeaux, 27 septembre 1850). Sa déchéance s'étend aux marchandises renfermées dans la maison. — Le locataire d'une maison bâtie sur terrain d'autrui est tenu, en cas d'incendie, de payer la valeur de la construction moins la différence du neuf au vieux. (Cour d'appel de Nancy, 11 mars 1880).

Usufruitier. — L'usufruitier d'une maison est responsable de l'incendie par application des articles 1302 et 1733 du Code civ. à moins qu'il ne prouve que le sinistre a eu lieu sans sa faute. (Cour d'appel de Rouen, 27 février 1886).

Vice de construction. — Le propriétaire est responsable du vice de construction de l'immeuble loué, alors même qu'il a ignoré ce vice. — Le locataire n'est pas responsable, en cas de vice de construction, mais il faut que ce vice de construction soit bien établi.

Le propriétaire n'est responsable du défaut d'entretien de son immeuble que si le locataire lui a signalé l'utilité ou la nécessité des réparations. (Trib. civ. de la Seine, 6 mars 1884, 17 décembre 1872. — Trib. civ. de Lyon, 19 décembre 1876. — Cour d'appel de Douai, 6 janvier 1877). — Le propriétaire est responsable si le vice de construction de son immeuble a occasionné l'incendie de la maison voisine. (Trib. civil de Lyon, 19 décembre 1876).

Modèle de Procuration notariée (en brevet) à donner en cas de sinistre, par un assuré qui ne sait signer.

Par devant M^e   , notaire, et son collègue, à a comparu M,   *(profession)*, demeurant à   , lequel a fait et constitue pour mandataire spécial M demeurant à   , auquel il donne pouvoir de, pour et en son nom, régler avec la Compagnie   , à laquelle il est assuré par police N°   , de l'Agence de   , en date du   , enregistrée, et consentir, conformément aux clauses et conditions de la dite police, à la fixation du montant des dommages causés par l'incendie survenu le

En conséquence, nommer tous experts, assister à toutes expertises et tierces-expertises, produire tous titres, pièces et documents, faire tous dires, protestations et réserves, donner sur le procès-verbal même des experts toute adhésion à l'expertise, traiter et transiger en toute autre forme, toucher et recevoir de la dite Compagnie toutes sommes qui pourront être dues au constituant à raison des dits dommages et à donner quittance.

Consentir, si la Compagnie l'exige, à la résiliation de la dite police, subroger la dite Compagnie dans tous ses droits, actions et recours contre tous auteurs reconnus ou présumés du dit incendie et autres généralement quelconques.

Et aux effets de tout ce que dessus, signer tous procès-verbaux, actes et émargements qu'il appartiendra. Les constituants déclarant approuver et ratifier d'avance tout ce que le dit sieur mandataire fera pour l'exécution du présent mandat.

Dont acte,

Modèle de Sommation à faire au locataire, au voisin, etc., après sinistre.

L'an mil huit cent   , le   , à la requête :
1° de M   , propriétaire, demeurant à
2° de la Compagnie d'Assurances contre l'incendie, dite
poursuites et diligences de M.   , son Directeur,
demeurant au siège de la Compagnie, à Paris, rue
la dite Compagnie agissant comme pouvant être subrogée aux
droits de M.   , propriétaire.
Et pour lesquels requérants domicile est élu en la demeure de
M.   , agent fondé de pouvoirs de la dite Compagnie, à

J'ai (immatricule de l'huissier) soussigné, signifié et déclaré à
M.   , demeurant à   , en son domicile ou étant et parlant à

1° Qu'un incendie a éclaté le   , dans une maison
située à   et appartenant au sieur   , laquelle
était assurée à la Compagnie   , par police, en date
du   , enregistrée.

2° Qu'il importe de faire constater les dommages occasionnés
par cet incendie, tant pour que le dit sieur (le propriétaire)
puisse jouir des bénéfices de son assurance que pour éviter
toutes détériorations ultérieures.

3° Qu'en vertu des articles 1733 et 1734 (ou 1382, 1383 et 1384)
du Code civil, les réquérants se croient fondés à exercer contre
M.   (le locataire ou le voisin), une action en garantie
pour le montant des dommages. En conséquence, sans rien
préjuger sur la validité de la dite action et réservant à M.
(locataire ou voisin), tous les moyens de défense, je, huissier
susdit et soussigné, ai fait sommation au dit sieur
de comparaître ou se faire représenter le   , heure
de   , à l'effet d'être présent aux requête et expertise
qui auront lieu par M.   , expert de la Compagnie,
et M.   , expert de M.   (propriétaire),
faire tous dires et observations qu'il pourra éventuellement
juger utiles à ses intérêts, et même y faire concourir, si bon lui
semble, un troisième expert.

Lui déclarant que, faute par lui de se trouver ou de se faire
représenter aux dits lieu, jour et heure, il sera procédé en son
absence aux dites expertise et requête, lesquelles seront

reputées faites contradictoirement avec lui, pour être ensuite, par les réquérants, usé de leurs droits, comme ils le jugeront convenable.

Dont acte

Modèle de Requête pour la nomination d'un tiers-expert.

A Monsieur le Président du Tribunal de commerce de l'arrondissement de   ou à Monsieur le Président du Tribunal de première instance de   , faisant fonction de président du Tribunal de commerce.

La Compagnie d'Assurances contre l'incendie dite   , dont le siège social est à Paris, rue   , représentée par M.   , son inspecteur (ou agent général) soussigné.

A l'honneur d'exposer :

Que, par police en date du   , portant le n° dûment enregistrée, il a été convenu entre la Compagnie exposante et M.   , demeurant à   qu'il serait, en cas d'incendie, procédé à l'estimation des dommages causés aux objets assurés par deux experts nommés, ainsi qu'il est dit dans la dite police ; que si ces experts ne pouvaient s'entendre, ni sur le résultat de leurs opérations, ni sur le choix d'un tiers-expert pour les départager, ce tiers-expert serait nommé par vous, Monsieur le Président.

Pourquoi et attendu que MM.   , experts choisis par les parties, n'ont pu tomber d'accord sur les points indiqués ci-dessus, la Compagnie exposante vous demande, M. le Président, de nommer pour tiers-expert telle personne qu'il vous conviendra, pour, avec les dits experts, mettre à fin les opérations de l'expertise dont il s'agit.

POIDS ET MESURES.

Avant l'adoption du système métrique décimal, les mesures de longueur, de surface, de volume, de capacité et de pesanteur variaient à l'infini, elles changeaient pour ainsi dire de village à village.

Malgré la simplicité du nouveau système, on garde encore dans les campagnes quelques unes des habitudes anciennes. De là des difficultés pour les constatations et les évaluations.

Il importe donc d'être renseigné, autant que possible, sur la valeur des anciennes mesures locales.

Le système décimal existe de temps immémorial dans le Japon, la Chine, la Cochinchine, en un mot, dans tout l'orient de l'Asie.

En France, le premier projet de régularisation du système des poids et mesures dans toutes les provinces date de 1766.

Le 8 mai 1790 fut rendue, sur la proposition de M. de Talleyrant, un décret décidant la réforme radicale.

Le 7 avril 1795 parut une loi d'après laquelle le *mètre* et les unités qui en dérivent devenaient les mesures légales provisoires.

Le 22 juin 1799, présentation au Corps législatif des étalons et des prototypes proposés par la Commission instituée. Toutefois, le système métrique actuellement en usage ne fut légalisé que le 2 novembre 1801.

Mais l'application du nouveau système rencontrant des difficultés résultant de l'habitude que l'on avait des anciennes mesures, le 12 février 1812, un décret impérial autorisa l'usage d'un système dit transitoire,

C'est seulement le 4 juillet 1837, qu'une loi rendit définitivement obligatoire pour toute la France et ses colonies, à partir du 1er janvier 1840, l'usage des mesures décimales métriques.

Aux termes de la loi du 4 juillet 1837 :

« Quiconque possède des poids et mesures autres que les
« poids et mesures du système métrique peut être puni, de

même que les personnes qui les emploient, de 11 à 15 francs,
« et les mesures prohibées sont confisquées.

« Il est interdit d'énoncer dans les actes publics, les actes
« sous-seings privés, les registres de commerce et les autres
« écritures privées produites en justice, ainsi que dans les
« affiches et annonces, des dénominations de poids et mesures
« autres que celles du système métrique.

« Une amende de 10 francs punit les particuliers contreve-
« nants; l'amende dont les officiers publics sont passibles est
« de 20 francs. »

D'après l'article 480 du Code pénal, la peine d'un emprisonnement pendant 5 jours au plus peut être prononcée contre ceux
qui font usage de poids et mesures non conformes au système
métrique.

Toutes les mesures, tous les poids doivent être marqués du
poinçon de l'État, et porter en gros caractères, lisibles, leur
nom et leur valeur. On a le droit d'exiger de tout marchand de
ne se servir que de poids ou de mesures poinçonnés. Quiconque est reconnu avoir fait usage de faux poids ou de fausses
mesures, peut être puni de l'emprisonnement — trois mois à
un an, au plus — et d'une amende, qui ne pourra être au-dessous
de 50 francs.

Le 15 avril 1875, un congrès international, réuni à Paris, a
arrêté les bases d'une convention relative à l'adoption du
système métrique. Ce même congrès procéda, le 20 mai 1875, à
la signature de la convention dont les termes avaient été
arrêtés dans la séance du 15 avril.

Les États qui ont adhéré à la convention sont :

L'Allemagne.	L'Italie.
La République Argentine.	Le Pérou.
L'Autriche-Hongrie.	Le Portugal.
La Belgique.	La Russie.
Le Brésil.	La Sicile.
Le Danemark.	La Norvège.
L'Espagne.	La Suisse.
Les Etats-Unis.	La Turquie.
La France.	La Venezuela.

D'après une disposition spéciale, tous les autres gouverne-
ments ont la faculté d'accéder ultérieurement à la convention.

Mesures de longueur ou linéaires.

MESURES NOUVELLES LÉGALES :

Le *mètre* est l'unité de mesure de longueur. Il représente une fraction du méridien terrestre, c'est-à-dire la dix-millionième partie de la distance du pôle nord à l'équateur, ou du quart du méridien.

Multiples du mètre.			*Sous-multiples du mètre.*			
Le décamètre	=	10 mètres.	Le décimètre	= la	10ᵉ	p. du m.
L'hectomètre		100 --	Le centimètre	la	100ᵉ	—
Le kilomètre		1,000 —	Le millimètre	la 1.000ᵉ		—
Le myriamètre		10,000 —				

Mesures effectives de longueur — (ordonnance du 16 juin 1879).

Le double décamètre, mesure de..	20 mètres.
Le décamètre (chaîne d'arpenteur)	10 —
Le demi-décamètre.	
Le double mètre.	
Le mètre.	
Le demi-mètre.	
Le double décimètre.	

MESURES TRANSITOIRES, AUTORISÉES DE 1812 A 1840

Le pied (pied usuel), 12 pouces.......	=	$0^m,3333$
La toise usuelle ou métrique (6 pieds)		2
L'aune, divisée en 1/2, 1/4, 1/8........		1 20

Ces mesures devaient porter sur l'une de leurs faces la division métrique.

MESURES ANCIENNES

●

Pour les usages ordinaires :

Le pied, pied de roi (Paris)	=	$0^m,324$	Le pied du Rhin	=	$0^m,314$
— marchand (Aisne)...		0 30	— de ville (Lyon).		0 343
— — (Marne)	$0^m,270$	à 0 316	— de Strasbourg.		0 27

Pour le mesurage des ouvrages de construction :

La toise d'ordonnance, toise du Pérou = $1^m,949$

Pour les étoffes :

	m.		m.
Aune de Paris.......... =	1,188	Canne de Marseille, pour les draps..........	2,11
— de Bordeaux	1,88	— de Marseille, pour les soies...................	1,99
— de Nice	1,57	— de l'Héraut, valant 8 pans...............	1,99
— de Rouen, p. les toiles	1,40	— des Basses-Alpes	1,98
— grande de Nantes, de Reims	1,39	— de Toulon	1,93
— de Lyon...............	2,20	— de Toulouse...........	1,78
— d'Abbeville, de Dijon..	1,49	Chaîne de Touraine	8,12
— de Rouen, p. les laines.	1,16	Compas de la Gironde......	1,78
— de Marseille...........	1,16	Empan des Basses-Pyrénées	0,23
— de Bourgogne...	1,06	Gaule du Morbihan.........	2,59
— de Douai.............	0,84	— des envir. de Lorient .	~1,33
— des Ardennes, d'Arras	0,72	Menu de l'Hérault	0,027
— de Lille................	0,70	Palme ou pan de Nice. . ..	0,264
— de Lorraine	0,64	Pan de l'Hérault, 9 menus ..	0,248
— de Nancy, petite de		— des Basses-Alpes.......	0,25
— de Nantes.	0,63	Rand des Hautes-Alpes.....	1,92
— de Strasbourg........	0,52	Rase ou aune de Nice	0,548
Brasse	1,62		
— du Cantal .... .1,70 à	1,80		

Pour mesurer les champs :

Perche des eaux et forêts de 22 pieds.......... =	7,146	Perche ou verge lin. de l'Aisne	5,47
— de l'arpent de Paris de 18 pieds..........	5,847	— du Calvados.. 4,30 à	7,80
— de l'arpent commun de 20 pieds..........	6,496	— du Cher . . ... 6,50 à	7,80
		Corde d'Ile-et-Vilaine.......	7,146
		Verge du Nord....	2,97
		— d'Ile-et-Vilaine	1,353

Réduction en mesures légales.

		Réduction en mesures anciennes.		
1 ligne................... =	0,00225	1 mètre...........	443 lignes	296
1 pouce...................	0,02717	1 —	36 pouces	931
1 pied ou 12 pouces......	0,32488	1 —	3 pieds	784
1 toise ou 6 pieds	1,94904	1 —	0 toise	5,130

Réduction des mesures de longueur transitoires en mesures légales

1 toise vaut 2 mètres.

	m.		m.		m.		m.
1 pied =	0,333	1 pouce =	0,028	1 ligne =	0,002	1 point =	0,000
2 —	0,666	2 —	0,056	2 —	0,005	2 —	0,000
3 —	1,000	3 —	0,083	3 —	0,007	3 —	0,001
4 —	1,333	4 —	0,111	4 —	0,009	4 —	0,001
5 —	1,666	5 —	0,139	5 —	0,012	5 —	0,001
6 (1 toise) 2 »		6 —	0,167	6 —	0,014	6 —	0.001
		7 —	0,196	7 —	0,016	7 —	0,001
		8 —	0,222	8 —	0,019	8 —	0,002
		9 —	0,250	9 —	0,021	9 —	0,002
		10 —	0,278	10 —	0,023	10 —	0,002
		11 —	0,306	11 —	0,025	11 —	0,002
		12 (1 pied) 0,333		12 (1 pouce) 0,028		12 (1 ligne)	

Réduction de l'aune en mètres.

Parties binaires et trinaires de l'aune en mètres.		m.		1 aune …	=	m. 1,20
1 aune …	=	1,20		2 — …		2,40
1/2 — …		0,60		3 — …		3,60
1/3 — …		0,40		4 — …		4,80
1/4 — …		0,30		5 — …		6, »
3/4 — …		0,90		6 — …		7,20
1/6 — …		0,20		7 — …		8,40
5/6 — …		1		8 — …		9,60
1/8 — …		0,15		9 — …		10,80
3/8 — …		0,45		10 — …		12 »
5/8 — …		0,75		15 — …		18 »
7/8 — …		1,05		20 — …		24 »
1/12 — …		1,10		25 — …		30 »
5/12 — …		0,50		30 — …		36 »
7/12 — …		0,70		40 — …		48 »
11/12 — …		1,10		50 — …		60 »
1/16 — …		0,075		60 — …		72 »
15/16 — …		1,125		70 — …		84 »
				80 — …		96 »
				100 — …		120 »

Tableau comparatif du prix de parties du mètre avec celui de parties de la toise.

Prix du décimètre proportionnel à celui du pied.		*Prix du centimètre proportionnel à celui du pouce.*	
Rapport { pied . = 0,333 (1/3) ; décimètre 0,1 (1/10) }		Rapport { pouce = 0,0277 (1/37) ; centimètre 0,01 (1/100) }	
1 pied valant	1 décimètre vaut	1 pouce valant	1 centimètre vaut
f.	f.	f.	f.
0,05	0,02	0,05	0,02
0,25	0,08	0,25	0,09
0,50	0,15	0,50	0,18
0,75	0,23	0,75	0,27
1 »	0,30	1 »	0,36
2 »	0,60	2 »	0,72
3 »	0,90	3 »	1,08
4 »	1,20	4 »	1,44
5 »	1,50	5 »	1,80
6 »	1,80	6 »	2,16
7 »	2,10	7 »	2,52
8 »	2,40	8 »	2,88
9 »	2,70	9 »	3,24
10 »	3 »	10 »	3,60

Détermination du prix du mètre proportionnel à celui de l'aune.

1 aune valant	1 mètre vaut	1 aune valant	1 mètre vaut
0 f. 05	0 f. 04	4 f.	3 f. 33
0 25	0 21	5	4 17
0 50	0 42	6	5 »
0 75	0 62	7	5 83
1 »	0 83	8	6 67
2 »	1 67	9	7 50
3 »	2 50	10	8 33

La toise, le pied, le pouce et la ligne étaient des mesures de longueur.

La toise, le pied, le pouce et la ligne *carrés*, de superficie.

La toise, le pied, le pouce et la ligne *cubes*, de solidité.

Mesures itinéraires.

L'*hectomètre, le kilomètre et le myriamètre*, servent particulièrement pour l'évaluation des distances.

La lieue métrique ou de poste est de 4,000 mètres.
La lieu marine de 20 au degré.... de 5,557 —
L'encablure nouvelle............. de 200 —

MESURES ANCIENNES

Le pas ordinaire de 2 pieds 1/2.......... =	0^m,8121	
— géométrique de 2 pieds	1 6242	
— militaire de 2 pieds	0 6496	
Le mille itinéraire, mille toise	1,949	
La lieue de poste.....................	3,898	
— commune de 25 au dégré.	4,445	
— moyenne de 22 2/9 —	5,001	
— géographique de 18 —	6.173	
— — 15 —	7,408	
— de Bretagne 2,400 toises	4,077	64
— marine de 20 au degré	5,556	7
Le millle marin de 120 nœuds	1,852	2
L'encablure de 120 brasses..............	194	90'
Le nœud 1/120 du mille marin	15	435
La brasse de 5 pieds	1	624

Le nœud est la 120e partie du mille marin.

Chacun des nœuds du lock parcouru dans les 30 secondes du sablier ou dans la 120e partie d'une heure correspond à une marche d'un mille marin par heure. Filer 6 nœuds en 30 secondes, c'est faire 6 milles à l'heure ou 11 kilomètres. Il faut 3 milles pour une lieue marine.

Mesures de surface.

MESURES NOUVELLES

Le *mètre carré*, qui est un carré dont chaque côté a 1 mètre.

Multiples du mètre carré.	*Sous-multiples du mètre carré.*
Le décamètre carré.	Le décimètre carré.
L'hectomètre carré.	Le centimètre carré.
Le kilomètre carré.	Le millimètre carré.
Le myriamètre carré.	

Le mètre carré = 100 décimètres carrés.
— 10,000 centimètres carrés.
— 1,000,000 de millimètres carrés.

L'hectomètre carré, le kilomètre carré et le myriamètre carré servent à représenter de grandes surfaces, comme celles d'une commune, d'un canton, d'un département ; on les nomme mesures *topographiques*.

MESURES TRANSITOIRES, AUTORISÉES DE 1812 A 1840

La toise usuelle carrée — 4 mètres carrés
— 36 pieds carrés.
Le pied carré 144 pouces carrés.

MESURES ANCIENNES

La toise carrée de 3,7987 mètres carrés, divisée en toises-pieds, toises-pouces, toises-lignes et toises-points carrés.
Le mètre carré vaut 0,2632 de toise carrée.

Prix comparatifs des :

Toises carrées	mètres carrés	toises carrées	mètres carrés
f.	f.	f.	f.
1	0,263	6	1,579
2	0,526	7	1,843
3	0,790	8	2,106
4	1,033	9	2,369
5	1,316	10	2,632

Mesures agraires.

MESURES NOUVELLES

L'*are* est l'unité des mesures agraires. C'est un carré dont chaque côté à 10 mètres de longueur. L'are ou 100 mètres carrés, se compose de 100 fois un mètre carré, ou de 100 centiares.

Multiple de l'are.	*Sous-multiple de l'are.*
L'hectare ou hectom. carré = 100 ares.	Le centiare = 1 mètre carré.

MESURES ANCIENNES

	ares.		ares.
Acre du Calvados........ =	97,2	Civadier d. B.-du-Rhône 1,1 à	2,5
— normand, 4 vergées .	81,71	— de Mauron (Ille-et-Vill.)	3 »
Arpent de Paris :		Concade de la Haut.-Garonne	98,8
— — 18 pieds la perche	34,89	Corde des côtes du Nord...	0,6
— — 19 —	39,44	— de 24 pieds (Loire-Inf.)	0,607
— — 20 —	42,20	Cosse des Bouches-du-Rhône	0,4
— — 21 —	46,53	Coupée de l'Ain..........	6,6
— des eaux et forêts 22 pieds la perche.....	51,07	Coupe de Douai (Nord)....	11,30
— du Vexin......... .	50 »	Danrée de la Marne.. 5,5 à	5,9
— de Resigny (Aisne).. .	43.10	Dextre d. B.-du-Rhône 0,14 à	0,87
— de Chatellerault (Vienne)	69,95	Dinerade de Toulouse.....	38,4
— de 100 chaînées (Maine-et-Loire, Sarthe), Touraine...........	66,66	Eminée des Haut.-Alpes 7,6 à	22,8
		— de la H.-Garonne 42,6 à	56,5
— forestier de 100 perch. (Ille-et-Vilaine).....	57,72	Escat du Gers....... 0,5 à	0,6
		Escacin —	
— de 82 cordes 17 pieds (Loire-Inférieure)...	50 »	Essein de l'Oise...........	27,6
Bicherée de l'Ain..........	10,5	Essain de l'Aisne.... 12.1 à	28,4
Boisseau de l'Aisne........	2,6	Euchenne des Bouches-du Rhône........ 0,1 à	1,2
— des Bouches-du-Rhône	1,1	Fauchée de pré de la Marne .... 28,4 à	56,8
Boisselée de l'Allier.. 7,06 à	7,6	— ou faux de pré de l'Aisne....... 41,2 à	48,4
— de Nantes...........	3,56	Faucheur des Hautes-Alpes.	30,4
— d'Angers...........	6,66	Fessoirée de l'Ardèche 4,8 à	6,4
— de Vendée..........	17,69	Fessorée des Hautes-Alpes .	4,7
— de Loudun (Vienne)..	5,28	Garaval des Bouches-du-Rhône......	0,15
— de Poitiers.........	7,60	Gaule (ou toise carrée) Côte du-Nord	0,06
— de Lusignan (Vienne).	24,31	Gerbe, 500 pieds de vigne à 1m chaque (S.-Jean-d'Angely...........	4,76
— de Couhé —....	27,25	— 21 gerbes font 1 hectare	
— d'Ille-et-Vilaine 6,60 à.	11 »	Hommée de l'Aisne.... ...	0,5
Bonnier du Nord .. .114 à	121 »	— de Nantes	4,41
— de Lille............	141 »	— de Toul.............	2,1
— de Valenciennes.....	120 »	— ou 1/2 arpent (Maine-et-Loire....	33 »
— de la Haute-Loire....	1,41	Homme de l'Aube.	5,27
— des Ardennes.... 50 à	95 »	Huitelée du Nord... 23,8 à	47,8
Boiteau ou quartier (Nord) .... 5,74 à	8,15	Jallois de l'Aisne.... 15,4 à	61,3
Carreau de Montmorillon (Vienne).... 0,14 à	0,17	Jour de l'Ille-et-Vilaine 20 cordes...... 68 à	72,93
— de Douai (Nord).....	2,82	— de Lorraine..........	21,17
Carteirade de l'Hérault....	29,99	Journal des Landes 14,9 à	45,1
Cartonnade du Nord.......	7,6	Journal de l'Ain ......'16 à	21 »
— de la Haute-Loire	7,6	— de l'Aisne...........	26,7
Cartonnée de la Loire. 4,5 à	10,5	— de la Côte-d'Or 25,20 à	34,28
Cent de terre de la Flandre	8,9		
Charge des Hautes-Alpes 39 à	64 »		
— du Nord....... 39,9 à	64 »		
Chaînée de 25 pieds (Sarthe, Mayenne)...	0,66		

	ares.
Journal de la Loire-Inférieure et Ille-et-Vilaine 80 c.	48,62
— de 60 chaînées, 2/3 de Sarthe	44 »
— de Sablé (Sarthe)	50 »
— de la Charente, ancien.	34,56
— — nouveau	32 »
— de la Gironde .. 27,7 à	69,6
— de Maine-et-Loire	52 »
— de 360 perches carrées de 9 pieds 1/2, Bourgogne	35,51
— de 360 perch. de 22 p.	99,22
— de 360 perch. carr. de Besançon	28,30
Journée de l'Aude	5,55
— Ille-et-Vilaine	25 »
— de faucheur (Loudéac).	24,31
Journel de la Marne. 28,4 à	140,7
— de Coussay (Vienne)..	4,95
— de Montcontour — ..	6,27
— de Couhé ...... — ..	30,39
— Côtes-du-Nord	48,62
— de 100 verges de Valenciennes .. 28,72 à	35,47
Latte de la Charente	0,16
Mancault de l'Oise	15,2
Maneau de la Vienne 12,1 à	17,2
Mencaudée du Nord (31 grandeurs) de .... 22,7 à	39,1
Mesure de terre de l'Ain 5,8 à	8,3
— de Dunkerque	44,4
Métanchée de la Loire	10,7
— de l'Ardèche	9,5
Métérée de la Loire .. 4,7 à	11,4
Minée de Maine-et-Loire...	39,6
Montural des Alpes-Maritim.	1 »
Mouée de la Moselle	4,4
Muid du Loiret	675,3
— du Nord	193 »
Ouvrée de vigne de l'Ain 2,5 à	3,7
— de Bourgogne	4,28
Panal des B.-du-Rhône 5.9 à	9,9
Pichet de l'Aisne .... 10,2 à	17,2
Picotin des B.-du-Rhône 0,6 à	1,4
Pognerée de Dordogne 10 à	13,7
Pogneux de l'Aisne	8.6
Poiguardière des Bouches-du-Rhône .... 1,1 à	1,4
Porte (40 gaules) Côtes-du-Nord ...... 2,70 à	3,03

	ares.
Pose de la Savoie ... 27,1 à	34,4
Perche de Paris (100 perches à l'arpent	0,34
— commune —	0,42
— de 22 pieds (Ille-et-Vilaine)	0,54
Pugnet de l'Aine ...... 6 à	7,6
Quartel de l'Aisne	15,3
Quartenée de la Vienne....	27.3
— des B.-du-Rhône 20,5 à	23,7
Quartier du Journal ou 100 verges (Nord)	30,18
— de l'Aisne	8,6
— de la Charente-Inférieure ..... 67,5 à	102,1
— de Nantes	13,66
— ou 1/4 d'arpent (Ille-et-Vilaine)	16,50
— ou boiteau de Valenciennes	5,74
Quarteron 1/4 de quartier (Ille-et-Vilaine)	4,12
Raie des Côtes-du-Nord	0,4
Rasière du Nord.... 27,9 à	45,2
Sac du Tarn	42 »
Sadou de la Gironde	7,9
Salmée du Gard (21 grandeurs) de..... 60,9 à	89,3
— des B.-du-Rhône 63,4 à	79,8
Septérée de l'Allier	51,1
— de Carcassonne	33,33
Septier de l'Aisne... 20,6 à	37,9
Sétérée de l'Hérault 14,17 à	49,29
Setyve de l'Ain .... 26 à	37,9
Sextérée de la Dordogne ...... 25,5 à	182,6
Sillon de l'Ille-et-Vilaine, de 4 cordes	2,43
— de 1 corde 16 pieds...	1,01
— de la Loire-Inférieure de 1 corde 16 pieds.	0,80
— de 1 corde 16 pieds (Ille-et-Villaine)	1,01
Soixantaine de Saint-Genest (Vienne)	3,88
Verge carrée du Nord... ..	8 »
— de Toul...	8,47
Vergée du Calvados	20 »
— de Mauron (Côtes-du-Nord)	3 »

Toutes ces variations dans les mesures locales sont le résultat des rapports qui ont servi à les fixer. Ainsi, on peut dire qu'il existe un rapport déterminé entre les diverses mesures agraires et les quantités de travail que l'on est habitué dans chaque localité, suivant la nature des terrains et les modes de culture, à obtenir soit d'un homme, soit d'un attelage de chevaux, de bœufs, de mules, pour les labours, pour les moissons, pour la culture de la vigne, pour la fenaison etc., etc.

Dans la nomenclature ci-dessus, je me suis efforcé à réunir à peu près toutes les mesures anciennes encore usitées, sans cependant prétendre indiquer toutes leurs valeurs. L'énumération en eût été presque impossible, tant les mesures diffèrent entre elles, parfois dans une même localité.

Dans les environs de Paris, les anciennes mesures agraires les plus usitées sont la perche et l'arpent. La perche a de 18 à 22 pieds de côté. L'arpent est composé de 100 perches. Au moyen des tables de réduction qui suivent, il sera toujours facile de connaître leurs valeurs respectives.

Réduction des arpents en hectares et ares.

Arpents de 100 perches carrées de 18 pieds linéaires.		Arpents de 100 perches carrées de 19 pieds linéaires,		Arpents de 100 perches carrées de 20 pieds linéaires.		Arpents de 100 perches carrées de 21 pieds linéaires.		Arpents de 100 perches carrées de 22 pieds linéaires.	
Arpents.	Hectares.	Arpents.	Hectares.	Arpents.	Hectares.	Arpents.	Hectares.	Arpents.	Hectares.
1 =	0,341	1 =	0,380	1 =	0,422	1 =	0,465	1 =	0,510
2	0,683	2	0,761	2	0,844	2	0,930	2	1,021
3	1,025	3	1,142	3	1,266	3	1,395	3	1,542
4	1,367	4	1 523	4	1,688	4	1,860	4	2,032
5	1,709	5	1,904	5	2,110	5	2,325	5	2,553
6	2,051	6	2,285	6	2,532	6	2,790	6	3,064
7	2,393	7	2,666	7	2,954	7	3,255	7	3,575
8	2,735	8	3,047	8	3,376	8	3,720	8	4,085
9	3,077	9	3,428	9	3,798	9	4,185	9	4,596
10	3,418	10	3,809	10	4,220	10	4,650	10	5,107
20	6,837	20	7,618	20	8,440	20	9,300	20	10,214
30	10,837	30	11,427	30	12,660	30	13,950	30	15,321
40	13,675	40	15,236	40	16,880	40	18,600	40	20,428
50	17,094	50	19,045	50	21,100	50	23,250	50	25,536
60	20,513	60	23,054	60	25,320	60	27,900	60	30,640
70	23,932	70	26,663	70	29,540	70	32,550	70	35,750
80	27,369	80	30,472	80	33,760	80	37,200	80	40,857
90	30,769	90	34,281	90	37,980	90	41,850	90	45,964
100	34,138	100	38,090	100	42,200	100	46,500	100	51,072

Les mêmes tables peuvent servir pour la conversion des perches en ares et centiares.

1ᵉr cas la perche	=	34	centiares.
2	—	38	—
3	—	42	—
4	—	46	—
5	—	51	—

Réduction des hectares en arpents.

Réduction en arpents de 18 pieds la perche.		Réduction en arpents de 19 pieds la perche.		Réduction en arpents de 20 pieds la perche.		Réduction en arpents de 21 pieds la perche.		Réduction en arpents de 22 pieds la perche.	
Hectares.	Arpents.	Hectares.	Arpents.	Hectares.	Arpents.	Hectares.	Arpents.	Hectares.	Arpents.
1 =	2,925	1 =	2,633	1 =	2,369	1 =	2,152	1 =	1,958
2	5,850	2	5,266	2	4,738	2	4,304	2	3,916
3	8,775	3	7,899	3	7,107	3	6,456	3	5,874
4	11,700	4	10,532	4	9,476	4	8.608	4	7,832
5	14,625	5	13,165	5	11,845	5	10,760	5	9,799
6	17,520	6	15,798	6	14,214	6	12,912	6	11,748
7	20,475	7	18,431	7	16,583	7	15,064	7	13,709
8	23,399	8	21,064	8	18,952	8	17,216	8	15,664
9	26,324	9	23,697	9	21.321	9	19,368	9	17,622
10	29,249	10	26,330	10	23,690	10	21,520	10	19,580
20	58,499	20	52,660	20	47,380	20	43,040	20	39,160
30	87,748	30	78,990	30	71,070	30	64,560	30	58,740
40	116,998	40	105,320	40	94.760	40	86,080	40	78,320
50	146,247	50	131,650	50	118,450	50	107,600	50	97,900
60	175,497	60	157,980	60	142,140	60	129,120	60	117,480
70	204,746	70	184,310	70	165,830	70	150,640	70	137,060
80	233,995	80	210,640	80	189,520	80	172,160	80	156,640
90	263,245	90	236,970	90	213,210	90	193,680	90	176,220
100	292,494	100	263,300	100	236,900	100	215,200	100	195,800

Prix comparatifs des :

Arpents de 100 perches de 18 pieds.		Arpents de 100 perches de 20 pieds.		Arpents de 100 perches de 22 pieds.	
Arpents.	Hectares.	Arpents.	Hectares.	Arpents.	Hectares.
f.	f.	f.	f.	f.	f.
1	2,925	1	2,369	1	1,958
2	5,850	2	4,738	2	3,916
3	8,775	3	7,108	3	5,874
4	11,700	4	9,471	4	7,832
5	14,625	5	11,846	5	9,790
6	17,550	6	14,215	6	11,748
7	20,475	7	16,584	7	13,706
8	23,400	8	18,954	8	15,664
9	26,324	9	21,323	9	17,622
10	29,249	10	23,692	10	19,580

Ces mêmes prix peuvent servir pour connaître le prix de l'are, celui de la perche étant donné :

Exemple :

Perche de 18 pieds, prix 25 f. $\times$ 2,925 = 73 f. 12 pour le prix de l'are.
— 20 — 6 $\times$ 2,369 = 14 21 —
— 22 — 25 $\times$ 1,958 = 48 95 —

Réduction de la toise carrée en ares.

Nombre de toises.	Valeurs en ares.		Nombre de toises.	Valeurs en ares.	
	Toises anciennes.	Toises usuelles.		Toises anciennes.	Toises usuelles.
1	0,04	0,04	7	0,27	0,28
2	0,08	0,08	8	0,30	0,32
3	0,11	0,12	9	0,34	0,36
4	0,15	0,16	10	0,38	0,40
5	0,19	0,20	25	0,95	1 »
6	0,23	0,24	26	0,99	1,04

Prix portionnel : 1 toise carrée valant ...... 1 f.
Le prix de l'are (toises anciennes) est de .. . 26 403
— (toise usuelle) — 25

Mesures de volume ou de solidité.

MESURES NOUVELLES

L'unité de mesure des volumes est le *mètre cube*, c'est à dire un cube ayant 1 mètre de longueur, 1 mètre de largeur et 1 mètre de hauteur.

Multiples du mètre cube.

Le décamètre cube = 1,000 mètres cubes; mot peu employé, on dit : 10 mètres cubes, 100 mètres cube etc.

Sous-multiples du mètre cube.

Le décimètre cube, cube de 1 décim. de côté.
Le centimètre cube   —   1 centim. —
Le millimètre cube   —   1 millim. —

Pour le mesurage des bois de chauffage, le mètre cube prend le nom de *stère*.

Il y a le décastère = 10 stères, et le décistère = 10me partie du stère.

Mesures effectives pour les bois de chauffage.

Le demi-décastère   mesure de 5 stères.
Le double stère   —   2   —
Le stére   — d'un mètre cube.

MESURE TRANSITOIRE AUTORISÉE DE 1812 A 1840

La toise usuelle cube = 8 mètres cubes.

MESURES ANCIENNES

Le pouce cube qui contient 1,728 lignes cubes.
Le pied cube   —   1,728 pouces cubes.
La toise cube   —   216 pieds cubes.

Le pied cube   = 0^{mc} 03428) Le mètre cube = 29 pieds cubes 17
La toise cube   7   4038)   —   0 toise c. 1350

Pour les bois de charpente on comptait :

Par solive ayant..... .144 pouces de long ((12 pieds).
                6 pouces de large) 3 pieds cubes.
                6 pouces de haut (1/10 du mètre cube.

Pour les bois à brûler on employait :

La voie de Paris (56 pieds cubes)   = 1^m 9195 ou 2 stères
La corde des eaux-et-forêts .... 2 voies de Paris = 3st 830
Le tonneau (Gironde) 3 636
La brasse   — 3 570

Réduction de la toise cube et de ses pieds, pouces et lignes, en mètres et parties décimales cubes.

1 toise cube = 8 mètres cubes.

		m. c.					m. c.	
1 pied cube......	=	0,037	037	1 pouce cube....	=	0,000	021
2	—	0,074	074	2	—	0,000	043
3	—	0,111	111	3	—	0,000	064
4	—	0,148	148	4	—	0,000	086
5	—	0,185	185	5	—	0,000	107
6	—	0,222	222	6	—	0,000	129
7	—	0,259	259	7	—	0,000	150
8	—	0,296	296	8	—	0,000	171
9	—	0,333	333	9	—	0,000	193
10	—	0,370	370	10	—	0,000	214
27	—	1	» »	47	—	0,001	007
54	—	2	» »	94	—	0,002	015
81	—	3	» »	200	—	0,004 · 287
108	—	4	» »	500	—	0,010	717
135	—	5	» »	1000	—	0,021	433
162	—	6	» »	1500	—	0,032	149
189	—	7	» »	1700	—	0,036	436
216 (1 toise)		8	» »	1728 (1 pied cube)		0,037	037

Prix du mètre cube proportionnel à celui de la toise cube.

La toise cube valant	1 f.	le mètre cube vaut	0 f. 13
—	10	—	1 25
—	15	—	1 88
—	20	—	2 50
—	25	—	3 13
—	30	—	3 75
—	50	—	6 25
—	100	—	12 50

Prix du décimètre cube proportionnel à celui du pied cube.

Le pied cube valant	1 f.	le décimètre cube vaut	0 f. 03
—	4	—	0 11
—	10	—	0 27
—	15	—	0 41
—	20	—	0 54
—	25	—	0 68
—	30	—	0 81
—	50	—	1 35
—	100	—	2 70

Instruments de mesurage pour le bois de chauffage.

(Extrait de l'ordonnance royale du 16 juin 1839.)

Chaque membrure, construite en bon bois, sera formée d'une sole, de deux montants et de deux contre-fiches; elle doit avoir de plus deux sous-traits.

La longeur de la sole, entre les montants, est fixée ainsi qu'il suit, savoir :

Demi-décastère	3 mètres.
Double stère	2 —
Stère	1 —

Pour les bois coupés à 1 mètre de longueur, la hauteur des montants sera de : demi-décastère 1^m 667.
Double stère et stère 1

Cette hauteur variera suivant la longueur des bois, de manière à toujours reproduire un solide de 1,2 ou 5 mètres cubes.

Tableau de la hauteur que doivent avoir les montants du stère, double stère et du demi-décastère pour les longueurs de bûches de 1^m à 1^m,40

Longueur des bûches	Hauteur des montants du stère, double-stère	du demi décastère.
1^m	1^m	1^m 667
1 02	0 981	1 651
1 04	0 962	1 605
1 06	0 944	1 573
1 08	0 926	1 544
1 10	0 910	1 516
1 12	0 893	1 489
1 14	0 878	1 463
1 16	0 863	1 437
1 18	0 848	1 413
1 20	0 834	1 389
1 22	0 820	1 367
1 24	0 807	1 345
1 26	0 794	1 323
1 28	0 782	1 303
1 30	0 770	1 283
1 32	0 758	1 263
1 34	0 747	1 244
1 36	0 736	1 226
1 38	0 727	1 208
1 40	0 715	1 191

Tableau de la hauteur de la membrure pour des bûches d'une longueur moindre d'un mètre.

Longueur des bûches.	Hauteur de memb.	Longueur des bûches.	Hauteur de memb.	Longueur des bûches.	Hauteur de memb.
m.	m.	m.	m.	m.	m.
1 »	1 »	0,86	1,16	0,72	1,40
0,98	1,02	0,84	1,19	0,71	1,42
0,97	1,03	0,82	1,22	0,70	1,43
0,96	1,04	0,81	1,23	0,69	1,47
0,95	1,06	0,80	1,25	0,68	1,48
0,92	1,09	0,79	1,27	0,66	1,52
0,90	1,11	0,78	1,28	0,65	1,54
0,89	1,12	0,76	1,32	0,64	1,56
0,88	1,14	0,74	1,36	0,62	1,61
0,87	1,15	0,73	1,37	0,60	1,67

Prix proportionnels :

<pre>
1 toise cube valant 1 f.   le stère vaut   0 f. 125
1 pied cube   —   1   —   27
</pre>

Mesures pour les bois.

La voie de Paris égale à peu près 2 stères.

Voies.		Stères.	Voies.		Stères.
1	=	1,920	6	=	11,517
2		3.839	7		13,437
3		5,759	8		15,356
4		7,678	9		17,276
5		9,598	10		19,200

Prix comparatifs des :

Voies.	Stères.	Voies.	Stères.
1 f.	0 f. 521	6 f.	3 f. 126
2	1 042	7	3 647
3	1 563	8	4 168
4	2 084	9	4 687
5	2 605	10	5 210

Mesures de capacité.

MESURES NOUVELLES

Le *litre* est l'unité des mesures de capacité; sa contenance est égale à un décimètre cube.

Multiples du litre.			*Sous-multiples du litre.*		
Le décalitre. ...	=	10 litres.	Le décilitre.	=	10ᵉ part du litre.
L'hectolitre.......		100 —	Le centilitre		100ᵉ —
Le kilolitre ou mèt. cube		1000 —			

Les mesures de capacité se divisent en mesures pour les matières sèches et en mesures pour les liquides.

MESURES EFFECTIVES DE CAPACITÉ POUR LES MATIÈRES SÈCHES

Noms des mesures.	Hauteur et diamètre. millimètres.
Hectolitre	503,1 dixième.
Demi-hectolitre	399,3
Double décalitre	294,2
Décalitre	233,5
Demi-décalitre	185,3
Double litre	136,6
Litre	108,4
Demi-litre	86 »
Double décilitre	63,4
Décilitre	50,3
Demi-décilitre	39,9

Les mesures de capacité pour les matières sèches doivent toujours avoir intérieurement le diamètre égal à la hauteur. Elles ne peuvent être faites qu'en bois de chêne bien sec. Si elles sont fabriquées en cuivre ou en tôle, ce devra toujours être dans les formes ci-dessus prescrites.

Pour les mesures garnies intérieurement de potences, poignées, la hauteur devra être augmentée proportionnellement au volume de ces objets qui ne devront jamais faire saillie sur le rebord supérieur.

MESURES TRANSITOIRES, DE 1812 A 1840, POUR LES MATIÈRES SÈCHES

Le boisseau usuel ou métrique divisé en demis et quarts.	=	12 lit. 50
Le double boisseau autorisé		25

MESURES ANCIENNES POUR LES MATIÈRES SÈCHES

	litres.		litres.
Bichet de Lyon	30,51	Boisseau du Havre	28,6
— de Metz	16 »	— de Rouen	29 »
Boisseau de Castres	3,44	— de Bretagne	30 »
— de Blois	7,80	— des Côtes-du-Nord	29 »
— d'Orléans	8 »	— de Bretagne, blé noir	31 »
— dans l'Ouest	10 »	— de Périgueux	32,50
— de Tours	11,01	— de Charente	33 »
— du centre de la France	12,50	— du Havre	35,71
— de Nantes	12,50	— de Saint-Malo	44,20
— de Strasbourg	13,01	— d'Angoulême (5 décal.)	53,35
— de Paris, de 16 litrons	13,01	— de La Rochelle	53,80
— de Nevers, de Roanne	19,50	— de Brest	71,51
— de Rouen	22,75	— de Bordeaux	78,04
— de Troyes	24 »	— de la Gironde	30,50
— d'Arles, Dijon	25 »	— d'Avignon	91 »
— de l'Ouest, double boiss.	20 »	Carçon d'Ille-et-Vilaine	21,52
— de Dieppe	26 »	Charge de Nice	159,60

	litres.		litres.
Charge de Marseille, pour le blé	160 »	Penée Côtes-du-Nord. 118 à	285 »
— — pour l'avoine	240 »	Pego de Toulouse	3,17
— — pour la houille	150 »	Pipe, mesure de grain dans la Charente	700 »
Coupe de l'Hérault... 1,10 à	1,85	Picotin	2 »
Civadier	5 »	— d'avoine, 1/4 de boisseau	3 »
Deneau 23 à	48,43	Quart des Côtes-du-Nord	19,71
Demé ou canot (double boiss.)	20 »	Quarte de l'Hérault. 12,13 à	22,35
— d'Ille-et-Vilaine	36,34	Quarteau	25 »
— des Côtes-du-Nord.. 34 à	38 »	Quartier de Nice	9,99
Escandeau de Toulon	14,24	Quarton d'Ille-et-Vilaine	39,27
Emine	40 »	Rasière dans l'Oise p. pomm.	50 »
— des Hautes-Alpes	22,30	Renée Côtes-du-Nord	53,91
— de Nice	19,98	Renot des Côtes-du-Nord	100 »
— de Dijon	48 »	— — double	200 »
— de Toulon	147 »	Sac de la Gironde	107,9
Fourniture de Vendée (21 doubles décal.); on ne paie que pour 500 lit.)	520 »	Setier d'Amiens	30,32
		— de Nice	38,89
Godet d'Ille-et-Vilaine (moitié du Deneau)	12,11	— de Beauvais	40,29
		— de l'Hérault	50,23
— des Côtes-du-Nord	3,49	— de Limoges	51 »
Jute des Côtes-du-Nord	96,62	— d'Arles	100 »
Mesurette	0,050	— d'Abbeville, Meaux, Melun	130 »
Mine de Bordeaux	78,5	— de Nantes	139 »
Minot	39 »	— de Bretagne	150 »
— Côtes-du-Nord 50 à	62 »	— de blé, à Paris	156 »
Muid pour charbon de terre	117,07	— de Rouen	180,25
— du soissonnais pour blé	130 »	— de pommes de terre	200 »
— — pour avoine	180 »	— de sel (16 boisseaux)	208,13
— de 8 pieds cubes	274 »	— d'avoine (Ille-et-Vilaine)	312,80
— pour plâtre (24 boiss)	312,20	— de son et recoupettes	326 »
— d'Orléans	403 »	— de charbon de bois	416,27
— pour charbon de bois	416,26	Somme de Bretagne pour froment	200 »
— pour blé	1300 »	— pour avoine	250 »
— pour avoine	1800 »	— de la Loire-Inférieure	160 »
— contenant 12 setiers pour blé, Paris	1873 »	— des Côtes-du-Nord (8 stalomées)	303 »
— pour avoine, Paris	3746 »	Stalomée des Côtes-du-Nord.	37,5
— pour sel, Paris	2498 »	Voie pour plâtre, 12 sacs	312 »
— de Rouen	2192 »	— pour charbonnette	1170,07
Panau	20 »		

TABLEAUX DE RÉDUCTION

Boisseaux de Paris en litres.

Boisseaux.	Litres.	Boisseaux.	Litres.
1 =	13,01	6 =	78,05
2	26,02	7	91,06
3	39,02	8	104,07
4	52,03	9	117,07
5	65,04	10	130,08

Setiers de Paris en hectolitres.

Grains.		Avoine.		Sel.		Charbon.	
Setiers	Hectol.	Setiers	Hectol.	Setiers	Hectol.	Setiers	Hectol.
1 =	1,56	1 =	3,12	1 =	2,08	1 =	4,16
2	3,12	2	6,24	2	4,16	2	8,33
3	4,68	3	9,37	3	6,24	3	12,49
4	6,24	4	12,49	4	8,33	4	16,65
5	7,81	5	15,61	5	10,41	5	20,81
6	9,37	6	18,73	6	12,49	6	24,98
7	10,95	7	21,85	7	14,57	7	29,14
8	12,49	8	24,98	8	16,65	8	33,30
9	14,05	9	28,10	9	18,73	9	37,46
10	15,61	10	31,22	10	20,81	10	41,63
11	17,17	11	34,34	11	22,90	11	45,79
12	18,73	12	37,46	12	24,93	12	49,95

Muids de Paris en hectolitres.

Grains.		Avoine.		Sel.	
Muids.	Hectolitres.	Muids.	Hectolitres.	Muids.	Hectolitres.
1 =	18,73	1 =	37,46	1 =	24,98
2	37,46	2	74,93	2	49,95
3	56,20	3	112,39	3	74,03
4	74,93	4	149,86	4	99,90
5	93,66	5	187,32	5	124,88
6	112,39	6	224,78	6	149,86
7	131,12	7	262,25	7	174,83
8	149,86	8	299,71	8	199,81
9	168,59	9	337,18	9	224,70
10	187,32	10	374,64	10	249,80

Prix comparatifs des :

Boisseaux.	Litres.	Boisseaux.	Litres.
f.	f.	f.	f.
10	0,769	60	4,612
20	1,557	70	5,584
30	2,306	80	6,150
40	3,075	90	6,913
50	3,844	100	7,690

Grains.		Avoine.		Sel.		Charbon.	
Setiers.	Hectol.	Setiers.	Hectol.	Setiers.	Hectol.	Setiers.	Hectol.
f.	f.	f.	f.	f.	f.	f.	f.
1	0,641	1	0,320	1	0,480	1	0,246
2	1,281	2	0,641	2	0,961	2	0,480
3	1,922	3	0,961	3	1,441	3	0,721
4	2,562	4	1,281	4	1,922	4	0,961
5	3,203	5	1,602	5	2,402	5	1,201
6	3,844	6	1,922	6	2,882	6	1,441
7	4,486	7	2,242	7	3,363	7	1,682
8	5,125	8	2,562	8	3,844	8	1,922
9	5,765	9	2,883	9	4,324	9	2,162
10	6,410	10	3,200	10	4,800	10	2,400

Grains.		*Avoine.*		*Sel.*	
Muids.	Hectol	Muids.	Hectol.	Muids.	Hectol.
f.	f.	f.	f.	f.	f.
1	0,053	1	0,027	1	0,040
2	0,107	2	0,054	2	0,080
3	0,160	3	0,081	3	0,126
4	0,214	4	0,108	4	0,160
5	0,267	5	0,135	5	0,200
6	0,320	6	0,162	6	0,240
7	0,374	7	0,189	7	0,280
8	0,427	8	0,206	8	0,320
9	0,480	9	0,243	9	0,360
10	0,534	10	0,280	10	0,400

Mesures de capacité pour les liquides.

MESURES LÉGALES

Le *litre* comme pour les matières solides, avec ses multiples et ses sous-multiples.

MESURES EFFECTIVES POUR LES LIQUIDES (EN ÉTAIN) :

Noms des mesures.	Profondeur intérieure.		Diamètre intérieur.		Poids avec anses sans couvercles.
	millim.	dix.	millim.	dix.	grammes.
Double litre.	216	8	108	4	1700
Litre.	172	1	86	»	1100
Demi-litre.	136	6	68	3	650
Double décilitre.	100	6	50	3	335
Décilitre.	79	9	39	9	180
Demi-décilitre.	63	4	31	7	110
Double centilitre.	46	7	23	4	60
Centilitre.	37	1	18	5	35

Mesures pour le lait et l'huile (en fer-blanc) :

	Profondeur et diamètre.			
Double litre	130 millimètres		6 dixièmes.	
Litre	108	—	4	—
Demi-litre	86	—	4	—
Double décilitre	63	—	4	—
Décilitre	50	—	3	—
Demi-décilitre	39	—	9	—

MESURES TRANSITOIRES DE 1812 A 1840

Le *litre* divisé en demi, quart, huitième et seizième de litre.

MESURES ANCIENNES :

	lit.	c.
Année. Isère	76	»
— Rhône, Lyon	93	»
— de Mâcon	260	»
— Bresse, Mâconnais	300	»
Bar (petit)	205	»
— (gros)	228	»
Barbantane	563	»
Baral de Montpellier	25	35
— de Carpentras	26	50
— des Hautes-Alpes	32	»
— de St-Gilles, Nimes	45	50
— de Vaucluse	49	»
— de l'Isère, Ardèche	50	»
— du Gard, (Côte de Tavel)	57	50
— du Jura	58	»
— du Languedoc 43 à	64	»
Baril de Madère	15	»
— de Malaga 30 à	32	»
— d'Alicante	38	»
— de Chambéry	53	»
— d'absinthe	90	»
— de Rouen (huile) 107 à	117	»
— de Cognac, eaux-de-vie	210	25
Barille Corse	150	»
Bareille du Rhône 210 à	228	»
Barretée du Calvados, cidre	50	»
Barrique de Bordeaux (petite)	175	»
— de Rouen	197	57
— de Rhodez	200	»
— de Bordeaux (grande)	205	»
— de la Charente	205	»
— — (eaux-de-vie)	205	20
— de Bourgogne	205	40
— de l'Ile de Ré	205	46
— de la Drôme, de l'Isère	210	»
— de l'Ardèche 206 à	214	»
— de l'Hérault 203 à	215	»
— du Tarn 213 à	215	»
— de la Corrèze 220 à	221	»
— des Bouch.-du-Rh. 210 à	222	»
— de Cahors	224	»
— de la Charente-Inf. 215 à	225	»
— de Rouen 212 à	226	»
— de Bordeaux (100 pots) ou tiercerolle ou pièce 226 à	228	»
— de la Dord., du Gers. 216 à	228	»
— de l'Ille-et-Vilaine, du Lot 216 à	228	»

	lit.	c.
Barrique du Lot et-Garonne, du Var 216 à	228	»
— du Morb., du Tarn. 216 à	228	»
— de la Loire-Inférieure, Vendée 216 à	228	»
— de Beaune, La Rochelle	228	29
— de Frontignan, Sauterne	228	29
— de l'Isère 210 à	230	»
— du Gers 228 à	230	»
— de Tours, de Saumur	232	90
— de Blois	235	90
— de Nantes 200 à	240	»
— de la Vienne	252	»
— de Tavel	277	95
— des Deux-Sèvres 289 à	305	»
— commune	300	»
— des Landes	304	»
— de Bayonne	304	39
— des Basses-Pyrén. 300 à	310	»
— des Hautes-Pyrén. 340 à	380	»
— de la Corse	425	»
— de Montpellier (eaux-de-vie) 300 à	340	»
Botte du Mâconnais et Beaujolais 424 à	426	»
— de Nice (huile)	650	»
— d'Italie	600	»
Boutte du Var	608	»
Bouteille de Bordeaux	»	60
— ordinaire	»	75
Busse de Saumur	232	»
— — (grandes) 430 à	504	»
— de la Mayenne	233	»
— de la Sarthe 240 à	250	»
— de Maine-et-L. 230 à	251	»
— de Cognac 210 à	290	»
— d'Auvergne	337	»
Bussard	350	»
Canne d'Avignon	281	79
— de l'Hérault pour l'huile 10 80 à	11	36
Cannette pour la bière 1/2 lit.	»	50
Caque, baril pour harengs ou sardines, contenant 500 harengs, 1,000 sardines ou tierçon, champagne	91	»
Carreau du Nord	4	38
Carro de Nice, pour le vin	492	50

	lit.	c.
Fût. Suivant les localités, la désignation de *fût* est remplacée par celle de : barrique, demi-pièce, demi-queue, feuillette, pièce ou poinçon de Bordeaux. ....114 à 680		»
— bois mince	218	»
— ordinaire	221	»
— fort..........	225	»
— de Madère........ 93 à 145		»
— de Kirsch.........113 à 154		»
— de Château-Thierry.....	182	»
— de Sancerre...........	206	»
— de Rhum, de Marseille..	210	»
— de Cahors, bois épais...	214	»
— — mince	286	»
— de Mâcon, fonds plâtrés	216	»
— de Champagne, de Gaillac	220	»
— de Chalon	222	»
— de Chinon	226	»
— de Beaugency.........	228	»
— d'Anjou, bois fort.. ...	230	»
— — mince....	237	»
— d'Orléans, bois fort.. .	230	»
— — ordinaire	232	»
— de Touraine, bois mince	236	»
— — très mince	246	»
— de Blois, de Saint-Jean d'Angely........... ..	238	»
— de Beaune............	239	»
— du Cher.......	244	»
— de Vouvray........ . .	246	»
— de Marmande.....	248	»
— d'Auvergne, bois mince	281	»
— de Bayonne ... .290 à 320		»
— de Tavel....... 265 à 300		»
— de Rhum ....245 à 424		»
— du Roussillon.. .424 à 464		»
— de Suède	500	»
— d'Armagnac.... ..480 à 500		»
— hollandais	515	»
— de Liverpool..........	530	»
— américain.........155 à 545		»
— prussien ....440 à 620		»
— allemand.... ....560 a 650		»
— anglais.........440 à 670		»
— d'absinthe.. . ....650 à 680		»
Héralde de Pau..	23	»
Hotte ou charge	40	»
— de Metz.......... ...	41	90

	lit.	c.
Havot du Nord..	17	50
Jauge gros-bord	228	»
Juste de l'Ariège.... . .2 à 11		»
Longuette de Jarnac..198 à 235		»
Mannée de l'Anjou.....40 à 50		»
Mesure de Meurt.-et-Moselle	44	»
— des Vosges ......42 à 45		»
Millerolle.. ....7 05 à 8 75		
— d'Aix.	50	»
— de Marseille, pour huiles	58	50
— — pour vins.	64	»
— de Toulon..........	64	77
— d'Aubagne, de Roquevaire	65	»
— du Var.......60 à 70		»
— de la Ciotat....	70	»
— d'Allauch	72	»
— de Gordonne..........	75	»
Muid de Bourgogne...	228	»
— de la Haute-Marne 230 à 241		»
— de l'Aisne........250 à 266		»
— de Seine-et-Oise........	266	»
— de Paris (2 feuillettes ou 36 veltes).... ...	268	22
— de l'Yonne............	272	»
— français............	274	»
— du Rhône.............	288	»
— d'Orléans..	289	»
— de Cahors, de Bourgogne	297	»
— du Jura.... .....300 à 318		»
— commun........	300	»
— rapé.............,	304	»
— du Doubs........ 304 à 318		»
— gros.............	320	»
— très gros rapé..........	342	»
— très gros Bourgogne....	350	»
— de Montpellier (vin).380 à 430		
— de la Haute-Garonne, de l'Aude....	365	»
— de St-Gilles... .380 à 455		»
— du Languedoc ....424 à 467		»
— du Roussillon..........	472	»
— de Montpellier..	510	»
— — de l'Hérault.	685	»
— — (eaux-de-vie)	726	»
Petit-Muid, de Languedoc..	365	»
Ohm du Haut-Rhin........	50	»
— du vin du Rhin.......	140	»
Palme de l'Hérault, pour l'huile...	7	19
Pièce de Lorraine..........	180	»
— de Bar sur-Aube.......	181	»
— de l'Aube ....172 à 182		»
— de la Haute-Marne.182 à 228		»

lit. c.

Pièce de la Haute-Saône.180 à 200 »
— d'Epernay .... 200 »
— de l'Aisne........182 à 205 »
— de Renaison ......180 à 208 «
— du Doubs............. 212 »
— de Saône-et-Loire....... 213 »
— de Mâcon. ....210 à 220 »
— de l'Orléanais, de Seine-et-Oise............. 228 »
— de la Côte-d'Or, des Pyrénées-Orientales.. 228 »
— dite trois-quarts........ 230 »
— de la Nièvre .....180 à 230 »
— d'Indre-et Loire........ 240 »
— de l'Ain............185 à 248 »
— hollandaise........ .... 285 »
— du Languedoc.....260 à 290 »
— de l'Auvergne (petite).. 290 »
—   — grande.310 à 340 »
— pour le Rhum....310 à 340 »
— du Lot-et-Garonne.357 à 373 »
— de Bordeaux (50 veltes). ....376 à 380 »
— de la Dordogne, du Gers...........365 à 380 »
Pinte de la Charente....... » 95
— de Paris (8e de velte)... » 93
— de Bretagne, de Vitré.. » 87
— de Limoges 1 07
— d'Orléans 1 13
— de Dijon. 1 61
— de St-Malo............ 1 97
Pipe de Rhum, Marseille... 215 »
— eaux-de-vie, Bordeaux.. 377 »
— de Cognac... ...... 410 »
— d'Armagnac (3/6)..390 à 450 »
— espagnole........462 à 481 »
— Madère .... 408 à 510 »
— de Saumur......... 464 18
— du Roussillon 471 80
— de Porto............. 474 »
— de Nantes, d'Anjou..... 480 »
— hollandaise .... 507 »
— coloniale ... . 515 »
— russe. .... 530 »
— de la Rochelle (alcool).. 543 »
— de Cognac (eaux-de-vie) 578 33
— de Marseille.......... 608 »
— de Bayonne, de Cette... 608 77
— du Languedoc.....533 à 609 »
— de Montpellier (eaux-de-vie)............. 624 »

lit. c.

Pipe de Cognac (grande pipe) ....600 à 650 »
— de St-Gilles............ 760 »
— grosse d'absinthe..810 à 840 »
— grande............ 900 »
— anglaise.........465 à 816 »
Poinçon de Vendôme....... 200 »
— de Paris (27 veltes)... 201 »
— de l'Indre, du Cher.. 218 »
— du Nivernais........ 224 »
— de Bourgogne, de l'Orléanais... .... 228 »
— d'Eure-et-Loir ...210 à 230 »
— de Blois........224 à 236 »
— de Chinon, de la Côte-d'Or.........230 à 250 »
— du Cher....... 240 à 250 »
— de Vouvray .... 258 »
Posson, par corruption poisson. 1/8 de litre ou petit pot................. » 12
Pot de Lille.... .. .... » 29
— de Lyon... .. .... » 95
— de Marseille. 1 01
— — huile 1 06
— de Nantes............ 1 66
— de Redon............. 1 70
— de Strasbourg........ 1 89
— de Bordeaux 2 26
— de la Réole. 2 42
— de Toul............. 2 50
— de Douai 2 66
— de St-Méen (Ille-et-Vil.). 2 69
— d'Auvergne........... 14 75
Quart de muid de l'Yonne ou demi-feuillette.68 à 70 »
— de bière à Paris....70 à 75 »
— du Doubs.... .... 79 »
— de Cognac.......80 à 85 »
— d'absinthe.........90 à 165 »
— de la botte du Mâconnais et du Beaujolais. 100 »
— de Bordeaux ou demi-pièce............. 110 »
— de queue de Bourgogne 114 »
— de Pouilly.... .... 106 »
— de Touraine........... 130 »
— d'Auvergne.......137 à 144 »
— de Reims............ 202 »
Quarte, dans l'Hérault, pour l'huile. ....8 98 à 18 80
Quartaut de Bourgogne..... 57 »
— de Paris.... .... 67 05

	lit.	c.
Quartaut ou caque de Champagne	1	319
— de Reims	90 à 100	»
— d'Orléans, Dijon, Nuits.	100 à 114	»
— de Mâcon	106	»
— de Vouvray	125	»
— Tiercerolle.	114	»
— Busse	122	»
— d'Auvergne	137	»
— de Bourgogne	137 à 144	»
Quarteron Savoie	2	»
Quartel de Sédan	21	47
Queue de Champagne	357	03
— de Lorraine	360	»
— de Paris, pour le vin	402	33
— entrepôt de Paris	410	92
— de la Côte-d'Or (2 pièces)	456	»
Quintal de l'Hérault, pour l'huile	44	89
Razière du Nord	70	11
Roquille, 4 pour 1 poisson, 1/32 de litre	»	058
Rubbo ou Rubio de Nice	7 70 à 7	85
Saumée de l'Ardèche	87 à 100	»
Setier de Paris	7	45
— de Montpellier	33	80
— —	45	99
— de Savoie	46	»
— du Doubs	50	»
Sizain du Languedoc	114	»
— de Malaga	60 à 122	»
— du Roussillon	121	»
Sixième de Muid ou Sizain.	»	»
Tierçon ou demi-caque de Champagne	53	35

	lit.	c.
Tierçon de Paris	89	41
— de Bordeaux (20 veltes)	150 à 152	»
— de Charente (eaux-de-vie)	390 à 520	»
— de Rouen (huile)	230 à 270	»
— d'Armagnac	375	»
Tierceron du Languedoc	221 à 228	»
— d'Armagnac	375 à 420	»
Tiercerolle du Roussillon	228	»
— de l'Hérault	221 à 228	»
— de Nice	234 à 236	»
Tuine du Doubs	53	»
Tonne pour vente de l'huile de colza	91	»
— pour vente de l'huile, à Lille	100	»
Tonneau de Bourgogne	228	»
— de Dijon	288	57
— de Montpellier	413	87
— de Chambery	424	»
— d'Orléans	548	35
— des Charentes	809	20
— du Bordelais (4 barriques ou 6 tierçons ou 120 veltes)	912	»
— de Bretagne (4 barriques)	920	»
— de Bayonne	928	»
— de Nantes	1,500	»
Vase de Condrieux	76	17
Velte de Vienne (Isère)	2	»
— de Nantes	6	»
— de Paris	7	45
— du Bordelais, d'Orléans.	7	54
— des Charentes	7	60
— de Paris (entrepôt)	7	61
— de Bayonne	9	36

La fabrication de toutes ces futailles est tellement livrée au hasard que, dans le même pays, celles de même nom ont rarement les mêmes dimensions. Les tonneliers fabriquent d'après des données locales, dont ils sont incapables de corriger les défauts.

Voulant remédier à cet état de choses, le gouvernement essaya d'introduire dans la tonnelerie les mêmes réformes que pour les autres appareils et ustensiles de mesurage. Aux termes d'une instruction de fluviose an VII, les futailles devaient avoir des dimensions *fixes* et *uniformes*, et porter sur un de leurs fonds, l'indication exacte de leur contenance: mais ces dispositions n'ont jamais été exécutées, présentant dans la pratique de grandes difficultés. Plusieurs pétitions ont été adressées à ce sujet. Le gouvernement se retranchant derrière les difficultés pratiques, n'a pas cru possible de donner suite aux vœux exprimés.

Tableau des dimensions que devaient avoir les futailles métriques.

Nom des futailles.	Contenance en litres.	Longueur intérieure en millim.	Diamètre intérieur du bouge.	Diamètre intérieur des fonds.
Demi-hectolitre	50	454	389	345
Trois quarts d'hectol.	75	520	445	395
Hectolitre	100	572	490	435
— et quart	125	616	528	469
— et demi	150	655	561	499
Double hectolitre	200	720	618	548
Deux hectol. et demi	250	776	665	591
Trois hectolitres	300	825	707	628
Quatre —	400	908	778	691
Demi-kilolitre	500	978	838	745
Six hectolitres	600	1039	891	791
Sept —	700	1093	938	833
Huit —	800	1144	980	871
Neuf —	900	1190	1019	906
Kilolitre	1000	1232	1095	938

Mesures de pesanteur.

MESURES NOUVELLES

L'unité de poids est le *gramme*, poids d'un centimètre cube d'eau distillée prise à la température de 4° et pesée dans le vide.

Multiples du gramme :		*Sous-multiples du gramme :*	
Le décagramme =	10 gram.	Le décigramme =	10e partie du
L'hectogramme	100 —	Le centigramme	100° gram.
Le kilogramme	1000 —	Le milligramme	1000^e
Le myriagramme	10000 —		

Le *kilogramme* est l'unité qui sert le plus souvent dans le commerce. Il représente le poids d'un décimètre cube ou litre d'eau, pesé dans les conditions du gramme.

Le quintal métrique	=	100 kilos.
Le tonneau — (marine)		1000 —
ou le poids d'un mètre cube d'eau distillée		
La tonne (chemins de fer)		1000 —

MESURES TRANSITOIRES DE 1812 A 1840

La livre usuelle	=	500ᵍʳ ou 1/2 kilog.
La demi-livre		250
Le quarteron		125
Le demi-quart ou 2 onces		62 5
L'once (16ᵉ partie de la livre)		31 25
La demi-once		15 625
Le quart d'once (2 gros)		7 812
Le gros		3 906
Le scrupule (3ᵉ partie du gros)		1 302
Le grain (24ᵉ partie du scrupule)		0 054
Le quintal		50 kilos ou 100 livres.
Le millier	10 quintaux ou 500	— 1000 —

MESURES ANCIENNES

La livre, poids de marc	=	489 g. 505
La livre était égale à		2 marcs.
—		16 onces.
—		128 gros.
—		9126 grains.
Le quintal		48 k 95
Le tonneau de mer		979 01

Monnaies.

On frappe à l'Hôtel des Monnaies, à Paris, des pièces en cuivre, en argent et en or. Les pièces d'or et les pièces d'argent de 5 fr. sont au titre de 900 millièmes c'est-à-dire renfermant 9/10 de métal pur et 1/10 d'alliage.

Les monnaies effectives en France sont actuellement :

Or : 100 f. pesant 32 g. 285 au 900 mil.
    50 — 16 129 —
    20 — 6 454 —
    10 — 3 225 —
    5 — 1 612 —

> 1 kg. d'or pur vaut 3,437 f.
> — monnayé vaut 3,100
> 155 pièces de 20 f. pèsent 1 k.

Argent : 5 — 25 —
    2 — 10   à 835
    1 — 5 —
    0 50 — 2 50
    0 20 — 1

> 1 kg. d'argent pur vaut 220ᶠ56.
> — monnayé vaut 200 f.
> 40 pièces de 5 francs en argent pèsent 1 k.

Bronze : 10 centimes 10 g.
    5 — 5
    2 — 2
    1 — 1

> 95 cuivre.
> 4 étain.
> 1 zinc.

Dans un paiement on ne peut être obligé qu'à 4f.99 de bronze, 50 f. en pièces de 2, 1, 0,50 et 0,20.

Dans les transactions à la campagne, on se sert encore des anciennes dénominations suivantes :

De l'écu   valant :   3 fr.
De la pistole   —   10
Du louis   —   24

Mesures algériennes.

En Algérie, les mesures de France sont en usage pour le gros commerce ; mais, dans les localités, on fait usage des anciennes mesures.

Mesures linéaires :

Pick turc   =   8 robi..................... 0^{m} 640
Pick arabe ou mauresque, 3/4 du précédent   0   480

Mesures de capacité pour les liquides :

En dehors d'Alger, les liquides se vendent au poids.

Mesures de capacité pour les grains et matières séches.

Catisse   =   16 tarries   =   3 h. 174
Saâ   0   58

Mesures de pesanteur :

1 rottolo-attari (d'épicier) pour drogues   =   0 k. 546
1 rottolo-gredouri, pour légumes et fruits   0   614
1 rottolo-kébir, grand rottolo, pour miel, beurre, fruits secs, dattes, huile   0   819
1 rottolo-feudi, pour article précieux   0   497
Cantaro ou quintal attari   =   100 rottolo-attari   —   60 k. 069
   —   —   kébir   166   —   —   90   649

Mesures suisses.

Mesures de longueur.

Anciennes.		Mètres.	*Nouvelles.*	P.	P.	L.
Le pied suisse = 10 pouces =		0,300				
Le pouce	10 lignes	0,03	Le mètre =	3	3	3 1/3
La ligne	10 traits	0,003	Le décimètre		3	3 1/3
L'aune	4 pieds	1,20	Le centimètre			3 1/3
La toise	6 —	1,80	Le millimètre			1/3
La perche	10 —	3 »	Le kilomètre = pieds 3,333			1/3
La lieue	16000 —	4800 »				

Mesures de surface.

					Pieds carrés.
Le pied carré	=		0mq09		
La toise carrée	= 36 p²		3 24		
La perche carrée	100 p²		9 »	L'hectare =	111,111 1/9
Le juchart ou arpent				L'are	1,111 1/9
400 perches carrées				Le mètre carré	11 1/9
40,000 pieds carrés	= 3,600	»			

Mesures de volume.

	Mèt. cubes.		Pieds cubes.
Le pied cube = ...	0,027		
La toise cube pour le foin...	5,832	Le mètre cube ou stère =	37 1/27
— pour le bois ..	2,916		
Le moule	3,402		

Mesures de capacité pour les grains.

	Litres.		Boisseaux.
Le sac = 10 boisseaux =	150	L'hectolitre = ...	6 2/3
Le boisseau, 10 émines	15	Le double-décalitre........	1 1/3
L'émine,..,...............	1,5		

Mesures de capacité pour les liquides.

Le muid = 100 pots = ..	150 lit.	L'hectolitre = ...	66 2/3 pots
Le pot 10 cuillers...	1,5		fédéral.

Mesures belges.

Le système métrique français, avec les dénominations françaises est obligatoire dans toute la Belgique. Les mesures anciennes ne sont pas encore complètement abandonnées.

MESURES ANCIENNES

Mesures de longueur.

			Verge carrée.........,	32 m. car.
			Vis ou corde, bois à	
Verge = 20 pieds=	5m 736		brûler.............	0 stère 636
Pied	0 286		Tonneau.............	1 m. c. 132
Aune de Brabant....	0 695			
Tailles — 16 pour 1 aune .	0 043			

Mesures de capacité pour les grains.

Mesures de superficie.

				Litres.
			Meuke	19,25
Journal = 100 verges			Pot......	1,37
carrées = ...	32 ares 901		Pinte	0,68

	Litres.			Litres.
Fiertel ou razière	77	Pot	—	1,35
Razière, Bruxelles........	48,76	Pinte	—	0,67
— d'avoine	51,47	Uperkens —		0,338
— d'orge	52,82			
— de sel	24,38	*Mesures de pesanteur.*		
Fiertel ou quart	12,19			

Mesures de capacité pour les liquides.

	Litres.		Kilog.
Stoop, Anvers.	2,74	Livre	0,470
Pot —	1,37	Quintal	47,017
Pinte —	0,68	Schippond	141,051
Uper —	0,34		
Tonne, 60 stoopen	164	*Monnaies.*	
Aime, 50 —	137,40		
— d'huile.............	133	Mêmes monnaies qu'en France.	
Gelte (Bruxelles)	2,70	Monnaies anciennes :	

Or, Lion d'or............	26 f.	17
Argent, Lion d'argent.....	5	38
Florin de Flandre..	1	86

⌊RENSEIGNEMENTS GÉOMÉTRIQUES

MESURE DES SURFACES PLANES

Mesure d'un Carré :
Form. $C \times C = C^2$

La surface ou l'aire d'un *carré* a pour mesure le carré d'un de ses côtés, ou un de ses côtés multiplié par lui-même.

Mes. d'un Rectangle :
Form. $R = B \times H$

La surface ou l'aire d'un *rectangle* est égale au produit de sa base multiplié par sa hauteur.

Mes. d'un Parallélogramme :
Form. $P = B \times H$

La surface d'un *parallélogramme* est égale au produit de sa base par sa hauteur.

Mesure d'un Trapèze :
Form. $T = \dfrac{B + C}{2} \times H$

La surface ou l'aire d'un *trapèze* a pour mesure le produit de la demi-somme de ses bases parallèles multiplié par sa hauteur, ou la somme de ses bases multipliée par la moitié de sa hauteur.

Mesure d'un Triangle :

$$\text{Form. } T = B \times \frac{H}{2}$$

La surface ou l'aire d'un *triangle* s'obtient en multipliant sa base par la moitié de sa hauteur, ou moitié de la base par la hauteur, ou en prenant la moitié du produit de la base multipliée par la hauteur.

Mesure d'un Polygone :

Pour connaître la surface d'un *polygone* quelconque, il faut le diviser en triangles et faire la somme de leurs surfaces.

Formule d'un Polygone régulier.

$$\text{P.reg.} = \text{périm.} \times \frac{A}{2} \text{ (apoth.)}$$

L'aire d'un *polygone régulier* est égale au produit de son périmètre multiplié par la moitié du rayon du cercle inscrit ou *apothème*, c'est-à-dire de la perpendiculaire abaissée du centre sur le milieu d'un de ses côtés.

Mesures d'un Cercle :
Formules :

$$\text{Surface} = C \frac{R}{2}$$
$$\text{ou} = \pi R^2$$
$$\text{ou} = \pi \frac{D^2}{4}$$
$$\text{Rayon} = \frac{C}{2\pi}$$
$$\text{Circonférence} = 2\pi R$$
$$\text{ou} = \pi D$$

$$\pi = 3,1416$$
$$\pi^2 = 9,8696$$
$$\sqrt{\pi} = 1,7724$$

La surface ou l'aire du *cercle* égale le produit de sa circonférence multiplié par la moitié de son rayon ou le carré de son rayon multiplié par π ou 3,1416.

On trouve le *rayon d'un cercle*, dont on connaît la circonférence, en divisant cette circonférence par 2π ou 6,2832.

On détermine la *circonférence d'un cercle* dont on connaît le rayon en multipliant ce rayon par 2π ou 6,2832.

Pour mesurer le *rayon d'un cercle* dont on connaît la surface, on divise celle-ci par 3,1416 et on extrait la racine carrée du quotient.

MESURE DES SOLIDES

La mesure des solides se déduit de celle de leurs côtés et de celle des surfaces qui les limitent.

Volume du Cube :
$$V = B \times H$$
ou $V = A^3$

Le volume du *cube* s'obtient en multipliant par elles-mêmes ses trois dimensions : largeur, hauteur et épaisseur, ou en multipliant la surface de la base par sa hauteur, ou en faisant la troisième puissance de l'une de ses arêtes.

Volume du Prisme :

$$V = B \times H$$

On mesure un *prisme* en multipliant la surface de sa base par sa hauteur.

Le volume du *prisme tronqué* est égal à l'aire de sa base multipliée par la hauteur moyenne des arêtes.

Volume d'une Pyramide :
$$V = 1/3\ B \times H$$

Pour connaître le volume d'une *pyramide*, il faut multiplier la surface de sa base par le tiers de sa hauteur.

Volume du Cylindre :
$$S = 2\pi R \times H$$

Pour obtenir la surface latérale du *cylindre*, on multiplie la circonférence d'une de ses bases par la hauteur du cylindre.

$$ST = 2\pi R (H \times R)$$

Pour avoir la surface totale, on y joint celle des deux bases.

$$V = \pi R^2 \times H$$

Le volume du cylindre s'obtient en multipliant l'aire de la base par la hauteur ou la perpendiculaire.

Volume du Cône :

Le *cône* est le tiers d'un cylindre de même base et de même hauteur. Quand le cône est coupé,

$$SL = \pi R \times a$$
$$\text{et } ST = R (a + R)$$

la partie inférieure prend le nom de *tronc de cône*.

On obtient la surface latérale d'un *cône* droit en multipliant la circonférence de la base par la moitié de l'apothème. La surface latérale du *tronc de cône* s'obtient en multipliant la somme des rayons des deux bases par π et par la longueur du côté du tronc. Exemple : si la base supérieure a 3 mèt., celle inférieure 5 mèt. de diamètre et la longueur 10 mèt., on a : $SL = \pi (R + 2) \times C = (3 \times 5) \times 3,1416 \times 10 = 471^m,24$.

$$V = \pi R^2 \frac{H}{3}$$

Le volume du *cône* est égal au tiers de la superficie de la base par la hauteur, ou à la superficie de la base multipliée par le tiers de la hauteur.

Le volume du *tronc de cône* est égal au produit du tiers de sa hauteur par la somme des deux bases, plus une troisième base formant une moyenne proportionnelle entre ces deux dernières.

Volume d'une Sphère :

On détermine la *solidité d'une sphère* en multipliant le cube du diamètre par 0,5236.

Tableau des circonférences, surfaces, carrés, cubes, racines carrées et racines cubiques de 1 à 100, pouvant servir au calcul approximatif de mêmes données pour tous les autres nombres, par un simple déplacement de la virgule.

Nombre	Circonférence	Surface du cercle	Carré	Cube	Racine carrée	Racine cubique
1	3,14	0,78	1	1	1,000	1,000
2	6,28	3,14	4	8	1,414	1,259
3	9,42	7,07	9	27	1,732	1,442
4	12,57	12,57	16	64	2,000	1,587
5	15,71	19,63	25	125	2,336	1,709
6	18,85	28,27	36	216	2,449	1,017
7	21,99	38,48	49	343	2,645	1,912
8	25,13	50,26	64	512	2,828	2,000
9	28,27	63,61	82	729	3,000	2,080
10	31,41	78,54	100	1,000	3,162	2,154
11	34,55	95,03	121	1,331	3,326	2,223
12	37,69	113,09	144	1,728	3,464	2,289
13	40,84	132,73	169	2,197	3,605	2,351
14	43,98	153,93	196	2,744	3,741	2,410
15	47,12	176,71	225	3,375	3,872	2,466
16	50,26	201,06	256	4,096	4,000	2,519
17	53,40	226,98	289	4,913	4,123	2,571
18	56,54	254,46	324	5,832	4,242	2,620
19	59,69	283,52	361	6,859	4,358	2,668
20	62,83	314,15	400	8,000	4,472	2,714
25	78,54	490,87	625	15,625	5,000	2,924
30	94,24	706,85	900	27,000	5,477	3,107
35	109,95	962,11	1,225	43,875	5,916	3,275
40	125,66	1,256,63	1,600	64,000	6,324	3,419
45	141,37	1,590,43	2,025	91,125	6,708	3,556
50	157,08	1,963,49	2,500	125,000	7,071	3,684
55	172,78	2,375,82	3,025	166,375	7,416	3,802
60	188,49	2,827,43	3,600	216,000	7,745	3,914
65	204,20	3,318,30	4,225	274,625	8,062	4,020
70	219,91	3,848,43	4,900	343,000	8,366	4,121
75	235,61	4,417,86	5,625	421,875	8,660	4,217
80	251,32	5,020,54	6,400	512,000	8,944	4,308
85	267,03	5,674,50	7,225	614,125	9,213	4,396
90	282,74	6,361,72	8,100	729,000	9,486	4,481
95	298,45	7,088,21	9,025	857,375	9,746	4,562
100	314,15	7,853,97	10,000	1,000,000	10,000	4,641

Renseignements physiques et divers

Densité des corps ou poids spécifiques
Rapport du poids au volume, en prenant pour unité un litre d'eau
distillée, à la température de 0°.

Connaissant la pesanteur spécifique des corps, on a le poids en grammes d'un certain volume en multipliant la pesanteur spécifique par le volume exprimé en centimètres cubes.

Corps plus lourds que l'eau.		*Corps moins lourds que l'eau.*	
Platine	22,00	Sodium	0,97
Or	19,23	Potassium	0,87
Plomb	11,35	Caoutchouc	0,98
Argent	10,47	Gutta-Percha	0,96
Cuivre rouge	8,78	Beurre	0,94
Laiton	8,39	Lard	0,94
Etain	7,29	Cire	0,97
Fonte de fer	7,20	Suif	0,94
Fer en barre	7,78	Graisse	0,93
Zinc	6,86	Bois de buis	0,91
Marbre ordinaire	2,70	— de hêtre	0,85
Ardoise	2,80	— de frêne,	0,84
Verre à vitres	2,53	— d'érable	0,75
— St-Gobain	2,48	— de saule	0,68
Souffre	2,00	— de noyer	0,67
Houille compacte	1,33	— de sapin	0,95
Poudre de fusil	2,19	— de peuplier	0,58
— à canon	2,08	Graisse de mouton	0,92
Amidon	1,52	— de porc	0,93
Laine	1,64	Glace à 0°	0,91
Fécule	1,50	Charbon de noyer	0,62
Miel	1,45	— de hêtre	0,51
Froment	1,40	— de chêne	0,42
Orge	1,35	— de pin	0,33
Maïs	1,14	— de châtaignier	0,27
Avoine	1,05	— de peuplier	0,24
Os	1,79	— de cèdre	0,23
Corps humain	1,06	Liège	0,24

Liquides plus lourds que l'eau.		*Liquides moins lourds que l'eau.*	
Mercure	13,59	Vin de Bordeaux	0,99
Acide sulfurique	1,84	Huile de lin	0,94
Lait d'ânesse	1,04	Eau-de-vie à 22°	0,92
— de vache	1,03	Huile de noix	0,90
Sulfure de carbonne	1,26	— d'olive	0,91
Vinaigre d'Orléans	1,03	Essence de térébenthine	0,87
Eau de mer	1,02	Alcool de commerce	0,84
Esprit de bois	1,02	— absolu	0,79
Vin de Madère	1,03	Bitume liquide	0,84
— de Malaga,	1,02		

Poids spécifiques des gaz ou vapeurs.

Air sec pris pour unité.

Chlore	2,4700	Azote	0,9713
Vapeur d'acide acétique	2,7700	Oxyde de carbone	0,9570
— d'éther	2,5860	Ammoniaque	0,5960
Acide sulfureux	2,2340	Hydrogène	0,0690
Vapeur d'alcool	1,6133	Vapeur d'eau	0,6240
Acide carbonique	1,5290	Hydrogène-bi-carboné	0,9780

Poids réel de 1 mètre cube des terres et amendements.

Terre de bruyère	600 à 800	Sable de rivière humide	1771 à 1856
— végétale	1214 à 1285	Terreau	828 à 857
— forte, graveleuse	1357 à 1428	Marne	1571 à 1642
— argileuse, glaise	1657 à 1756	Craie	1214 à 1285
Vase	1640 à 1800	Phosphates en nodules	1400 à 1500
Terre mêlée de sable et de gravier	1860	Plâtre cuit	1200 à 1300
Terre mêlée de petites pierres	1910	Falun	1000 à 1500
		Chaux éteinte	1300 à 1400
Argile mêlée de tuf	1990	Merl	1100 à 1200
Terre grasse mêlée de cailloux	2290	Tangue	1000 à 1400
		Cendres pyriteuses	800 à 1200
Sable fin et sec	1399 à 1418	— non lessivées	460 à 500
— — et humide	1800 à 2000	Charrées	700 à 750
		Tourbe sèche	500 à 600
— fossile et argileux	1713 à 1799	Cendres de tourbe	250 à 700

Valeur calorique des corps.

L'unité de chaleur ou *calorie* est la quantité de chaleur nécessaire pour élever de 1 degré centigr. la température de 1 kilog. d'eau.

Puissance calorifique de 1 kilog. de différents corps.

	Unités de chaleur.		Unités de chaleur.
Hydrogène pur	23400	Naphte	7333
Cire jaune	10344	Charbon de bois sec	7000
— blanche	9679	Gaz d'éclairage	6600
Essence de térébenthine	9506	Alcool à 42°	6195
Huile de colza épurée	9300	Charbon de bois ordinaire	6000
— d'olive	9044	— de tourbe	5900
Suif	8639	Coke à 15 % d'humidité	6000
Ether sulfurique	8030	Tourbe sèche	4800
Carbone pur	7800	— à 20 % d'humidité	3600
Phosphore	7500	Bois desséché au feu	3600
Houille moyenne	7500	— sec à 20 % d'humidité	2800

Puissance calorifique de différents bois sous le même volume

(chiffres approximatifs.)

Noyer.	7742	Orme	4487
Chêne blanc	6846	Bouleau	4102
Frêne	5974	Châtaignier	4035
Hêtre	5603	Pin	4263
Charme	5572	Peuplier d'Italie	3069

Puissance calorifique des charbons sous le même volume.

Houille moyenne	630	Charbon d'orme	167
Coke	230	— de bouleau	153
Charbon de noyer	292	— de chataignier	146
— de chêne	255	— de charme	176
— de frêne	219	— de pin	168
— de hêtre	176	— de peuplier d'Italie	109

Pour élever un hectolitre d'eau de 0 à 100 degrés centigr. il faut :

1 kil. 666 de bonne houille.
1   555 de coke,
3   500 de tourbe bonne qualité.
4   500 de bois sec.

Pouvoir conducteur des corps ou conductibilité de différentes substances pour la chaleur.

Or	1000	Etain	303
Platine	981	Plomb	180
Argent	973	Marbre	232
Cuivre	898	Terre cuite	122
Fer	374	Porcelaine	112
Zinc	363	Eau	92

Températures.

	Degrés.		Degrés.
Feu ordinaire	615	Feu orange foncé	1100
— rouge naissant	625	— orange clair	1200
— rouge sombre	700	— blanc	1300
— cerise naissant	800	— blanc fondant	1400
— cerise	900	— blanc éblouissant	1600
— cerise clair	1000		

Température d'ébulition et de volatilisation.

	Degrés.		Degrés.
Zinc......................	700	Eau......................	100
Plomb.....................	700	Alcool....................	78
Souffre...................	400	Acide nitrique............	50
Mercure...................	350	Ether.....................	37
Phosphore.................	290	Ammoniaque................	35
Essence...................	156	Acide sulfurique..........	32

Température de fusion (passage de l'état solide à l'état liquide).

	Degrés.		Degrés.
Platine...................	2000	Antimoine.................	432
Fer anglais...............	1600	Zinc.....................	423
Fer doux..................	1500	Plomb....................	334
Acier....................	1350	Etain....................	235
Or......................	1250	Souffre..................	115
Fonte grise..............	1200	Cire jaune...............	76
Monnaies d'or............	1180	— blanche...............	68
Cuivre..................	1091	Beurre..................	24
Argent..................	1000	Suif....................	33
Monnaies d'argent........	980	Essence.................	10
Bronze..................	900	Mercure.................	39
Verre...................	930		

Actions de la température.

A 0 degrés congélation de la glace.
  1 — congélation du lait.
  4 — maximum de densité de l'eau.
  8 — congélation de l'essence de térébenthine.
 15 — inflammation du phosphore sec.
 20 — fermentation lactique.
 30 — fermentation acétique.
 35 — température du sang de l'homme.
 40 — solidification du phosphore fondu.
 60 — pain rassis redevenant tendre.
 75 — entrée en fusion de l'acide stéarique.
100 — ébullition de l'eau.
108 — entrée en fusion du souffre.
140 — glucose passant à l'état de caramel.
195 — fusion du sucre de canne.
200 — transformation de l'amidon en dextrine.
215 — papier brunissant au feu.
230 — chaleur moyenne des fours de boulangers.
260 — gypse passant à l'état de plâtre.

Composition de l'air atmosphérique.

L'air est formé, sur 100 parties : 79 d'azote.
21 d'oxigène.

Il renferme, en outre, de la vapeur d'eau, de l'acide carbonique, de l'acide nitrique, de l'ammoniaque et de l'acide phosphorique.

Hauteur de la colonne de mercure mesurant la pression de la vapeur.

Atmosphères.	Hauteur du mercure.	Atmosphères.	Hauteur du mercure.
0,5	0,380	3.5	2,660
1,0	0,760	4,6	3,040
1,5	1,140	4,5	3,420
2,0	1,520	5,0	3,800
2,5	1,900	5,5	4,180
3,0	2,880	6,0	4,560

Température et volume de la vapeur à diverses pressions.

Atmosphère.	Température.	Volume d'un kil. de vapeur.	Poids d'un mètre cube de vapeur.
	degrés.	litres.	kil.
0,5	81,7	8205,13	0,312
1,0	100,0	1689,19	0,592
1,5	111,7	1461,44	0,861
2,0	120,6	991,26	1,122
2,5	127,7	726,21	1,377
3,0	133,7	614.20	1,628
3.5	139,7	533,33	1,875
4,0	144,0	471,92	2,119
4,5	148,2	423,95	2,359
5,0	153,2	381.90	2,598
5,5	156.8	352,86	2,834
6,0	159,2	326,45	3,066

Production de la vapeur.

5 kilog de charbon de bois produisent 1 kilog. de vapeur à 100°
5 — de houille ordinaire — — — —
7 — de coke — — — —

Vitesse des moteurs animés.

	Vitesse ou espace parcouru	
	par seconde.	par heure.
	mètres	kilomètres.
Pas d'un homme tirant un fardeau	0,60	2,2
— d'un voyageur, non pressé..............	0,65	2,3
— ordinaire du soldat (76 pas par minute)..	0,82	3,0
— de route (100 —)..	1,08	4,0
— accéléré (110 —)..	1,19	4,3
— de charge (130 —)..	1,41	5,0
— de course (150 —)..	1,67	6,0
Soldats romains : pas de route..............	1,67	6,0
— pas accéléré.............	2,08	7,5
Le cheval au pas de charrue....	0,45	1,6
— au pas de herse	0,90	3,2
— au petit pas............	1,05	3,4
— au pas et attelé sur bonne route..	1,20	4,3
— au pas allongé..............	1,43	5,0
— au petit trot.....	3,84	14,0
— au galop........	6,30	23,0
— au grand trot............	9,00	32,0
— à l'allure des courses...., ...	14,00	50,0
Le bœuf au pas sur une route..............	0,84	3,0
— au labour.....................	0,40	1,4
— à la herse.....................	0,60	2,2
— au pas allongé......	1,00	3,6
Le Mulet au pas........................ ..	0,90	3,2
L'âne............................ •.........	0,80	2,9

Vitesse des machines à vapeur et espace parcouru.

	par seconde.	par heure.
	mètres.	kilomètres.
Bateau à vapeur en pleine mer............	4 à 6	14 à 21
— transatlantique..............	6 à 8	22 à 28
Chemin de fer, petite vitesse...........	7	25
— trains omnibus.....	10	36
— express	14	50
— rapides	17	61

Vitesse du vent.

		par seconde.	par heure.
	mètres.	kilomètres.	Milles.
Temps calme....................	0	0	0
— presque calme......... ...	1	3,5	2
Vent modéré, légère brise........	2	7	4
Petite brise....................	4	14,5	8
Jolie brise	7	25	13,5
Vent bien frais, bonne brise	10	39,5	21
— bon frais.....	16	57,5	31
— grand frais	22	79	43
Coup de vent.....................	29	104	56
Tempête........................	37	133	72
Ouragan, renversant arbres et maisons........	46	166	90

Faculté absorbante des sols pour retenir l'eau.

La faculté que les terres possèdent d'absorber et retenir l'eau est en raison directe de leur perméabilité.

Ainsi : 100 kilog. de terre argileuse pure retiennent 70 kil. d'eau.

—	—	argilo siliceuse	—	50	—
—	—	calcaire	—	45	—
—	de sable argileux	—	40	—
—	—	calcaire	—	29	—
—	—	siliceux pur	—	25	—

Cohésion des terrains agricoles.

La cohésion des terres arables varie dans les rapports suivants.:

Terres argileuse pure......................... 100
— argilo-siliceuse............................ 68
— silico-argileuse........................... 57
— crayeuse.................................. 5
Sable pur..................................... 0

Jeaugeage des futailles.

Les tonneliers n'étant tenus à aucune règle, les dimensions qu'ils donnent aux barriques ou tonneaux varient à l'infini. L'enveloppe des barriques est composé d'un ensemble de lames ou douves de long appelées *longeailles* et de douves de fonds appelées *fonçailles*. L'épaisseur des fonçailles est invariable tandis que celle des longeailles va en diminuant, depuis chacune des extrémités jusqu'au milieu, où elle est réduite d'un tiers environ. Cet amincissement a pour but de faciliter la flexion des douves de long. Des cercles distribués sur la longueur de la pièce fortifient les longeailles.

On donne le nom de *bouge* à la courbure ou au renflement du milieu d'une futaille, et celui de *jable* à la rainure pratiquée dans les douves d'un tonnneau pour recevoir et retenir les pièces du fond.

Pour obtenir la capacité d'une barrique, on la suppose du même volume qu'un cylindre ayant pour hauteur la hauteur entre les deux fonds, et pour base un cercle dont le diamètre serait une moyenne entre les diamètres des fonds et le diamètre du bouge.

Pour avoir le diamètre moyen, on mesure d'abord les deux

diamètres des fonds à l'endroit du jable; on fait la demi-somme de ces deux diamètres; on mesure ensuite le diamètre du bouge dans l'intérieur du trou de bonde : on fait la différence du diamètre du bouge et du diamètre du fond ; on prend les 5/8 ou les 2/5 ou 1/3 (suivant la forme des barriques) de la différence obtenue pour l'ajouter au diamètre moyen des fonds.

a représentant le diamètre du premier fond.
b — second fond.
c — du bouge.
h la hauteur de la barrique,

on trouvera le volume de la barrique en litres, par la formule :

$$\frac{3,1416}{4}\left\{\frac{5}{8}\left(c-\frac{a+b}{2}\right)+\frac{a+b}{2}\right\}^2 h.$$

a étant généralement égal à b, la formule pourra être réduite de la manière suivante :

$$\frac{3,1416}{4}\left\{\frac{5}{8}(c-a)+a\right\}^2 h.$$

L'octroi de Paris emploie la formule suivante :

$$V = \frac{1}{4}\pi l\,[d+(B-d)0,56]^2$$

V représente le volume.
l la longueur intérieure de la barrique.
D et d les valeurs du plus grand et du plus petit diamètre.

Dans le commerce, le jaugeage peut se faire en appliquant les formules ci-après :

1° Si la courbure est très prononcée :

$$V = \frac{\pi}{4} l\left[d+\frac{2}{3}(D-d)\right]^2$$

2° Si la courbure est d'une dimension moyenne :

$$V = \frac{\pi}{4} l\left[d+\frac{2}{5}(D-d)\right]^2$$

3° Si le tonneau est presque cylindrique :

$$V = \frac{\pi}{4} l\left[d+\frac{11}{10}(D-d)\right]^2$$

Quand il s'agit de jauger rapidement un certain nombre de fûts, le calcul devient difficile sinon impraticable. Par suite, dans la pratique, on a été amené à imaginer des *règles, veltes* ou *jauges diverses*, correspondant à des barêmes, c'est-à-dire à des volumes connus d'avance. Le maniement de ces jauges est assez facile : on enfonce la jauge par la bonde de manière à lui faire toucher les angles des fonds et on n'a plus qu'à lire les résultats et à prendre une moyenne.

Jaugeage des pièces en vidange :

La capacité totale d'une futaille étant connue, on a la quantité de liquide restant dans la pièce en vidange en enfonçant verticalement par la bonde une tige métrique qui donne la hauteur mouillée et le diamètre total. En divisant ce diamètre en 10 parties, on voit quel nombre de dixièmes occupe la partie mouillée, et au moyen de la table suivante on a la fraction de liquide restant dans la pièce.

Dixièmes mouillés.	Fraction de volume restant dans le tonneau.
10	1,000
9	0,950
8	0,860
7	0,750
6	0,630
5	0,100
4	0.370
3	0,250
2	0,140
1	0,050

Quelquefois, un fût se présente plus vide que plein ; on mesure, dans ce cas, la partie des centimètres mouillée par le liquide et on opère sur le plein comme il vient d'être expliqué pour le vide.

TABLE DES VIDANGES DES FUTS DE VINS, D'APRÈS M. BONNET

Manière d'opérer.

1° Introduire perpendiculairement par la bonde, jusqu'au fond de la pièce, un mètre ou un bâton divisé en centimètres.

2° Le retirer en ayant soin de remarquer, à la bonde et sous le bois, la distance qui n'est pas mouillée par le liquide.

La hauteur des centimètres non mouillés ou de vide correspond au nombre de litres marqués dans la seconde colonne du tableau.

Vide en centimèt.	114 lit. feuillette Beaune. lit.	210 lit. pièce de Sancerre lit.	220 lit. pièce de Bordeaux lit.	227 lit. pièce de Bordeaux lit.	300 lit. fût Tavel. lit.	620 lit. pipe de Montpellier. lit.	900 lit. grosse barrique. lit.
1	»	»	»	»	»	»	»
2	»	»	»	»	»	1	1
3	1	1	1	1	1	2	2
4	2	2	2	3	2	3	4
5	3	4	4	5	4	5	7
6	5	6	6	7	6	7	10
7	7	9	8	9	9	10	15
8	9	12	11	12	12	14	20
9	11	15	14	15	15	18	25
10	13	18	17	18	18	23	30
11	15	21	20	22	22	28	35
12	18	24	23	25	26	33	41
13	20	28	26	29	30	39	47
14	23	31	30	33	34	45	53
15	26	35	34	36	38	51	60
16	29	39	38	40	42	57	67
17	31	43	42	44	47	64	74
18	34	47	46	48	52	71	82
19	37	52	50	52	57	78	90
20	40	56	56	56	62	86	99
25	55	78	74	76	87	1,26	1,46
30	»	1,00	98	1,01	1,12	1,68	2 » »
35	»	»	»	»	1,42	2,13	2,56
40	»	»	»	»	»	2,62	3,12
50	»	»	»	»	»	»	4,20

Mesurage ou toisé des bois de chauffage et des bois d'œuvre.

BOIS DE CHAUFFAGE

Anciennes mesures encore employées :

stères

La voie de Paris de : 4 pieds de couche / bûches de
4 — de hauteur. } 3 p. 1/2 = 1,920
(56 pieds cubes). (comptées p. 2

La corde des eaux et forêts de : 8 pieds de couche / bûches de
ou double voie. 4 — de hauteur. { 3 p. 1/2 = 3,840
(112 pieds cubes).

La corde de grands bois, de : 8 pieds de couche / bûches de
4 — de hauteur. { 4 pieds = 4,387
(128 pieds cubes).

La corde pour les taillis : 8 pieds de couche / bûches de
4 — de hauteur. { 2 p. 1/2 = 2,742
(80 pieds cubes).

La corde, dite moule dans 4 pieds de couche / bûches de
certaines localités. 4 — de hauteur. { 4 pieds = 2,194
(64 pieds cubes).

La corde charbonnière de : 8 pieds de couche / bûches de
4 — de hauteur. { 2 pieds = 2,194
(64 pieds cubes).

La corde de port de : 8 pieds de couche / bûches de
5 — de hauteur. { 3 p. 1/2 = 4,799
(140 pieds cubes).

La corde des ports varie suivant les provenances :
Sur les ports de : Briançon, Sery, Villeneuve-s-Yonne, la corde 4 st. 73
Clamecy...... .... — 4 69
Montargis .... — 5 33
Yonne............................ — 4 57
Oise, Aisne, Seine et canaux.. ... — 5 03
Rivière de Cure........... .. . ... — 4 89
Marne, Ourcq et Morin............ — 4 79

Le stère de bois en pile ne donne pas le volume réel ou *solide* du *bois*; le *vide* est au *plein* dans un rapport qui varie de 0,350 à 0,550.

Facteurs de conversion d'après M. Chevandier.

Essences	Qualité du bois et de l'écorce.	Volume du bois dans le stère.	Facteurs pour passer du	
			Mètre cube au stère.	Stère au mètre cube.
Chêne	bois de branche, assez droit	0.46	2.17	0.46
—	— courbe....	0.55	1.82	0.55
Hêtre	rondins, écorce unie	0.60	1.65	0.60
—	— de branches courbes..	0.58	1.72	0.58
—	bois de quartier, écorce unie	0.68	1.45	0.68
—	— raboteux ...	0.61	1.64	0.61
Sapin	bois de quartier, écorce unie	0.76	1.31	0.76
Epicea	— raboteux	0.62	1.61	0.62

Convertir en stères, sans membrure.

Une quantité de bois de chauffage étant donnée empilée pour la convertir en stères, sans membrure : il faut multiplier la longueur de la bûche par la longueur de la pile, et le produit par la hauteur ; puis séparer 6 décimales, si l'on a employé des centimètres à chaque dimension

Exemple : la bûche ayant
une longueur de } 1 mèt. 32 { 1ᵐ 32 × 15.12 ×
la pile en longueur 15   12 } 6 18 = 123.342912
et en hauteur   6   18

et comme on n'emploie pas ordinairement de fractions inférieures au centistère, on néglige les 4 derniers chiffres ; ce qui, en séparant 6 décimales, donne 123 stères 34 centistères.

TABLE DE CONVERSION

Conversion des pieds carrés et cubes en mètres carrés et cubes.

Pieds carrés.	Mètres carrés.	Pieds cubes.	Mètres cubes.
1	0,1055	1	0,03428
2	0,2110	2	0,06055
3	0,3166	3	0,1028
4	0,4221	4	0,1371
5	0,5276	5	0,1713
6	0,6331	6	0,2056
7	0,7386	7	0,2399
8	0,8442	8	0,2742
9	0,9497	9	0,3085
10	1,0552	10	0,3427
20	2,1104	20	0,6855
30	3,1656	30	1,0285
40	4,2208	40	1,3710
50	5,2760	50	1,7138

Conversion des mètres carrés et cubes en pieds carrés et cubes.

Mètres carrés.	Pieds carrés.	Mètres cubes.	Pieds cubes.
1	9,48	1	29,17
2	18,95	2	58,35
3	28,43	3	87,52
4	37,91	4	116,70
5	47,38	5	145,85
6	56,86	6	175'04
7	66,34	7	204,22
8	75,81	8	233,39
9	85,29	9	262,56
10	94,77	10	291,74
20	189,54	20	583,48
30	284,30	30	875,22
40	379,07	40	1166,95
50	473,84	50	1458,69

Conversion des toises carrées et cubes en mètres carrés et cubes.

Toises carrées.	Mètres carrés.	Toises cubes.	Mètres cubes.
1	3,798	1	7,4039
2	7,597	2	14,8078
3	11,396	3	22,2117
4	15,195	4	29,6156
5	18,993	5	37,0195
6	22,792	6	44,4233
7	26,591	7	51,8272
8	30,389	8	59,2311
9	34,188	9	66,6350
10	37,987	10	74,0389
20	75,974	20	148,0778
30	113,962	30	222,1167
40	151,949	40	296,1556
50	189,987	50	370,1945

Conversion des mètres carrés et cubes en toises carrées et cubes.

Mètres carrés.	Toises carrées.	Mètres cubes.	Toises cubes.
1	0,2632	1	0,1351
2	0,5265	2	0,2701
3	0,7883	3	0,4052
4	1,0530	4	0,5403
5	1,3162	5	0,6753
6	1,5795	6	0,8104
7	1,8427	7	0,9454
8	2,1060	8	1,0805
9	2,3692	9	1,2156
10	2,6324	10	1,3506
20	5,2649	20	2,7013
30	7,8975	30	4,0519
40	10,5298	40	5,4026
50	13,1622	50	6,7532

Cubage des bois.

Les arbres se vendent généralement, dans les forêts, en grume, c'est-à-dire avec leur écorce. Ils sont alors sous la forme de bois ronds.

Cubage des bois en grume. — On les considère comme des cylindres ayant pour base la section droite faite au milieu de leur longueur, et leur volume s'obtient en multipliant cette section droite par la longueur totale.

Cubage des bois équarris. — Les pièces de charpente sont employées sous la forme d'un prisme quadrangulaire ou rectangulaire. Le cube ne doit comprendre que la partie utilisable, c'est-à-dire le prisme fourni par l'*équarrissage*, déduction faite de l'écorce et des *flaches* enlevés pour mettre l'arbre au carré. L'écorce forme 6 pour 100 et les flaches 10 pour 100 de la surface de section non écorcée. — Pour tenir compte de ces déductions (écorce et flaches), on emploie différents procédés connus sous le nom de cubage au 1/4 sans déduction, au 1/6, au 1/5 et au 1/12 déduits.

Cubage au 1/4 sans déduction. — Ayant la circonférence d'un arbre au milieu, on en prend le quart que l'on multiplie par lui-même et le résultat par la hauteur de l'arbre.

Cubage au 1/6 déduit. — Retrancher de la circonférence le sixième de sa valeur, prendre le quart du reste, l'élever au carré et multiplier par la hauteur ; c'est le métré le plus généralement employé.

Exemple : $2^m,22$ de circonférence et 8 mètres de long,

on aura $\qquad\qquad 2^m,22$

dont le sixième est $0\quad 37$

reste $\overline{\quad 1^m,85}$

dont le quart est $0,46 \times 0,46 \times 8 = 1$ stère 692 millistères.

Cubage au 1/5 déduit. — Retrancher de la circonférence le cinquième, prendre le quart du reste, l'élever au carré et multiplier le produit par la hauteur.

Cubage au 1/12 déduit. — Retrancher le douzième de la circonférence, prendre le quart du reste, l'élever au carré et multiplier par la hauteur.

Le volume au 1/4 n'a que 78,5 p 0/0 de volume en grume

    —   1/6   —   54,5   —

    —   1/5   —   50,3   —

Le volume est d'autant plus grand que le produit s'approche plus des bois en grume, mais la valeur varie dans le rapport inverse.

Table des bois en grume.

Circonférence en grume.	Produit hauteur et largeur. au 1/4,		Produit hauteur et largeur. au 1/6.		Circonférence en grume.	Produit hauteur et largeur. au 1/4,		Produit hauteur et largeur. au 1/6.	
centimètres.	centimètres.		centimètres.		centimètres.	centimètres.		centimètres.	
44	10 à 12		8 à 10		110	26 à 28		22 à 24	
48	12	12	10	10	120	30	30	24	26
52	13	14	10	12	130	32	32	26	28
56	14	14	10	12	140	34	36	28	30
60	14	16	12	12	150	36	38	30	32
64	16	16	12	14	160	40	40	32	34
68	16	18	14	14	170	42	42	34	36
72	18	18	14	16	180	44	46	36	80
76	18	20	16	16	190	46	48	38	40
80	20	20	16	16	200	50	50	40	42
84	20	22	16	18	220	54	56	46	46
88	22	22	18	18	240	60	60	50	50
92	22	24	18	20	260	64	66	54	54
96	24	24	20	20	280	70	70	58	58
100	24	26	20	22	300	74	76	62	62

On obtient le cube total de la pièce en multipliant par la longueur le produit donné par la table.

Table de conversion des mètres cubes en grume, en mètres cubes au 1/4, au 1/6, au 1/5 et réciproquement, d'après M. Goursaud.

Pour passer des mètres cubes en grume, aux mètres cubes, au 1/4, au 1/6, au 1/5.				Pour passer des mètres cubes au 1/4 sans déduction aux mètres cubes en grume, au 1/6, au 1/5.			
Mètres cub. en grume.	M. C. au 1/4.	M. C. au 1/6.	M. C. au 1/5.	M. C. au 1/4.	M. C. en grume.	M. C. au 1/6.	M. C. au 1/5.
1	0,785	0,545	0,503	1	1,273	0,694	0,640
2	1,575	1,091	1,005	2	2,546	1,389	1,280
3	2,356	1,636	1,508	3	3,819	2,083	1,920
4	3,142	2,182	2,010	4	5,193	2,778	2,560
5	3,927	2,727	2,513	5	6,366	3,472	3,200
6	4,712	3,272	3,016	6	7,638	4,166	3,840
7	5,498	3,818	3,518	7	8,911	4,861	4,480
8	6,283	4,363	4,021	8	10,386	5,555	5,120
9	7,068	4,909	4,523	9	11,659	6,250	5,760

Pour passer des mètres cubes au 1/6 déduit, aux mètres cubes en grume, au 1/4 et au 1/5.				Pour passer des mètres cubes au 1/5 déduit, aux mètres cubes en grume, au 1/4 et au 1/6.			
M. C. au 1/6 déduit.	M. C. en grume.	M. C. au 1/4.	M. C. au 1/5.	M. C. au 1/5 déduit.	M. C. en grume.	M. C. au 1/4.	M. C. au 1/6.
1	1,833	1,440	0,922	1	1,989	1,562	1,085
2	3,666	2,880	1,843	2	3,978	3,124	·2,170
3	5,499	4,320	2,765	3	5,967	4,686	3,255
4	7,332	5,760	3,686	4	7,956	6,248	4,340
5	9,165	7.200	4,608	5	9,945	7,810	5,425
6	10,998	8,640	5,530	6	11,932	6,510	9,072
7	12,831	10,080	6,451	7	13,923	10,934	7,595
8	14,664	11,520	7,373	8	15,912	12,496	8,680
9	16,497	12,060	8,294	9	17,901	14,058	9,765

Cette table peut aussi servir pour obtenir le prix d'une quelconque de ces unités ou fraction de l'une d'elles dont la valeur est déterminée.

Calculs des amortissements.

Table servant à calculer les amortissements d'après M. Londet.

Années.	Taux à 3 p. 0/0.	Taux à 4 p. 0/0.	Taux à 5 p. 0/0.	Années.	Taux à 3 p. 0/0.	Taux à 4 p. 0/0.	Taux à 5 p. 0/0.
2	2,03	2,04	2,05	20	26,87	29,77	33,06
3	3,09	3,12	3,15	25	36,45	41,64	47,72
4	4,18	4,24	4,31	30	47,57	56,08	66,43
5	5,30	5,41	5,52	35	60,46	73,65	90,32
6	6,48	6,63	6,80	40	75,40	95,02	120,79
7	7,66	7,89	8,14	45	92,72	120,02	159,70
8	8,89	9,21	9,54	50	112,79	152,46	209,35
9	10,15	10,58	11,02	55	136,07	191,15	272,71
10	11.46	12,00	12,57	60	163,05	237,99	353,58
11	12.80	13,48	14,20	65	194,33	294,96	456,79
12	14,19	15,02	15,91	70	230,56	364,29	588,52
13	15,61	16,62	17,71	75	272,63	448,63	756,6"
14	17,08	18,29	19,19	80	321,56	551,24	971,22
15	18,59	20,02	21,57	85	377,85	676,09	124,508
16	20,15	21,82	23,65	90	443,38	827,96	1594,60
17	21,76	23,69	25,84	95	520,54	1013,76	2040,70
18	23,41	25,64	28,13	100	607,62	1297,62	2610,02
19	25,11	27,47	30,53				

Pour trouver une annuité, la somme étant connue, il faut diviser cette somme par le nombre qui correspond dans la table, au nombre d'années et aux taux voulus :

Soit 100 fr. à amortir en dix années au taux de 5 fr. %;

On a $\dfrac{100}{12,57}$ = 7 fr. 94 qui est l'annuité.

Pour trouver la somme que produit une annuité connue, il faut multiplier l'annuité par le nombre qui correspond au nombre d'années et aux taux voulus.

Une annuité de 8 fr. devient en dix ans 8 $\times$ 12,57 ou 100 fr. 56.

Population de la France.

La population totale est un peu plus de 37 millions d'habitants, dont :

12 millions d'habitants des villes ,
25 — — des campagnes.

Près de 19 millions de personnes exercent l'agriculture et en vivent, dont :

10 millions 1/2 propriétaires de leurs terres, cultivant eux-mêmes et les faisant valoir ;

6 millions de fermiers, métayers, colons ;

2 millions 1/2 d'ouvriers agricoles.

Régions agricoles.

La France a été subdivisée en cinq régions agricoles :

1° La région des *orangers*, qui occupe le littoral de la Méditerranée, dans le département du Var ;

2° La région des *oliviers*, qui comprend la Provence, le bas Languedoc, le comtat d'Avignon et une partie du Roussillon ;

3° La région du *maïs*, qui est limitée au Nord par le Poitou, les montagnes du Centre, la basse Bourgogne, la Champagne, les rives du Rhin et les Ardennes ;

4° La région de la *vigne*, qui est bornée au nord par la Bretagne, le Maine, le Perche, la Normandie, la Picardie et la Flandre ;

5° La région des *pommiers*, qui occupe ces dernières provinces.

Classification des terrains agricoles.

SOL OU COUCHE ARABLE	*Terres dans lesquelles domine l'argile.*
Terrains contenant une notable portion d'argile, silice et calcaire.	Terres argileuses.
	— argilo-calcaires.
	— — siliceuses.
Terres d'alluvion : fortes.	— schisteuses.
— — légères.	— argileuses avec des cailloux.

6

<table>
<tr><td>

*Terres dans lesquelles domine
la silice.*

Terres sablonneuses.
  — graveleuses.
  — caillouteuses.
  — granitiques.
  — volcaniques.
  -- de bruyère.
  — silico-argileuses.
  — — calcaires.

*Terres dans lesquelles domine
le calcaire.*

Terres crayeuses.
  — calcaire caillouteuses.
  — — argileuses.
  — — siliceuses.

</td><td>

*Terres dans lesquelles domine
le terreau acide.*

Terres tourbeuses.

SOUS-SOLS

Sous-sols actifs ou perméables.

Sous-sols siliceux.
  — schisteux friables
  — crayeux.

Sous-sols inertes ou imperméables.

Sous-sols argileux.
  — rocheux, compacts.
  — poudingiformes.

</td></tr>
</table>

Principales plantes indiquant la nature et la fécondité des terres arables.

<table>
<tr><td>

1. *Terrains siliceux.*

Spergule
Véronique.
Réséda.
Flouve.
Saxifrage.
Bruyère.
Statice.

2. *Terrains calcaires*

Melampyre.
Coquelicot.
Arrête-bœuf.
Sauge.
Chardon.
Chicorée.
Buglose.

3. *Terrains argileux.*

Orobe.

</td><td>

Prêle.
Yèble.
Laitue.
Lotier.
Chiendent.
Saponaire.

4. *Terres humides.*

Flamette.
Plantain.
Cardamine.
Menthe.
Véronique
Renouée.
Fétuque.
Caille-lait.

5 *Terrains salins.*

Salicorne.

</td><td>

Soude.
Jonc.
Roseau.
Plantain.
Carex.

6. *Terrains fertiles.*

Seneçon.
Mouron.
Mercuriale.
Luzerne.
Yèble.
Laitron.

7. *Terrains acides.*

Bruyère
Ajonc marin.
Fougère.
Petite oseille.

</td></tr>
</table>

Valeur vénale et locative des terres.

Les prix élevés et faibles sont des moyennes par département; les prix moyens résultent de toutes les moyennes réunies des départements, d'après la dernière statistique décennale.

Terres labourables

		1re CLASSE		2e CLASSE		3e CLASSE	
		Valeur vénale.	Valeur locative.	Valeur vénale.	Valeur locative.	Valeur vénale.	Valeur locative.
Prix élevés :	Nord.... ...	5,300ᶠ	139ᶠ	4,300ᶠ	109ᶠ	3.300ᶠ	89ᶠ
	Vaucluse....	5,000	200	3,300	139	1,800	76
	Oise, Rhône.	4,800	98	2,800	76	1,700	57
Prix faibles :	Finistère	1,900	109	1,750	59	1,280	44
	Corrèze	1,400	48	1,000	38	650	23
	Hauᵗᵉ-Vienne	890	26	620	27	380	14
Prix moyens..		3,000	96	2,175	69	1,355	45

Prairies naturelles.

		1re CLASSE		2e CLASSE		3e CLASSE	
Prix élevés :	Var	7,500	330	5,400	234	3,400	157
	Drôme.. ...	6,500	239	4,900	220	2,600	125
	Puy-de-Dôme	5,600	191	3,500	137	2,500	89
Prix faibles :	Finistère....	2,800	99	2,100	75	1,600	55
	Bˢᵉˢ-Pyrénées	2,300	110	1,700	84	1,200	59
	Landes	1,400	77	1,000	60	800	45
Prix moyens............. ..		4,151	152	3,900	104	2,000	72

Vignes (avant le phylloxera).

		1re CLASSE		2e CLASSE		3e CLASSE	
Prix élevés :	Gironde.....	6,000	212	3,800	152	2,500	103
	Hérault.....	5,500	160	3,500	114	2,200	76
	Côte-d'Or....	5,000	146	3,000	103	2,000	74
Prix faibles :	Charente-Inf.	2,806	131	1,900	88	1,200	57
	Lot...	2,600	138	1,700	84	1,200	54
	Bˢᵉˢ-Pyrénéᵉˢ	1,300	61	1,000	47	700	31
Prix moyens.........		3,564	139	2,638	98	1,733	68

Bois.

	HAUTES FUTAIES			TAILLIS SOUS FUTAIES			TAILLIS SIMPLES		
	1re clse.	2e clse.	3e clse.	1re clse.	2e clse.	3e clse.	1re clse.	2e clse.	3e clse.
Prix élevés :									
Maine-et-Loire	5,600ᶠ	4,400ᶠ	2,700ᶠ	2,200ᶠ	1,450ᶠ	1,160ᶠ	1,875ᶠ	1,610ᶠ	1,025ᶠ
Allier.........	5,100	3,400	2,500	1,510	973	637	795	553	400
Côtes-du-Nord	4,100	3,000	1,760	2,015	1,320	890	1,000	839	590
Prix faibles :									
Hérault........	2,200	1,544	670	727	467	210	1,000	670	323
Alpes-Maritiᵐᵉˢ	1,150	657	473	580	384	229	346	204	108
Haute-Marne..	804	621	463	1,124	869	566	653	521	369
Prix moyens..	2,876	2,064	1,435	1,573	1,160	819	1,080	818	569

CULTURES CÉRÉALES

Blé ou Froment.

Blé d'hiver.
— de printemps.

Blé d'hiver. — *Variétés :* Blé sans barbe.
         — barbu.
         — vêtu ou épeautre.
         — poulard (paille pleine).

Époque de l'ensemencement : Du 15 septembre à la Saint-Martin (11 novembre). Assez généralement, dans les campagnes, on suit l'ancienne prescription : un boisseau à la boisselée. Comme principe, plus les semailles sont tardives plus il faut augmenter la quantité de semence.

Récolte : Suivant les contrées, elle a lieu en juillet et août.

Elle se fait à la faucille, à la faux ou à la sape.

Le blé coupé se réunit en javelles, bottes ou gerbes qui ont un poids, de 5 à 8 kilos dans le Midi ;
     — de 9 à 11 — aux environs de Paris ;
     — de 15 à 25 — dans l'Ouest.

Blé de printemps. — Mêmes variétés que pour le blé d'hiver. Les blés de printemps sont aussi appelés blés de mars ou trémois.

Époque de l'ensemencement : février jusqu'au 15 mars ; dans certaines localités jusqu'en avril. Les blés de printemps sont en général moins productifs que ceux d'hiver.

Récolte : aux mêmes époques que le blé d'hiver.

Depuis quelques années, on sème, dans certaines contrées, des blés dits à *grands rendements*, tels que : le Chiddam, le blé roux de Halett, le Golden-Dropp, les Hickling (blés carrés) donnant de 30 à 50 hectolitres à l'hectare.

Épeautre ou blé vêtu.

Variétés : épeautre blanche, sans barbe.
     —   — barbue.
     — noire,   —

En raison de l'adhérence des balles, écales ou glumes, il faut employer le double de semence que pour le blé.

Époque de l'ensemencement : l'automne ou le printemps.

Récolte : plus tardive que celle du blé.

L'épeautre a un rendement moyen plus élevé que celui du froment, qui se réduit de moitié par la décortication.

Méteil.

Mélange de seigle et de froment.

Méteil ordinaire : moitié semence de blé et de seigle ;

Gros méteil : trois mesures de seigle pour une de froment;

Petit méteil : 1/4 de seigle.

Époque de l'ensemencement : septembre.

Récolte : août.

Seigle.

Seigle d'hiver.

— de printemps.

Variétés : seigle ordinaire.

— grand de Russie.

— multicaule ou de la Saint-Jean.

Époque de l'ensemencement : du 20 au 30 septembre, jusqu'à la saint-Martin (11 novembre).

Récolte : en juillet. (Première céréale récoltée.)

Seigle de mars : Même quantité de semence que pour le seigle d'hiver, mais fournit moins de grains.

Orge.

Orge d'hiver.

— de printemps.

Variétés à grains couverts : orge commune.

— noire (peu cultivée).

— hexagone ou à six rangs

— plate.

— éventail.

Variétés à grains nus : orge céleste.

— trifurquée.

— nue à deux rangs.

Orge d'hiver : appelée aussi escourgeon, sucrion, dans le Nord.

Époque de l'ensemencement : septembre.

Récolte : juillet.

Les orges d'hiver sont inférieures en qualité aux orges de printemps et la paille n'est bonne que pour litière.

L'orge est la céréale qui rend le moins en paille.

ORGE DE PRINTEMPS : L'espèce la plus cultivée est l'orge plate ou orge distique, appelée paumelle dans le Nord ;

>   — paumoule dans le Midi ;
>   — baillarge dans l'Ouest ;
>   — marsèche dans le Centre.

L'orge de printemps est l'espèce cultivée presque partout pour la fabrication de la bière.

Époque de l'ensemencement : avril, quelquefois mai.

Récolte : août ; quinze jours après les orges d'hiver.

L'orge plate produit moins que l'escourgeon. Battue à la machine, la paille, moins nerveuse que les autres, perd moitié de son poids.

Avoine.

Avoine d'hiver.
> — de printemps.

Variétés : Avoine noire de Brie, de Hongrie ;
>   —   — de Beauce ;
>   — blanche de Géorgie.

Sous-variétés : Avoine grise de Bretagne ;
>   — rousse ;
>   — brune et rousse ;
>   — de Flandre ou des Sablons, à grands rendements, de 50 à 80 hectolitres à l'hectare.

AVOINE D'HIVER : Plus productive généralement que celle de printemps.

Époque de l'ensemencement : du 15 septembre au 15 octobre.

Récolte : en juillet.

AVOINE DE PRINTEMPS. — *Époque de l'ensemencement* : de février à première quinzaine d'avril.

Récolte : en août jusqu'en septembre.

Après défrichement ou sur dessèchement d'étang, la paille n'est bonne que pour litière.

Maïs.

Le maïs est aussi appelé blé de Turquie, blé de l'Inde, blé d'Espagne, blé de Barbarie ou de Guinée, se subdivise en variétés :

1° *Grains roux ou jaunes* : Maïs à poulet ou nain ;
—   quarantain ;
—   à bec ou à pointe ;
—   d'Auxonne ;
—   blé de Turquie ;
—   des Landes.

2° *Grains blancs* : Maïs d'automne à grains blancs ;
—   à rafle rouge ;
—   à bouquet ou à faisceau ;
—   de Pensylvanie.

3° *Grains rouges* : Maïs rouge ;
—   jaspé.

Le maïs est utilisé pour sa graine et comme fourrage. Les espèces hâtives cultivées pour graines sont généralement le quarantain et le maïs à poulet.

Époque de l'ensemencement : du 20 avril au 20 mai.

Récolte : de fin septembre aux premiers jours d'octobre. Les spathes ou enveloppes doivent être enlevées dans les vingt-quatre heures après la récolte pour empêcher que les épis ne s'échauffent.

Sarrasin.

Vulgairement : blé noir, bucail ou carabin.

Variétés : Le blé noir commun ;
Le sarrasin argenté, à graines blanchâtres ;
Le blé de Barbarie.

Époque de l'ensemencement : fin mai et juin.

Récolte : en septembre.

Millet.

Millet ou mil., cultivé notamment en Lorraine, en Vendée et en Bretagne.

Deux espèces : le millet commun ou millet des oiseaux.
—   d'Italie ou à grappes.

Époque de l'ensemencemet : le mois de mai.

Récolte : dans la deuxième quinzaine d'août.

Riz.

Cultivé sur certains points du Midi, là seulement où les terrains peuvent être inondés.

Deux espèces : le riz commun ou riz de Piémont;
le riz sans barbe.
Le riz contient baaucoup d'amidon et peu de gluten.
Époque de l'ensemencement : du 15 avril au 15 juin.
Récolte : du 15 au 30 septembre.
100 kilos de grains en paille ou en balles (rizone) donnent, décortiqués, 60 kilos de riz marchand.

Alpiste. — Moha. — Sorgho.

Plantes appartenant à la famille des graminées, cultivées pour leurs graines.

ALPISTE : nommé aussi millet long, graine d'oiseaux, graine des Canaries.

La graine peut être employée à la nourriture des chevaux.
Époque de l'ensemencement : en avril et mai.
Récolte : dans le courant d'août.

MOHA : dit moha de Hongrie, du genre millet.
Époque de l'ensemencement : en mars, avril et mai, suivant le climat.
Récolte : en juillet, août et septembre, suivant le climat ; utilisé pour la nourriture des oiseaux.

SORGHO : Avec ses panicules on fait des balais. Il est aussi appelé gros mil d'Italie, millet d'Inde, sorgho à balai. Son grain, employé quelquefois comme aliment pour les hommes, est donné aux volailles et aux porcs.
Époque de l'ensemencement : le mois de mai.
Récolte : fin septembre, octobre.

Du Rendement des céréales.

Le mot *rendement* exprime la relation entre la superficie ensemencée ou plantée et le produit total en nature.

Avant le commencement de ce siècle, alors que les mesures de superficie étaient des plus variables, pour exprimer le rendement d'une terre, on prenait pour base la quantité de semence employée. On disait, par exemple, que telle terre rendrait huit, dix, quinze, vingt fois la semence.

Cet usage n'est pas encore complètement disparu.

Les rendements sont très différents d'une année à l'autre, suivant les conditions climatériques dans lesquelles se sont trouvé placées les plantes pendant la végétation. Les qualités des terres, les modes de culture influent naturellement sur les rendements. D'autres causes viennent encore les modifier, tels que : les grêles, les gelées, les maladies, qui altèrent les qualités et diminuent les quantités.

Les rendements approximatifs, donnés ci-après, ont pour base la richesse des terrains. Dans le tableau qui fait suite, les rendements sont donnés par département, tels qu'ils résultent de la dernière statistique décennale établie au ministère de l'Agriculture. Les chiffres portés sont ceux d'une bonne année moyenne, c'est-à-dire d'une année où la récolte suffit à la consommation et laisse encore un disponible plus ou mons important.

Plantes alimentaires.

Céréales.

		Poids de l'hectolitre.	Graines à répandre à l'hectare.	Rendement moyen par hectare.
Blé d'hiver :	sol pauvre		à la volée 220 à 250 l.	6 à 8 hectol.
	bon sol	70 à 80 kil.		16 à 20
	terre riche			30 à 35
Blé de mars :	bon sol		en lignes 120 à 150 l.	16 à 20
	terre riche			30 à 40
Epeautre :	sol pauvre	40 à 48	300 à 400 l.	20 à 30
Seigle d'hiver :	sol pauvre		200 à 250 l.	10 à 12
	bon sol	72 à 76		20 à 25
Seigle de mars :	sol pauvre		220 à 300 l.	8 à 10
	bon sol			16 à 18
Orge d'hiver :	sol pauvre		200 à 250 l.	15 à 18
	bon sol			25 à 30
	terre riche	63 à 65		35 à 40
Orge de mars :	sol pauvre		250 à 300 l	15 à 18
	bon sol			20 à 25
	sol riche			35 à 40
Avoine d'hiver :	sol pauvre	38 à 52	200 à 250 l.	16 à 18
	bon sol			20 à 25
	terre riche			30 à 40
Avoine de mars :	sol pauvre	46 à 52	250 à 300 l.	12 à 15
	bon sol			25 à 30
	sol riche			40 à 50
Maïs :	bon sol	70 à 78	en lignes 80 à 100 l.	16 à 18
	sol riche			30 à 35
Millet :	bon sol	70 à 72	30 à 40 l.	15 à 18
	sol riche			25 à 30
Sorgho *à balai :*	bonne terre	44 à 48	50 à 60 l.	40 à 50
Sarrazin :	sol pauvre		à la volée 50 à 60 l.	15 à 18
	bonne terre	64 à 65		25 à 30
	sol riche			40 à 50
Riz :	terres inondées 60 k. (décortiqué).		200 à 300 l.	20 à 60

DÉPARTEMENTS	FROMENT D'HIVER		FROMENT DE PRINTEMPS		ÉPEAUTRE		MÉTEIL	
	Produit moyen par hectare.	Poids moyen de l'hectolitre.	Produit moyen par hectare.	Poids moyen de l'hectolitre.	Produit moyen par hectare.	Poids moyen de l'hectolitre.	Produit moyen par hectare.	Poids moyen de l'hectolitre.
	Hect.	Kil.	Hect.	Kil.	Hect.	Kil.	Hect.	Kil.
Ain	14.16	75.10	18 51	73.83	9.»»	68.50	14.36	70 85
Aisne	20.30	74.28	19.87	72.94	29 60	60.09	20.63	71.81
Allier	15.55	74.65	14.86	75.80	»	»	11.74	73.28
Alpes (Basses)	11.10	77 07	14.13	72 54	8.63	51.65	11.91	67.82
Alpes (Hautes)	14.29	77.68	14.76	79.15	7.97	35.53	16.23	71.68
Alpes-marit.	11.60	79.46	14.50	77.»»	15 71	59 07	12.88	72.60
Ardèche	12.44	78.10	15.21	77.06	15.54	65.33	12.95	70.21
Ardennes	16.88	74.80	17.20	75.86	38.20	42.94	16.24	73.78
Ariège	13.10	77.48	16.24	77.35	15 99	63.10	15.94	72.40
Aube	15.80	75.28	16.52	75.28	»	»	16.64	74.60
Aude	14.50	78.90	»	»	15.45	47.30	14.68	71.20
Aveyron	11.41	75.81	12.»	72.»»	20.97	70.»»	11.45	71.20
Bouch.-du-Rh.	15.11	79.46	»	»	8.23	73.95	15.»»	68.»»
Calvados	16.80	78.98	15.84	76.10	»	»	15.05	73.85
Cantal	12.66	74.72	10.»	72.03	»	»	14.43	73.82
Charente	10.50	77 61	10.25	78.49	8.65	73.50	11.50	73.20
Charente-Inf.	13 12	76.24	12.»»	77.»»	13.70	51.14	10.46	73.50
Cher	14.54	75 02	13.08	74.93	13.34	48.62	13.98	74.40
Corrèze	12.70	78.51	14.50	76.»»	»	»	12.26	74.20
Corse	10.64	79.19	11.03	78.40	»	»	8.72	75.81
Côte-d'Or	13.58	75.42	14.90	75.85	7 95	72.56	11.48	73 06
Côtes-du-Nord	15.66	75.92	14.20	73 40	»	»	19.46	71 96
Creuse	12.05	75.40	11 20	73.80	»	»	»	»
Dordogne	12.36	78.75	16.15	79.59	14.30	57.30	12.40	73.36
Doubs	16.01	74.48	16 53	71.08	18.»»	70.»»	15.63	71.14
Drôme	13.86	77.52	12.12	73.94	7.85	40 29	12.17	69.98
Eure	18.16	77.17	16.40	75.76	»	»	16.46	74.81
Eure-et-Loire	19.20	76.90	17.35	74.57	»	»	16 82	74.56
Finistère	17.78	77.25	16.80	76.10	»	»	17.62	72.34
Gard	13.53	79.20	11.03	77.98	22.30	55.60	11.48	75.50
Garonne (Hte)	17.12	78.09	»	»	»	»	17.34	71.38
Gers	13.77	79.43	»	»	16.38	47.09	17.42	70.»»
Gironde	15.22	78.50	»	»	»	»	9.»»	75.70
Hérault	15.32	79.48	»	»	»	»	12.45	73.06
Ille-et-Vilaine	15.42	76.88	14.46	75.41	»	»	14.88	75.01
Indre	13.50	75.66	12.58	72.88	14.90	43.35	11.96	70.87
Indre-et-Loire	12.85	75.48	14.27	72.40	»	»	14.12	71 81
Isère	14.89	75.82	14.17	73.14	15.»»	69.20	15.80	70.24
Jura	15.10	75.06	13.95	74.37	»	»	13.34	72.60
Landes	12.75	78.70	10.03	74.68	»	»	15.72	72.97
Loir-et-Cher	15.73	75.20	12.99	74.60	14.49	62.46	13.23	72.68
Loire	11.96	75.95	11.91	76.07	»	»	12.77	77.59
Loire (Haute)	14.30	77.02	15.28	78.45	15.20	74.50	13.46	74.39
Loire-Infér	16.19	77.07	14.34	75.43	12.50	79.»»	17.39	73.43

DÉPARTEMENTS	SEIGLE		ORGE		AVOINE		MAIS		SARRASIN		MILLET	
	Produit moyen par hectare.	Poids moyen de l'hectolitre.	Produit moyen par hectare.	Poids moyen de l'hectolitre.	Produit moyen par hectare.	Poids moyen de l'hectolitre.	Produit moyen par hectare.	Poids moyen de l'hectolitre.	Produit moyen par hectare.	Poids moyen de l'hectolitre.	Produit moyen par hectare.	Poids moyen de l'hectolitre.
	Hect.	Kil.	Hect.	Kil.	Hect.	Kil.	Hect.	Kil.	Hect.	Kil.	Hect.	Kil.
Ain	15.83	67 97	14.20	60.73	22.»»	42.77	18.77	68.83	14.98	55.50	16.35	71.55
Aisne	18.32	69.28	24.07	60.36	35.65	43.96	28.»»	84.»»	11.82	57.30	»	»
Allier	12.90	71.48	17.78	63.64	18.70	41.56	12.18	62.58	14.69	52.10	»	»
Alpes (Basses)	14.32	65.22	15.10	54.70	13 63	41.34	13.48	77.»»	»	»	»	»
Alpes (Hautes)	17.96	68.05	15.45	62.69	14.57	40.89	»	»	»	»	»	»
Alpes-marit.	12.88	72.60	14.36	65.63	18.65	49.46	12.95	73.58	5.»»	61.»»	»	»
Ardèche	12.76	71.38	17.29	60.76	16.68	46.18	13.80	67.05	9.10	52.48	15.10	63.64
Ardennes	16.48	71.76	20.81	62.48	26.04	46.61	»	»	10.05	58.87	»	»
Ariège	15.85	68.24	17.57	61.20	16.46	48.30	17.92	70.73	15.45	49.81	16.20	72.81
Aube	13.20	73.04	18.60	61.82	16.80	46.64	»	»	6.94	60.»»	»	»
Aude	16.61	71.16	20.71	57.39	22.10	48.94	21.10	68.34	20.40	47.83	32.42	69 75
Aveyron	12.18	70.22	14.40	60.»»	15.24	46.48	17.75	69.90	16.92	54.04	»	»
Bouch.-du-Rh.	16.10	68.78	27.84	63.07	24.45	49.58	25.»»	70.77	»	»	»	»
Calvados	16.20	72.51	19.71	66.32	20.92	50.48	»	»	19.94	69.71	»	»
Cantal	14.50	71.83	15.96	63.40	16.11	44.30	13.»»	65.»»	17.24	56.74	18.»»	57.»»
Charente	11.40	73.»»	12.50	63 95	15.30	49.12	12.64	69.06	23.90	53.24	19.33	55.66
Charente-Inf.	9.86	73.37	15.15	63.80	17.91	48.50	14.98	72.32	»	»	6.80	76.»»
Cher	13.78	73.69	15.»»	64.82	18.35	45.10	30.»»	68.»»	18.51	61.65	»	»
Corrèze	13.48	73.42	14.64	63.86	16.20	39.55	14.54	75 68	17.80	62.63	»	»
Corse	11.32	71.68	15.76	60.06	16 90	46 71	18.80	77.21	»	»	»	»
Côte-d'Or	12.93	71.86	16.40	62.34	17.46	45.82	17.24	71.86	14.68	57.65	20.»»	70.»»
Côtes-du-Nord	19.30	69.48	23.20	64.20	21.82	50.38	»	»	19.96	63.71	»	»
Creuse	11.28	72.66	12.60	64.»»	14.82	39.78	12.»»	78.»»	13.86	57.20	12.06	77 95
Dordogne	12 28	71.09	12.34	65.70	17.24	47.12	12.81	72.72	21.15	55.73	11.56	67.14
Doubs	16.17	68.56	22.05	57.70	22.20	45.20	16.94	70.55	15.»»	59.»»	»	»
Drôme	12.21	67.24	18.68	59.46	15.14	44.66	19.67	68.47	11.52	51.09	»	»
Eure	16.66	71.80	17.42	64.14	25.58	48.34	»	»	26.16	60.46	»	»
Eure-et-Loire	10.06	72.36	22.64	63 79	24 39	48.38	»	»	12.40	66.46	»	»
Finistère	15.94	71.94	25.24	64.49	25.22	50.08	»	»	20.30	68.20	»	»
Gard	12.65	70.29	21.32	61.38	25.39	47 44	12.28	70.56	12 92	54.56	35.90	60.54
Garonne (Hte)	17.91	67.15	27.15	61.01	25.82	49.49	22.31	71.96	16.36	53.94	28.08	71.25
Gers	13.52	72.»»	14.80	63.68	19.27	49.28	14.41	74.13	18.»»	60.»»	13.06	77.68
Gironde	12.25	73.10	12.40	55.88	19.26	48.22	13.26	74.06	7.13	60.97	5.68	64.19
Hérault	12.72	72.81	24.20	59.32	21.10	47.81	20.38	79.15	»	»	»	»
Ille-et-Vilaine	14.45	72.45	20.45	64.39	20.01	50.20	»	»	18.15	65.84	»	»
Indre	13.66	74.83	11.81	60.48	15.56	45.09	24.11	72.33	16.43	53.67	»	»
Indre-et-Loire	13.23	70.04	12.27	62.27	13.59	44.82	17.98	71.30	11.63	57.37	14.»»	72.»»
Isère	16.80	68.64	19.89	59.88	21.38	44.34	19.»»	69.32	16.52	52.76	10.80	70.01
Jura	13.13	71.72	16.15	61.49	23.30	43.53	20.33	68.96	15.44	54.»»	»	»
Landes	10.24	71.45	14.»»	67.45	17.97	47.»»	15.26	74.49	7.66	60.»»	5.67	60.37
Loir-et-Cher	10.94	70.69	14.75	64.20	16.34	46.40	20.»»	75.»»	9.21	60.73	»	»
Loire	11.38	71.96	15.55	61.22	15.98	44.02	14.73	75.23	12.»»	55.82	»	»
Loire (Haute)	12.67	72.55	20.79	63.86	21.46	45.10	»	»	14.17	58.90	»	»
Loire-Infér	15.98	70.67	17.42	63.16	20.28	51.99	19.75	85.50	19.60	61.14	14.24	68.87

DÉPARTEMENTS	FROMENT D'HIVER Produit moyen par hectare (Hect.)	Poids moyen de l'hectolitre (Kil.)	FROMENT DE PRINTEMPS Produit moyen par hectare (Hect.)	Poids moyen de l'hectolitre (Kil.)	ÉPEAUTRE Produit moyen par hectare (Hect.)	Poids moyen de l'hectolitre (Kil.)	MÉTEIL Produit moyen par hectare (Hect.)	Poids moyen de l'hectolitre (Kil.)
Loiret	16.71	75.96	16.72	74.93	13.10	74.88	15.11	72.82
Lot	10.01	78.48	16.»»	70.»»	9.50	45.»»	10.98	72 63
Lot-et-Garonne	15.87	79.69	16.»»	78.»»	22.»»	51.25	16.27	72.31
Lozère	9.22	76.82	»	»	»	»	8.71	72.38
Maine-et-Loire	17.22	75.71	18.28	74.90	15.06	72.73	14.34	70.93
Manche	14.22	78.89	13.13	76.55	12.»»	71.»»	14.84	74.33
Marne	16.92	75.34	16.59	75.63	30.40	61.40	15.83	73.70
Marne (Haute)	12.50	74.82	»	»	12.»»	67.50	13.14	73.72
Mayenne	17.63	75.51	16.38	74.30	»	»	16.71	74.78
Meurthe	15.94	77.20	15.05	77.60	20.»»	42.»»	17.93	73.61
Meuse	14.17	75.18	»	»	»	»	13.75	75.02
Morbihan	14.92	78.20	14.69	78.63	»	»	14.76	74.76
Moselle	17.17	76.57	15.29	75.65	15.50	46.50	18.56	75.64
Nièvre	15.09	75.10	12.20	74.47	»	»	13.62	74.76
Nord	23.70	76.68	21.18	75.15	42.18	63.80	12.94	73.22
Oise	21.28	74.36	17.90	73.84	21.55	73.86	20.44	72.92
Orne	16.66	77.21	12.75	75.69	14.90	74.40	16.65	75.06
Pas-de-Calais	18.12	75.10	19.35	74.10	22.69	76.60	17.59	72.82
Puy-de-Dôme	18.64	76.03	17.99	78.83	18.»»	76.»»	18 52	73.48
Pyrénées (Bses)	13.38	78.33	12.60	75.35	»	»	14.47	75.93
Pyrénées (Htes)	17.10	78.73	17.13	75.66	21.43	73.90	18.41	73.43
Pyr.-Orientales	15.46	78.32	17.»»	79.86	15.»»	72.»»	17.45	67.67
Rhin (Bas)	21.57	77.90	25.65	80.73	40.30	62.42	22.36	73.66
Rhin (Haut)	18.55	77.85	17.97	80.27	19.21	71.91	18.01	73.06
Rhône	16.07	76.09	13.57	74.60	14.05	75.95	14.52	72.33
Saône (Haute)	16.»»	74.95	15.05	75.»»	»	»	14.06	73.89
Saône-et-Loire	15.08	75.29	14.41	72.65	13.»»	75.»»	13.71	71.92
Sarthe	15.30	76.44	14.02	74.39	15.59	73.64	16.42	75.09
Savoie	14.44	75.37	»	»	19.02	72.71	15.25	71.70
Savoie (Haute)	16.70	75.23	13.50	72.97	15.13	48.12	14.79	71.59
Seine	25.90	76.78	20.24	77.49	»	»	29.85	70.59
Seine-Infér.	19.30	73.54	15.70	75.48	21.»»	41.»»	19.24	72.05
Seine-et-Marne	21.46	75.07	20.67	74.94	12.»»	72.»»	16.37	74.02
Seine-et-Oise	23.93	77.»»	21.93	76.56	26.44	75.18	21.45	74.23
Sèvres (Deux)	15.30	74.40	19.70	78.»»	15.82	72.70	13.»»	70.03
Somme	20.58	73.50	17.14	72.83	20.10	72.19	19.»»	71.23
Tarn	12.78	78.45	15.»»	78.»»	16.75	78.13	14.86	74.52
Tarn-et-Garonne	12.86	78.40	»	»	11.14	62.38	14.64	73.25
Var	13.27	80.10	»	»	10.»»	45.»»	11.70	62.15
Vaucluse	14.27	78.87	18.»»	78.»»	8.46	47.94	11.82	70·66
Vendée	14.72	75.93	»	»	»	»	15.91	70.99
Vienne	13.78	75.72	13.47	73.40	12.»»	63.75	13.15	72.08
Vienne (Haute)	13.66	75.95	12.09	74.63	»	»	12.98	71.66
Vosges	15.32	75.57	14.92	79.82	15.30	84.»»	16.70	73.93
Yonne	15.62	75·41	15.48	74.80	15.13	67.46	14.85	72.48

DÉPARTEMENTS	SEIGLE Produit moyen par hectare (Hect.)	Poids moyen de l'hectolitre (Kil.)	ORGE Produit moyen par hectare (Hect.)	Poids moyen de l'hectolitre (Kil.)	AVOINE Produit moyen par hectare (Hect.)	Poids moyen de l'hectolitre (Kil.)	MAIS Produit moyen par hectare (Hect.)	Poids moyen de l'hectolitre (Kil.)	SARRASIN Produit moyen par hectare (Hect.)	Poids moyen de l'hectolitre (Kil.)	MILLET Produit moyen par hectare (Hect.)	Poids moyen de l'hectolitre (Kil.)
Loiret	13.78	70.87	17.41	62.64	19.71	45.83	15.»»	60.»»	11.»»	59.73	24.»»	70.»»
Lot	11.17	70.87	12.35	62.69	16.29	45.76	12.40	68.62	12.36	54.17	»	»
Lot-et-Garonne	13.31	71.93	19.38	65.30	20.80	49.93	13.78	74.30	12.65	70.50	7.»»	65.08
Lozère	8.39	71.85	13.40	60.62	11.92	42.23	9.»»	58.»»	12.55	58.37	10.»»	50.»»
Maine-et-Loire	15.73	68.45	20.47	60.36	21.87	49.03	14.40	64.77	19.06	52.91	14.14	68.77
Manche	15.»»	72.11	17.87	66.50	19.87	52.78	»	»	16.91	69.92	»	»
Marne	13.24	72.43	20.45	62.78	20.23	46.12	»	»	8.53	57.14	»	»
Marne (Haute)	12.54	74.10	15.53	58.13	18.97	42.96	»	»	12 50	51.90	»	»
Mayenne	17.80	73.16	22.25	62.79	23.71	48.48	»	»	18.54	65.58	»	»
Meurthe	17.16	72.46	20.34	62.79	24.32	43.63	25.33	71.14	19.»»	63.66	»	»
Meuse	13.37	72.59	18.91	62.98	21.32	43.10	»	»	15.»»	70.»»	»	»
Morbihan	15.59	72.62	20.»»	60.70	23.35	50.64	25.»»	75.»»	20.63	64.06	16.98	75.55
Moselle	18.35	72.20	22.38	63.08	23.32	45.94	20.82	80.50	21.40	61.01	24.»»	75.»»
Nièvre	13.12	72.95	16.74	63.31	17.70	44.73	10.30	73.70	21.74	55.94	6.90	71.45
Nord	20.89	70.33	41.47	62.53	49.52	63.14	»	»	23.28	68.93	23.36	73.53
Oise	19.45	70.84	20.86	57.87	33.65	44.93	»	»	15.52	61.85	»	»
Orne	15.90	72.45	17.37	62.34	18.95	48.66	»	»	19.89	68.12	»	»
Pas-de-Calais	19.04	70.35	34.24	64.79	37.72	43.32	27.»»	72.»»	»	»	23.33	77.87
Puy-de-Dôme	13.39	73.03	20.40	59.83	22.47	40.18	18.»»	70.»»	17.82	56.62	»	»
Pyrénées (Bses)	17.15	70.42	17.46	63.14	19.85	52.81	20.39	74.10	16 77	58.56	15.98	63.38
Pyrénées (Htes)	18.88	68.79	20.20	62.25	22.48	50.16	20.21	71.39	16.70	53.85	17.30	74.69
Pyr.-Orientales	17.82	69.30	20.50	59.27	23.32	47.47	23.65	69.02	17.98	53.42	30.53	73.24
Rhin (Bas)	20.13	70.02	29.88	65.27	29.71	44.22	23.43	73.63	18.65	60.65	»	»
Rhin (Haut)	16.12	70.41	20.40	62.16	26.70	46.81	16.13	69.52	16.49	57.25	»	»
Rhône	13.95	70.10	21.13	61.93	22.64	42.58	25.08	68.62	16.25	58.62	»	»
Saône (Haute)	14.97	73.03	16.49	60.27	22.28	43.09	13.84	71.71	17.30	59.67	19.44	74.31
Saône-et-Loire	13.23	71.»»	16.72	61.91	20.68	45.42	20.82	70.32	17.85	54.92	22.55	69.45
Sarthe	13.04	72.32	16.70	63.65	17.30	48.12	11.72	71.27	12.83	57.23	»	»
Savoie	18.90	71.28	20.73	59.69	17.71	44.97	24.35	72.90	13.55	56.74	»	»
Savoie (Haute)	13.74	70.24	17.82	57.84	21.05	45.99	21.66	68.36	15.70	53.73	10.»»	60.»»
Seine	24.17	72.33	32.»»	63.52	48.81	45.73	»	»	»	5.»»	11.30	65.»»
Seine-Infér.	19.60	71.»»	21 14	64.50	31.97	46.19	»	»	18.50	60.»»	»	»
Seine-et-Marne	18.97	70.98	19.39	61.66	32.33	45.45	»	»	16.38	60.»»	»	»
Seine-et-Oise	21.68	72.55	24.66	63.15	35.92	46.96	»	»	20.20	57.»»	»	»
Sèvres (Deux)	16.34	68.24	15.63	64.09	20.65	48.69	18.28	68.60	20.65	56.94	22.29	64.83
Somme	20.42	70.25	26.14	58.92	33.27	44.95	»	»	14.66	58.05	»	»
Tarn	12.32	72.30	18.72	59.77	16.40	48.80	16.11	72.26	10.10	53.37	9.80	72.30
Tarn-et-Garonne	14.80	69.38	17.73	61.40	19.60	48.88	13 87	73.68	»	»	23.35	65.»»
Var	12.20	69.52	13.81	63.»»	17.76	51.45	30.»»	80.»»	»	»	»	»
Vaucluse	10.57	67.53	17.69	56.45	20.50	49.08	19.30	79.35	11.»»	50.50	30.»»	50.»»
Vendée	16.03	70.35	17.40	60.25	21.94	48.07	16.22	73.90	16.94	55.72	14.67	65.40
Vienne	15.84	71.49	13.39	64.30	18.03	45.80	21.57	68.63	16.02	55.32	»	»
Vienne (Haute)	12.75	72.90	17.25	65.44	19.45	43.81	12.74	71.68	19.47	60.71	12.»»	77.»»
Vosges	16.58	71.47	17.28	59.86	21.42	42.25	18.»»	75.»»	20.30	61.08	»	»
Yonne	13.83	71.»»	15.84	59.64	19.19	45.68	»	»	14.14	58.64	20.»»	63.»»

Du rendement des récoltes céréales en paille.

Le rendement d'une céréale en paille est indépendant du rendement en grain. Une forte production en paille peut coïncider avec un faible rendement en grain et réciproquement.

Les rendements en paille varient également avec toutes les circonstances climatériques et autres qui ont pu influer sur sa végétation. Il y a aussi les conditions dans lesquelles la moisson s'est faite : une céréale coupée à la faux donne plus de paille qu'une autre coupée à la faucille.

Quand les printemps sont humides et sur des terres argileuses et fraîches, les céréales donnent toujours beaucoup de paille relativement au grain.

Dans le tableau qui suit et qui indique les rendements en paille dans chaque département et par nature de récolte céréale, les chiffres sont tirés de la dernière statistique décennale.

DÉPARTEMENTS	FROMENT D'HIVER	FROMENT DE PRINTEMPS	EPEAUTRE	MÉTEIL	SEIGLE	ORGE	AVOINE	MAIS	SARRASIN	MILLET
	Produit moyen par hectare.	Produit moyen par hectare.	Produit moyen par hectare.	Produit moyen par hectare.	Produit moyen par hectare.	Produit moyen par hectare.	Produit moyen par hectare.	Produit moyen par hectare.	Produit moyen par hectare.	Produit moyen par hectare.
	Kilos.	Kilos.	Kilos.	Kilos.	Kilos.	Kilos.	Kilos.	Kilos.	Kilos.	Kilos.
Ain............. .	2.040	2.390	900	2.370	2.290	1.370	1.500	1.010	820	1.310
Aisne....	3.680	3.050	2.570	3.530	3.060	2.350	2.750	2.500	1.300	»
Allier.............	2.100	2.040	»	760	1.740	1.530	1.370	670	1.330	»
Alpes (Basses)....	840	1.280	600	960	1.110	640	790	1.200	»	»
Alpes (Hautes)..	1.140	1.770	890	1.360	1.790	1.770	1.500	»	»	»
Alpes-Maritimes ..	845	850	650	1.100	1.610	750	800	550	1.000	»
Ardèche	1.040	1.270	740	1.080	1.430	1.310	1.400	780	620	425
Ardennes	3.120	2.730	2.450	3.080	2.910	2.150	2.330	»	1.160	»
Ariège..	1.780	1.890	1.330	2 020	1 830	1.410	1.450	2 420	1.810	1.520
Aube	2.080	1.640	»	2.280	1.930	1.320	1.370	»	710	»
Aude...........	1.780	»	1.170	1.340	1.820	1.800	1.520	920	980	680
Aveyron.........	1.400	1.800	1.000	1.310	1.260	930	1.260	330	1.280	»
Bouches-d.-Rhône	1.820	»	1.390	1.650	1.880	2.430	3.110	2.470	»	»
Calvados.........	2.370	2.570	»	1.640	2.200	1.620	1.640	»	1.230	»
Cantal	1.480	1.130	»	1.690	1 700	1.300	1.490	500	1.130	1.200
Charente.........	1.220	1.000	870	1.210	1.350	830	1.090	450	500	1.260
Charente-Infér ...	1.140	600	910	920	1.130	870	740	890	»	680
Cher............	1.350	1.140	970	1.290	1.490	950	1.070	300	590	»
Corrèze.........	1.290	1.150	»	1.270	1.540	1.090	960	580	1.140	»
Corse...........	790	730	»	580	900	730	1.460	1.090	»	»
Côte-d'Or........	1.470	1.350	1.100	1.290	1.400	1.000	1 010	1.640	890	2.000
Côtes-du-Nord ...	1.930	2.200	»	2.370	2.710	2.180	2.190	»	1.830	»
Creuse	1.510	1.340	»	»	1.450	1.080	1.100	800	900	2.600
Dordogne........	1.260	2.370	890	1.630	1.550	1.410	1.570	1.870	940	600
Doubs	2.240	2.090	1.700	2.160	2.100	1.670	1.980	870	1.330	»
Drôme	1.380	670	760	1.280	1.230	960	1.030	1.450	810	»
Eure........	3.020	2.300	»	2.570	2.540	1.420	1.890	»	1.760	»

DÉPARTEMENTS	FROMENT D'HIVER Produit moyen par hectare.	FROMENT DE PRINTEMPS Produit moyen par hectare.	ÉPEAUTRE Produit moyen par hectare.	MÉTEIL Produit moyen par hectare.	SEIGLE Produit moyen par hectare.	ORGE Produit moyen par hectare.	AVOINE Produit moyen par hectare.	MAÏS Produit moyen par hectare.	SARRASIN Produit moyen par hectare.	MILLET Produit moyen par hectare.
	Kilos.	Kilos.	Kilos.	Kilos.	Kilos.	Kilos.	Kilos.	Kilos.	Kilos.	Kilos.
Eure-et-Loire ...	22.30	2.550	»	2.860	2.640	1.790	1.650	»	1.790	»
Finistère.........	3.160	3.200	»	2.960	3.580	2.840	3.200	»	1.990	»
Gard.............	1.540	1.800	1.300	1.460	1.320	1.520	1.260	1.160	890	1.870
Garonne (Haute).	1.560	»	»	1.620	1.940	1.420	1.520	1.790	930	660
Gers.............	994	»	810	880	1.140	740	770	700	700	550
Gironde	1.420	»	»	1.070	1.450	2.280	1.420	1.650	470	520
Hérault..........	1.940	»	»	1.410	2.630	2.460	2.060	680	»	»
Ille-et-Vilaine....	81.40	1.800	»	1.390	2.030	1.280	1.490	»	1.450	»
Indre............	1.260	1.160	1.030	1.100	1.450	860	900	1.490	1.120	»
Indre-et-Loire....	1.270	900	»	1.140	1.720	890	900	700	550	600
Isère	1.630	1.700	2.040	1.740	2.080	1.450	1.540	970	920	670
Jura.............	1.850	2.330	»	1.660	1.930	1.370	1.450	1.560	1.200	»
Landes	1.380	890	»	2.100	1.020	900	1.270	960	500	830
Loir-et-Cher.....	1.870	1.600	1.200	1.730	1.240	1.060	1.290	1.300	870	»
Loire	1.920	1.590	»	1.600	1.540	1.040	1.070	1.200	740	»
Loire (Haute)	1.980	2.310	1.180	1.910	2.200	2.400	2.060	»	1.450	»
Loire-Inférieure..	1.680	1.360	2.000	1.660	1.990	1.070	1.840	1.000	1.350	1.480
Loiret	2.500	2.300	1.960	2.130	1.940	1.430	1.550	1.500	690	1.000
Lot.............	890	700	500	1.060	1.150	820	710	1.320	640	»
Lot-et-Garonne...	1.490	1.500	1.200	1.560	1.600	1.390	1.410	680	1.000	1.000
Lozère...........	1.050	»	»	1.000	900	1.040	870	840	770	1.200
Maine-et-Loire ..	1.710	1.200	650	1.450	1.730	1.330	1.420	640	1.490	1.130
Manche..........	2.120	1.490	2.400	2.190	1.970	1.750	1.700	»	1.220	»
Marne	2.500	2.480	2.870	2.420	2.100	1.540	1.490	»	980	»
Marne (Haute) ...	1.420	»	1.200	1.580	1.430	960	1.070	»	960	»
Mayenne.........	2.250	1.890	»	2.370	2.280	1.650	1.680	»	1.460	»
Meurthe.... ...	2.290	2.180	2.000	2.460	2.380	1.580	1.780	2.140	1.470	»
Meuse	2.090	»	»	2.250	1.840	1.430	1.550	»	500	»
Morbihan	2.060	2.230	»	1.740	2.410	2.000	2.610	1.260	1.980	1.960
Moselle..........	2.220	1.570	1.220	3.000	2.730	1.780	1.830	1.430	1.460	1.600
Nièvre...........	1.430	1.410	»	1.390	1.500	1.160	1.290	1.730	1.430	1.050
Nord	3.690	2.990	3.670	3.810	3.510	3.100	3.340	»	1.850	1.810
Oise	3.660	2.530	4.020	3.390	3.120	1.600	2.340	»	2.480	»
Orne............	2.400	1.720	1.640	2.480	2.860	1.760	1.770	»	1.640	»
Pas-de-Calais....	3.400	2.810	3.460	2.960	3.190	2.500	2.530	700	»	4.930
Puy-de-Dôme	1.860	1.240	1.500	2.200	1.670	1.580	1.580	600	1.280	»
Pyrénées (Basses).	1.690	1.670	»	1.690	2.130	1.800	1.770	1.090	1.200	1.420
Pyrénées (Hautes).	1.840	2.510	2.430	2.030	2.330	1.520	1.720	2.160	830	960
Pyrénées-Orient..	1.690	1.320	1.230	1.550	1.680	1.370	1.360	890	1.050	1.960
Rhin (Bas).......	2.660	1.840	2.590	2.870	2.690	2.340	1.920	1.850	840	»
Rhin (Haut)......	2.290	2.230	2.130	2.470	2.170	1.750	2.060	1.550	1.690	»
Rhône............	1.870	1.290	1.030	1.840	1.600	2.100	1.890	1.420	1.360	»
Saône (Haute)....	1.850	1.730	»	1.960	2.050	1.070	1.290	1.180	1.480	1.100
Saône-et-Loire ...	1.700	1.510	500	1.340	1.590	1.060	1 430	1.500	1.220	1.470
Sarthe...........	2.200	1.790	1.840	2.580	1.900	1.680	1.400	720	950	»
Savoie...........	2.450	»	2.490	2.210	2.540	2.100	2.210	1.860	1.190	»
Savoie (Haute) ...	1.700	1.090	1.780	1.620	1.740	1.280	1.910	1.100	970	1.500
Seine............	4.680	4.500	»	4.300	4.330	3.300	3.410	»	»	1.600
Seine-Inférieure..	3.190	2.440	2.700	3.050	3.300	2.110	2.880	»	1.020	»
Seine-et-Marne...	3.080	2.300	1.100	2.250	2.350	1.380	2.020	»	1.640	»
Seine-et-Oise	3.550	2.840	2.220	3.290	3.050	1.980	2.470	»	790	»
Sèvres (Deux).. .	1.780	960	2.050	1.460	1.860	1.280	1.400	620	1.630	1.140
Somme	3.610	2.770	3.760	3.750	3.540	2.080	2.390	»	1.310	»
Tarn......	1.510	2.000	1.600	1.900	2.090	1.160	1.300	1.570	1.370	1.900
Tarn-et-Garonne..	1.500	»	1.550	2.270	1.590	1.030	1.060	860	»	1.550
Var.............	1.340	»	800	1.410	1.270	1.160	1.330	580	»	»
Vaucluse.........	1.670	2.300	600	1.290	1.380	1.140	1.850	1.000	720	620
Vendée	1.660	»	»	1.560	1.760	900	1.250	1.530	1.760	1.080
Vienne...........	1.350	1.020	1.200	1.500	1.840	990	1.130	1.390	1.350	»
Vienne (Haute)...	1.710	1.250	»	2.300	1.720	1.530	1.390	1.500	1.520	840
Vosges	2.400	2.460	1.900	2.300	2.310	1.430	1.330	1.200	1.650	680
Yonne...........	1.990	2.360	1.970	1.790	1.730	1.010	1.330	»	1.250	»

De la valeur relative des pailles.

Les pailles ont des valeurs variables suivant les pays et les usages auxquels on les emploie.

Dans un pays, certaines pailles sont estimées comme fourrage, et dans d'autres on ne s'en sert que pour litière.

Dans le Midi, la paille d'orge est la nourriture par excellence des chevaux. Dans le Nord, on ne lui reconnaît que peu de valeur pour la nourriture des bestiaux. De même de la paille d'avoine, qui prisée comme fourrage dans certaines contrées, ne sert que comme litière dans d'autres.

La paille de blé, considérée généralement comme la meilleure pour les bestiaux, est bien moins riche en principes nutritifs que les pailles de maïs, de pois, de millet et de lentille.

La paille d'avoine convient fort aux moutons et pas aux vaches laitières.

La paille de seigle est employée pour la nourriture des bêtes à cornes et du mouton.

Les pailles ont encore des valeurs marchandes relatives suivant qu'elles ont été battues au fléau, à la machine ou dépiquées.

Les pailles vendues sur les marchés sont des pailles battues au fléau ou par des machines battant en long.

Les machines qui battent en travers froissent trop les pailles pour la vente. Ces pailles ne sont que meilleures comme fourrages.

Les pailles se vendent en bottes ou en vrac.

A Paris, on vend aux 104 bottes, du poids de 5 kilos — don de 4 bottes au cent.

Dans les campagnes, la paille se vend aux mille livres ou 500 kilos, à la charretée de 500 kilos ou 1,000 kilos, suivant les localités.

Pour mille livres ou 500 kilos, le don est de 25 kilos;

Pour deux mille livres ou 1,000 kilos, le don est de 50 kilos.

Il y a pour les pailles des mercuriales comme pour les grains.

Dans les campagnes le prix des pailles varie suivant leur nature.

	Prix faibles.	Prix forts.	Prix moyens.
	les 500 kilos ou 1,000 livres.		
Paille de froment, de méteil,	11 fr. —	26 fr. —	19 fr.
— d'épautre,	10	23	18
— de seigle,	11	30	19
— d'orge,	10	23	15
— d'avoine,	7	23	15
— de maïs, pour paillasse,	»	60 à	85
— — pour bestiaux,	5	30	15
— de sarrazin,	2 50	22	7
de millet	7 50	30	15

Des pailles et de leur emploi.

Les pailles en général servent :

Pour la nourriture des bestiaux,
 — fumier,
 — couverture,
 — paillasses,
 — paillassons,
 — la fabrication de chapeaux communs,
 — — de papier.

Paille de froment : sert surtout pour la nourriture des bestiaux, sert aussi pour litière, pour couverture des maisons, pour la fabrication de chapeaux, la confection de ruches et de chaises.

Paille de seigle : pour la fabrication de ruches, de couvertures, de chaises, de grands paniers à mettre le grain; sert pour litière. Inférieure comme litière, sert encore à faire les liens des gerbes et pour emballage.

Paille de l'orge : rarement utilisée dans l'industrie, est principalement employée à la nourriture des bestiaux.

Paille d'avoine : employée à la nourriture du bétail, fait une mauvaise litière. Les glumes d'avoine, appelées *balles*, servent à faire des traversins, des matelas pour les gens de la campagne, sert aussi pour emballage.

Paille de sarrasin : pour litière ou garnir les cours des fermes.

Paille de maïs : les feuilles servent pour fourrage, pour la fabrication du papier et pour paillasses.

Pailles employées pour liens.

La quantité de paille employée à la liure des récoltes forme entre la quarantième et la cinquantième partie de celle-ci. De préférence on emploie la paille de seigle. Avec une gerbée de seigle de 12 kilos, on peut faire 100 liens.

Lorsque l'on prend directement sur le champ, en arrachant des poignées pour faire des liens, on perd une certaine quantité de grains, qui se détachent pendant les manipulations.

Évaluation des récoltes céréales.

Par le nombre des gerbes récoltées :

Les cultivateurs ont l'habitude, le plus souvent, d'évaluer leurs récoltes céréales par le nombre de gerbes obtenu. Il est rare qu'un cultivateur ne sache pas la quantité de gerbes des différentes céréales qu'il a récolté sur l'ensemble de son exploitation et par sole.

Lorsque l'usage n'est pas, dans la localité, de compter à l'hectare, on ramène à cette mesure la mesure locale, et, en divisant le nombre de gerbes accusé par le nombre d'hectares ensemencés, on obtient le nombre de gerbes pour chaque hectare de récolte.

Dans les environs de Paris, on récolte à l'hectare.

Années moyennes :

en blé,	500 à	600	gerbes du poids	de 9 à 11 kil.	
seigle,	450 à	550	---	—	de 9 kil.
avoine,	600 à	700	—	—	de 6 kil.
orge,	600 à	700	—	—	de 6 kil.
sarrasin,	1,000 à	1,200	—	—	de 4 kil.

Si l'on veut se rendre compte que la quantité des gerbes déclarées pour une récolte céréale, se trouve dans la proportion ordinaire avec les rendements moyens donnés par la statistique, on se reporte aux tableaux des rendements (grains et paille) par département. En regard de chaque département, on a le produit moyen en hectolitres et le poids moyen de l'hectolitre ; — multipliant ces deux chiffres l'un par l'autre, on obtient le poids total du grain, qui, augmenté du rendement moyen en paille (trouvé au deuxième tableau), donne un total que l'on n'a plus qu'à diviser par le poids moyen des gerbes, pour avoir le nombre de gerbes récoltées à l'hectare.

Exemple. Département de Seine-et-Oise :

Blé à l'hectare : 23 hect. 93 ; poids moyen de l'hect. : 77 kil.
23 hect. 93 × 77 = 1,843 kil.
Rendement en paille.. 3,550 kil.

Total. .. 5,393 : 10 kil. (poids de la gerbe)=539 g.

Le poids des gerbes de blé varie, pour toute la France, de 5 à 25 kilos.

Évaluation du grain (blé) par le nombre de gerbes récoltées.

Les cultivateurs qui, au moment de la récolte, ne veulent avoir qu'une approximation, se rendent compte de ce qu'ils obtiendront en blé, en divisant le total des gerbes par le nombre de gerbes qu'il faut, d'habitude, pour donner un hecto-litre de grain.

Dans les environs de Paris, on calcule qu'il faut, années ordinaires, de 20 à 25 gerbes (30 les mauvaises), du poids moyen de 10 kilos, pour obtenir un hectolitre de grain.

Dans les autres parties de la France, le chiffre diviseur devra varier avec le poids des gerbes.

ÉVALUATION DU GRAIN ET DE LA PAILLE, ÉTANT DONNÉ LE NOMBRE DES GERBES ET LEUR POIDS

Rapports des pailles aux grains des céréales.

	Suivant Auteurs.	Produits admis dans la pratique.				
Froment	:: 250 : 100	2	à 2 fois 1/2 le poids du grain.			
Seigle	:: 250 : 100	2	2	1/2	—	—
Orge	:: 150 : 100	1	1	1/2	—	—
Avoine	:: 200 : 100	1 1/2	2		—	—
Sarrasin	:: 1500 : 100	1 1/2	2		—	—
Maïs	:: 250 : 100	2	2	1/2	—	—

Ainsi, un hectare qui produirait 20 hectol. ou 1,600 kil. (à raison de 80 kil. l'hectol.), donnera, en moyenne en paille :

$$100 : 250 :: 1,600 : X = 4,000 \text{ kil.}$$

Sur une terre produisant en moyenne 25 hectol. de froment, on peut obtenir les produits suivants :

	Grains.		Paille.
Froment..	25 hect. = 2,000 kilos.	—	5,000 kilos.
Seigle	30	2,300	4,500
Orge	35	2,200	3,300
Avoine ...	35	1,800	3,600

Aux environs de Paris, 100 kilos de gerbes donnent :

	en grains.	en paille.
Pour le blé :	34 %	66 %
— le seigle :	34 %	66 %
— l'orge :	45 %	55 %
— l'avoine :	40 %	60 %

Le tableau qui suit, donne les proportions de grains et de paille pour chaque département. Il a été dressé au moyen des tableaux de rendement (grains et pailles) de la statistique décennale.

DÉPARTEMENTS	FROMENT D'HIVER		FROMENT DE PRINTEMPS		MÉTEIL		SEIGLE		ORGE		AVOINE	
	Grain.	Paille.	Grain.	Paille.	Grain.	Paille.	Grain.	Paille.	Grain.	Paille.	Grain.	Paille.
Ain	34 %	66 %	36 %	64 %	30 %	70 %	32 %	68 %	38 %	62 %	38 %	62 %
Aisne	30	70	33	67	30	70	30	70	38	62	36	64
Allier	35	65	36	64	53	47	34	66	40	60	36	64
Alpes (Basses).	50	50	45	55	45	55	45	55	55	45	41	59
Alpes (Haute).	43	57	40	60	37	63	40	60	35	65	30	70
Alpes marit...	52	48	55	45	45	55	37	63	45	55	54	46
Ardèche	49	51	48	52	45	55	39	61	45	55	35	65
Ardennes.....	29	71	32	68	29	71	29	71	37	63	34	66
Ariège........	37	63	40	60	36	64	37	63	50	50	35	65
Aube	36	64	43	57	35	65	34	66	45	55	36	64
Aude........	39	61	»»	»»	34	66	40	60	40	60	40	60
Aveyron......	38	62	33	67	38	62	40	60	48	52	36	64
Bouch.-du-Rh.	40	60	»»	»»	38	62	37	63	40	60	28	72
Calvados	36	64	31	69	40	60	34	66	46	54	39	61
Cantal........	39	61	50	50	39	61	38	62	46	54	29	71.
Charente	40	60	43	57	39	61	38	62	49	51	39	61
Charente-Inf..	46	54	50	50	46	54	34	66	50	50	49	51
Cher.........	45	55	46	54	44	56	40	60	50	50	40	60
Corrèze	43	57	49	51	41	59	38	62	46	54	40	60
Corse	51	49	60	40	51	49	47	53	51	49	35	65
Côte-d'Or.....	40	60	45	55	40	60	40	60	50	50	40	60
Côtes-du-Nord	36	64	32	68	37	63	34	66	40	60	34	66
Creuse	36	64	38	62	»»	»»	36	64	43	57	34	66
Dordogne	39	61	35	65	35	65	35	65	37	63	34	66
Doubs........	34	66	36	64	34	66	34	66	43	57	33	67
Drôme	43	57	50	50	40	60	40	60	54	46	38	62
Eure.........	32	68	35	65	32	68	32	68	43	57	40	60
Eure-et-Loire.	32	68	34	66	31	69	31	69	44	56	40	60

DÉPARTEMENTS	FROMENT D'HIVER		FROMENT DE PRINTEMPS		MÉTEIL		SEIGLE		ORGE		AVOINE	
	Grain.	Paille.	Grain.	Paille.	Grain.	Paille.	Grain.	Paille.	Grain.	Paille.	Grain.	Paille.
Finistère	30 %	70 %	30 %	70 %	29 %	71 %	25 %	75 %	36 %	64 %	29 %	71 %
Gard	40	60	32	68	37	63	40	60	49	51	48	52
Garonne (Hte).	46	54	»»	»»	43	57	48	52	48	52	45	55
Gers	52	48	»»	»»	52	48	43	57	55	45	55	45
Gironde	45	55	»»	»»	40	60	44	56	25	75	45	55
Hérault	38	62	»»	»»	38	62	27	73	37	63	33	67
Ille-et-Vilaine.	39	61	38	62	42	58	34	66	50	50	40	60
Indre	44	56	44	56	44	56	39	61	45	55	44	56
Indre-et-Loire	44	56	50	50	46	54	35	65	42	58	43	57
Isère	40	60	38	62	39	61	35	65	45	55	38	62
Jura	38	62	31	69	37	63	32	68	42	58	40	60
Landes	40	60	45	55	35	65	40	60	50	50	40	60
Loir-et-Cher..	39	61	37	63	35	65	34	66	45	55	37	63
Loire	32	68	36	64	38	62	34	66	47	53	39	61
Loire (Haute).	36	64	34	66	34	66	30	70	36	64	34	66
Loire-Infér...	42	58	44	56	43	52	36	64	50	50	36	64
Loiret	34	66	35	65	34	66	34	66	43	57	37	63
Lot	46	54	55	45	43	57	40	60	48	52	49	51
Lot-et-Garonne	45	55	45	55	43	57	37	63	48	52	43	57
Lozère	40	60	»»	»»	39	61	40	60	44	56	36	64
Maine-et-Loire	43	57	50	50	40	60	38	62	48	52	42	58
Manche	34	66	40	60	34	66	35	65	40	60	38	62
Marne	34	66	36	64	33	67	32	68	45	55	38	62
Marne (Haute)	39	61	»»	»»	38	62	39	61	48	52	43	57
Mayenne	37	63	39	61	34	66	37	63	45	55	40	60
Meurthe	35	65	35	65	35	65	35	65	45	55	37	63
Meuse	34	66	»»	»»	32	68	34	66	45	55	37	63
Morbihan	36	64	34	66	39	61	32	68	40	60	31	69

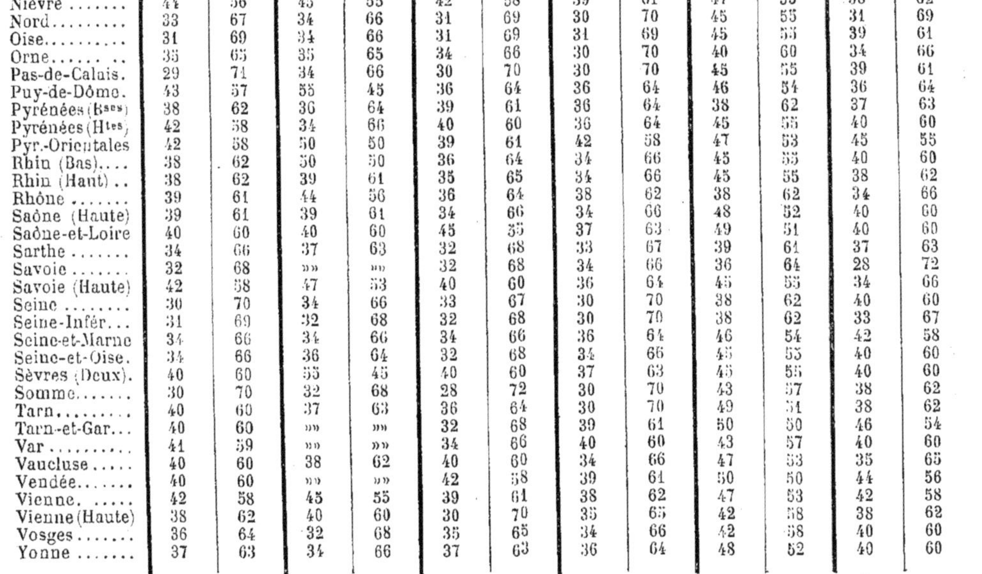

DÉPARTEMENTS	FROMENT D'HIVER		FROMENT DE PRINTEMPS		MÉTEIL		SEIGLE		ORGE		AVOINE	
	Grain.	Paille.	Grain.	Paille.	Grain.	Paille.	Grain.	Paille.	Grain.	Paille.	Grain.	Paille.
Moselle	37 %	63 %	42 %	58 %	32 %	68 %	32 %	68 %	45 %	55 %	38 %	62 %
Nièvre	44	56	45	55	42	58	39	61	47	53	38	62
Nord	33	67	34	66	31	69	30	70	45	55	31	69
Oise	31	69	34	66	31	69	31	69	45	55	39	61
Orne	35	65	35	65	34	66	30	70	40	60	34	66
Pas-de-Calais.	29	71	34	66	30	70	30	70	45	55	39	61
Puy-de-Dôme.	43	57	55	45	36	64	36	64	46	54	36	64
Pyrénées (Bses)	38	62	36	64	39	61	36	64	38	62	37	63
Pyrénées (Htes)	42	58	34	66	40	60	36	64	45	55	40	60
Pyr.-Orientales	42	58	50	50	39	61	42	58	47	53	45	55
Rhin (Bas)	38	62	50	50	36	64	34	66	45	55	40	60
Rhin (Haut) ..	38	62	39	61	35	65	34	66	45	55	38	62
Rhône	39	61	44	56	36	64	38	62	38	62	34	66
Saône (Haute)	39	61	39	61	34	66	34	66	48	52	40	60
Saône-et-Loire	40	60	40	60	45	55	37	63	49	51	40	60
Sarthe	34	66	37	63	32	68	33	67	39	61	37	63
Savoie	32	68	»»	»»	32	68	34	66	36	64	28	72
Savoie (Haute)	42	58	47	53	40	60	36	64	45	55	34	66
Seine	30	70	34	66	33	67	30	70	38	62	40	60
Seine-Infér...	31	69	32	68	32	68	30	70	38	62	33	67
Seine-et-Marne	34	66	34	66	34	66	36	64	46	54	42	58
Seine-et-Oise.	34	66	36	64	32	68	34	66	45	55	40	60
Sèvres (Deux).	40	60	55	45	40	60	37	63	45	55	40	60
Somme	30	70	32	68	28	72	30	70	43	57	38	62
Tarn	40	60	37	63	36	64	30	70	49	51	38	62
Tarn-et-Gar...	40	60	»»	»»	32	68	39	61	50	50	46	54
Var	41	59	»»	»»	34	66	40	60	43	57	40	60
Vaucluse	40	60	38	62	40	60	34	66	47	53	35	65
Vendée	40	60	»»	»»	42	58	39	61	50	50	44	56
Vienne	42	58	45	55	39	61	38	62	47	53	42	58
Vienne (Haute)	38	62	40	60	30	70	35	65	42	58	38	62
Vosges	36	64	32	68	35	65	34	66	42	58	40	60
Yonne	37	63	34	66	37	63	36	64	48	52	40	60

Les rapports indiqués dans le tableau ci-dessus sont fort variables. Ils sont la conséquence des climats, des sols et des modes de récoltes adoptés.

Ainsi, dans les départements où on laisse des chaumes sur le sol — chaumes appelés suivant les localités : chaumets, étaules, buailles, gloux ou gluis — la quantité de paille rentrée en gerbe est forcément moins considérable.

Les chaumes laissés au moment de la moisson et que l'on vient recouper deux ou trois mois après pour en faire de la litière, doivent, suivant les usages de certaines localités, avoir des hauteurs variables: de 0^m,10 à 0^m,50, ou du 1/3 au 2/3 de la hauteur de la paille.

Travaux de culture concernant les céréales exécutés dans une journée.

Labour à plat : (9 à 10 heures de travail).

Sol compact avec chevaux 40 ares, avec bœufs 25 ares.

— moyen	— 50	— 33	—
— léger	— 60	— 40	—
Labour en billons	— 65	— 50	—
1er labour en jachère	— 30	— 25	—
2e — —	— 40	— 33	—
3e — —	— 50	— 40	—
Labour de semailles	— 45	— 35	—
Labour avec le bisoc	— 80	— 70	—
Labour avec l'extirpateur, 5 socs, 150	— »	—
— — 7 socs, »	— 200	—
Labour avec le scarificateur, 2 chev., 150	— »	—
— — 3 — 200	— »	—

Hersage : exécuté sur sol labouré 200 ares.

—	sur semaille	150	—
—	sur un sol argileux	125	—
—	sur un sol moyen	200	—
—	— léger	300	—
répété 2 fois —		150	—
— 3 fois —		80	—
— 4 fois —		60	—

Roulage : rouleau uni de 1ᵐ,50 de long, 4 hectares.
    —   —   2ᵐ   —   6   —
    Crosskill, de 11 à 13 disques 3   —

Binage : une houe à cheval bine par jour, 150 ares.

Semailles : à la volée, froment, orge, avoine, 3 hect. 15 à 3 h. 75
    — semence répandue à
        2 mains,   4   50   5 hect.
    au semoir : à 5 socs,   1   25
    — à 7 socs,   1   75

Moisson : un ouvrier coupe par jour :
    à la faucille, 18 à 20 ares de céréales ;
    à la faux,   40 à 60   —
    à la sape,   30 à 40   —
Un bon faucheur coupe par jour : en blé, jusqu'à 50 ares ;
        orge,   — 40 —
        avoine,   — 60 —
Avec moissonneuse,   par jour, 2 à 3 hectares
Avec moissonneuse-lieuse Osborne,
    avec deux attelées par jour, 4 à 5   —

Liage : avec une gerbée de seigle du poids moyen de 12 kilos
on peut faire 100 liens.
Un homme fait par jour de   500 à 1,000 liens tordus.
    —   —   de 1,000 à 1,500 — à boucles.
Avec des liens préparés à l'avance, un ouvrier, aidé par une
femme et un enfant, peut lier et mettre en dizeaux, par jour :
    Blé,   600 à 700 gerbes de 12 à 15 kilos.
    Avoine, 500 à 600   —   —
    Orge,   500 à 600   —   —

Rentrée des gerbes : un homme par jour :
    charge sur une voiture de 600 à 800 gerbes,
    décharge en grange de   400 à 500 —
Un ouvrier, dans les granges ou devant des meules, dans
une heure, peut élever 190 gerbes du poids de 10 kilos.

Prix de revient des travaux divers exécutés
par les ouvriers.

Chargement de terre (le tombereau),   de 0 f. 20 à 0 f. 25
Remuage de terres-compostes (le mètre cube),   0   25

Épandage de terres (le tombereau de 12 à 15 hect.),　0 f. 15

Nettoyage de rigoles (le mètre courant),　0　25

Ramassage de pierres dans les champs (le m. cube),

1 f. 50 à 1　75

Chargement d'un tombereau de pierres,　0　25

Cassage des pierres sur routes (le mètre cube, suivant grosseur)

1 f. 50 à 2　»

Labour : à 1 fer de bèche (l'are, suivant difficulté),

1 f. 50 à 2　»

　— à 2 fers　—　—　—　6　»

Défriché : à la bèche pour enlever le chiendent, l'are,　3　»

Moisson : l'hectare :

Blé : les prix varient selon la quantité et la verse, coupe, liage et mise en douziaux,　30 à 40　»

Seigle : mêmes conditions que pour le blé,　20 à 30　»

Avoine et orge : bonne récolte, de　20 à 30　»

　　　　récolte faible, de　12 à 15　»

La moisson avec les machines revient à l'hect., de 5 à 6　»

Le liage des récoltes seulement, à l'hectare, de　7 à 10　»

La fabrication des moyettes, à l'hectare,　10　»

La fabrication des liens revient, au mille, à　4　»

La rentrée des gerbes, aux environs de Paris, se fait généralement par des calvaniers, payés au mois ou à la journée, cette dernière revient à 5 fr.

Battage des grains.

Les battages se font au tonneau ou à la truie, pour le seigle destiné à faire des liens; au fléau, en plein air ou en grange ; au rouleau en bois ou en pierre, combiné avec le fléau; à l'aide du pied des chevaux, appelé alors *dépicage;* à l'aide de machines à battre à manège ou à vapeur.

Le battage au fléau en plein air se fait ordinairement à la journée, à raison de 2 fr. par jour, plus la nourriture. Dans ce cas, le battage d'un hectolitre revient à 1 fr. 50. Dans quelques localités on acccorde aux batteurs, pour leurs salaires, un dizième ou un onzième du blé battu.

Le battage au fléau en grange se fait à la tâche et est payé

à raison de 1 fr. » à 1 fr. 25 par hectolitre de blé nettoyé,
— 0 30 à 0 40 — d'avoine,
— 0 50 à 0 60 — d'orge.

Les prix de revient varient forcément en raison du rendement et des difficultés que présente l'égrenage.

Un ouvrier peut battre par jour de 2 à 2 hect. 1/2 de blé,
— — — de 4 à 5 hect. d'avoine,
— — — de 3 à 3 hect. 1/2 d'orge.

Le battage au rouleau, soit seul, soit combiné avec le fléau, est un peu plus économique que le battage au fléau seul.

Avec un rouleau du poids de 900 kil., on peut battre 20 à 22 hect. en un jour.

Avec un rouleau du poids de 2,000 kil., on peut battre 28 à 30 hect. en un jour, et, dans ce dernier cas, le prix de l'hectolitre de blé battu et nettoyé descend à 0 fr. 77.

Du dépicage. Ce mode d'égrenage des céréales par les pieds des chevaux n'est usité que dans le Midi, notamment dans la Camargue et dans les Bouches-du-Rhône.

Les loueurs de chevaux pour dépicage, prennent 4 °/₀ du grain ; on est obligé de fournir les bras d'hommes. Avec le travail de 24 chevaux et celui de 15 hommes, ont peut battre dans une journée 5,918 gerbes, du poids moyen de 7 kil. 500, soit 5 hectolitres par journée de cheval.

Le prix de revient de l'hectolitre du grain battu est de 1 fr. 10 en moyenne.

Du battage à l'aide des machines à battre : Les batteuses fixes ou locomobiles, à manège ou à vapeur, se distinguent en machines qui battent en long et en machines qui battent en travers. Les premières brisent moins la paille et donnent un rendement en grain plus considérable. Une machine à battre en long, à manège de 2 chevaux, fournit en dix heures de travail de 35 à 40 hectolitres de blé non nettoyé. La même machine, avec 3 chevaux, produit 55 à 60 hectolitres de blé. Une machine à battre en travers et nettoyant le blé, avec 3 chevaux, produit 25 hectolitres de blé en dix heures.

Les machines à manège de 4 chevaux, battent ordinairement 300 gerbes à l'heure ou 7 hectolitres, soit 70 hectolitres en dix heures.

La même machine peut battre :
en seigle, 500 gerbes, ou 130 hectolitres,
avoine, 550 — ou 150 —

Une machine locomobile à vapeur, de la force de 4 à 6 chevaux, peut battre, en douze heures, de 150 à 350 hectolitres.

(Se reporter pour plus de détails sur les quantités battues par les machines, au chapitre qui donne leurs prix d'achat).

Les entrepreneurs de battage, qui parcourent les campagnes avec des locomobiles, traitent à la journée ou à prix débattu par hectolitre de récolte.

En Vendée, par exemple, à forfait, par jour, à raison de 100 fr.

à l'heure,   —   10
à l'hectol.,   —   0 f.50

Par suite de la concurrence, ces prix sont parfois abaissés.

Si le prix payé aux batteurs n'est que de 0 fr. 45 ou 0 fr 50 par hectolitre, le prix réel ou total n'arrive pas moins, par hectolitre, à revenir à 1 fr., le propriétaire ou le fermier étant tenu de nourrir tout le personnel nécessaire au battage.

Battage des graines de trèfle et luzerne à la machine :

Trèfle brut,   0 fr. 20 le kil. de graines.
   — ébourré, 0 fr. 15   —
Luzerne,   0 fr. 5   —

Déchets. — Menue-paille, après le battage :

Quelque soit le mode de battage employé, il reste toujours du grain dans la paille. La proportion varie avec la nature du blé et les circonstances dans lesquelles la récolte s'est faite.

Une très bonne machine laisse au plus 2 % de grain.
Une mauvaise machine laisse de 8 à 9 %   —
Le battage au fléau laisse jusqu'à   10 %   —

Pour les machines qui ne sont pas pourvues de tarare, ce travail supplémentaire revient à 0 fr. 20 par hectolitre.

Il est à noter que le poids des gerbes, quel qu'il soit, un fois celles-ci battues, ne se retrouve pas en son entier dans ceux du grain et de la paille réunis. Il se produit un déchet en menue paille, dont il y a à tenir compte, déchet variable suivant que la balle se détache plus ou moins facilement au moment du battage.

Pour les blés rouges, ce déchet peut être de	8 à	15 %		du	
— blancs, — —	12	25 %		poids	
— faucillés — —	5	7 %		des	
l'avoine, — —	10	15 %		gerbes.	
l'orge, — —	6	8 %			

100 kilos de gerbes donnent, en moyenne :

Grains,	25 kilos.
Paille,	70
Menue paille,	4
Déchet et perte,	1
	100 kilos.

Le grain avant de devenir marchand, subit également une perte en poids, par suite des diverses opérations de nettoyage, vannage, criblage, par lesquelles il doit passer avant d'arriver sur le marché et que l'on ne peut estimer à moins de 1 %.

Nettoyage des céréales dans les greniers :

Un ouvrier, aidé par une femme ou. un enfant, peut tararder par jour de 50 à 60 hectol. de froment.

Quand il repasse ce même grain au tarare, il nettoie 100 hectolitres.

Un ouvrier peut cribler par jour, avec un cylindre-trieur, de 25 à 30 hectol. de blé, à raison de 0 fr. 10 l'hectol., et de 0 fr. 15 l'hectol., quand il s'agit de blé de semence.

De la vente des céréales sur les marchés.

Maintes pétitions ont été adressées par les agriculteurs pour obtenir que la vente des grains se fasse sur tous les marchés aux 100 kilogrammes.

La Société centrale d'Agriculture, en 1872, approuvant les pétitions faites par le public agricole, fût d'avis que partout l'Administration ordonne l'établissement des mercuriales au quintal métrique.

Certaines mercuriales donnent les prix aux 100 kilogrammes ; mais les anciens usages ne se continuent pas moins. Il y a de nombreux marchés où l'on vend encore au volume. Ci-contre, indication des principaux marchés de France, avec leur mode de vente adopté pour les céréales.

BLÉ.

Vente au double-décalitre :

Auxerre, Bourg, Charlieu, Châteauroux, La Châtre, Le Blanc.
Lesneven (Finistère), au 55 kil.

Vente à l'hectolitre, sans désignation de poids.

Armantières, Avranches, Arras, Arles, Bourbourg, Beauvais, Bernay, Blois, Bourges Bléré, Béziers, Châteaurenault, Cherbourg, Carcassonne, Cormeilles, Condé-sur-Noireau, Conches, Dun-le-Roy, Deauville, Evreux, Flers, Gisors, Grenoble, Issoudun, Maintenon, Montoire, Mondoubleau, Mortagne, Melun, Noyan, Orbec, Péronne, Perpignan, Rambouillet, Saint-Omer, Saint-Marcellin, Saint-Germain-en-Laye, Tours.

Vente à l'hectolitre, pesant 77 kil.

Douai-la-Fontaine, Saumur, Loudun, Montdidier.

Vente à l'hectolitre, pesant 77 kil. 1/2

Avignon, Angers, Châteaugontier, Thénezay (Deux-Sèvres), Nantes, (suivant provenance).

Vente à l'hectolitre, pesant 78 kil.

Luçon (froment rouge), La Roche-sur-Yon, Nantes (suivant provenance), Avignon (blés blancs).

Vente à l'hectolitre, pesant 80 kil.

Avignon, Angoulême, Agen, Albi, Bordeaux, Castelnaudary, Dax, Figeac, Hennebont, Limoges, La Réole, Montauban, Montélimar, Marmande, Nantes, Ruffec, Toulouse, Vannes, Villefranche.
Valence : 81 kil. (1 kil. pour tare).

Vente aux 100 kil. ou au quintal.

Autun, Arcis-sur-Aube, Allais, Arras, Arnay-le-Duc, Breteuil, Bar-le-Duc, Beaune, Béziers, Bourg, Bourgoin, Bourbonne, Chambéry, Clermont, Compiègne, Clermont-Ferrand, Charleville, Château-Thierry, Châlons-sur-Marne, Châlon-sur-Saône, Côte-Saint-André, Dammartin, Dijon, Evron, Epinal, Gien, Gray, Grenoble, Guise, Gannat, Houdan, Issoudun, Lunéville, Le Mans, Lyon, Laval, Laon, Montdidier, Montargis, Melun, Moulins, Mâcon, Metz, Marans, Morlaix, Neufchâteau, Paris, Paimpol, Pithiviers, Pont-de-Veau, Pontrieux, Pont-à-Mousson, Quimper, Rouen, Reims, Rouvray, Saint-Quentin, Soissons, Sedan, Saint-Ménéhould, Saint-Dizier, Senlis, Sablé, Tréguier, Vesoul, Verdun, Vic-sur-Aisne, Villers-Cotterets.
Sézanne et Côte-d'Or à 101 kil. (1 kil. pour tare).

Vente aux 120 kil. ou 1 hectol. 1/2.

Angerville, Authon, Auneau, Bellesme, Dourdan, Chartres, Châteaudun, Etampes, La Loupe, Montargis, Melun, Patay, Pontoise, Nemours, Naugis, Sens, Troyes, Tonnerre, Versailles.

Vente aux 160 kil. ou aux 2 hectol.

Marseille (blés importés), Caen, Vimoutiers, Nîmes.

Vente aux 165 kil.

Rennes Dieppe, Auffray, Pont-Audemer, Routel (Eure).

Vente aux 200 kil. ou 2 hectol. 1/2.

Fécamp, Yvetot, Vernon, Yerville, Saint-Valéry, Caudebec, Bolbec (en résumé, dans toute la Seine-Inférieure).

MÉTEIL.

Vente au double-décalitre.

Châteauroux.

Vente aux 50 kilos.

Tréguier (Finistère).

Vente à l'hectolitre, pesant 75 kil.

Montluçon.

Vente à l'hectolitre, sans désignation de poids.

Abbeville, Avranches, Breteuil, Beauvais, Blois, Bléré, Bourges, Condé - sur - Noireau , Damville , Evreux, Flers, Grenoble, Issoudun, Les Andelys, Le Mans, Mâcon, Melun, Montargis, Péronne, Rambouillet, Sablé, Vierzon.

Angerville et Sens, à 115 kilos l'hectolitre.

Vente aux 120 kilos ou à l'hectol. 1/2.

Pontoise, La Loupe, Dourdan, Nemours.

SEIGLE.

Vente au double-décalitre.(

Auxerre, Bourg, Châteauroux, Charlieu, La Châtre, Le Blanc.

Vente à l'hectolitre, sans désignation de poids.

Abbeville, Les Andelys, Bléré, Bernay, Bourges, Bonneval, Beauvais, Blois, Béziers, Bar-sur-Aube, Cherbourg, Carcassonne, Condé-sur-Noireau, Doué, Dax, Evreux, Flers, Gisors, Issoudun, Louhans, Lille, Mortagne, Mondoubleau, Saint-Marcellin, Orbec, Saint-Omer, Pamiers, Péronne, Perpignan, Tours, Vierzon, Verneuil.

Vente à l'hectolitre, pesant 75 kilos.

Angers, Agen, Bordeaux, Dax, Charleville, Castelnaudary, Hennebont, Limoges, Marmande, Montauban, Montluçon, Maintenon, Nantes, La Réole, Ruffec, Toulouse, Vannes, Valenciennes.

Vente aux 100 kilos ou au quintal.

Arras, Autun, Arcis-sur-Aube, Arnay-le-Duc, Beauvais, Bar-le-Duc, Bourgoin, Compiègne, Côte-Saint-André, Châlon-sur-Saône, Chartres , Charleville , Clermont - Ferrand , Chambéry, Dijon, Saint-Dizier, Lyon, Laon, Lunéville, Gien, Guise, Epinal, Epernay, Moulins, Melun, Le Mans, Montélimard, Paris, Pithiviers , Pont-de-Veau, Quimper, Rouen, Reims, Ribemont, Soissons, Sedan, Senlis, Sablé, Vouziers.

Vente aux 115 kilos ou à l'hectolitre 1/2.

Auneau, Châteaudun, Brie-le-Comte, La Loupe, Provins, Pontoise, Nemours, Nangis, Méry-sur-Oise, Tonnerre, Troyes, Versailles, Paris.

Auxerre et Brienne, aux 116 kil.

Nemours et Sézanne, aux 121 kil.

Vente aux 150 kilos ou aux 2 hectolitres.

Dieppe, Caen, Vimoutier, Seine-Inférieure aux 200 kil.

AVOINE.

Vente au double-décalitre..

Bourg, Auxerre, Châteauroux, Charlieu, La Châtre, Roanne.

Vente à l'hectolitre, sans désignation de poids.

Abbeville, Les Andelys, Arras, Arles, Avranches, Bléré, Bernay, Bourges, Beauvais, Blois, Béziers, Bourbourg, Cherbourg, Carcassonne, Condé-sur-Noireau, Caen, Château-renault, Evreux, Epinal, Flers, Gisors, Grenoble, Mortagne, Maintenon, Péronne, Perpignan, Orbec, Tours, Tonnerre, Saint-Valéry, Saint-Omer, Vierzon, Valencienne.

Vente à l'hectolitre, pesant 50 kilos.

Agen, Angoulême, Albi, Bordeaux, Hennebont, Limoges, Luçon, Loudun, Lesneven, Montauban, Pamiers, Ruffec, Toulouse, Thénezay, Vannes.

Vente aux 100 kilos ou aux 2 hectolitres.

Arras, Arcis-sur-Aube, Angers, Autun, Alais, Bar-le-Duc, Bourgoin, Bar-sur-Aube, Beaune, Bourg, Béziers, Châlon-sur-Saône, Chartres, Charleville, Clermont - Ferrand, Compiègne, Caen, Château-Thierry, Castelnaudary, Dijon, Dun-le-Roi, Dieppe, Saint Diziers, Epinal, Figeac, Issoudun, Gien, Guise, Lyon, Laon, Laval, Lunéville, Moulins, Montélimar, Morlaix, Mâcon, Montluçon, Pont-de-Veau, Pithivers, Paimpol, Pontrieux, Rouen, Reims, Rennes, Nantes, Orléans, Tréguier, Soissons, Sedan, Saumur, Vesoul, Vouziers, Verdun, Versailles.

Marseille, aux 110 kil.

Vente au 150 kilos ou aux 3 hectolitres.

Nemours, Versailles, Paris, Pontoise, Sens, Nangis.

ORGES. ESCOURGEON.

Vente au double-décalitre.

Auxerre, Châteauroux, Le Blanc, La Châtre, Charlieu, Roanne.
Lesneven (Finistère), au 35 kil.
Tréguier — au 50 kil.

Vente à l'hectolitre, sans désignation de poids.

Abbeville, Arles, Les Andelys, Avranches, Bléré, Bernay, Bourges, Beauvais, Blois, Béziers, Bourbourg, Cherbourg, Carcassonne, Condé-sur-Noireau, Châteaudun, Evreux, Douai, Flers, Gisors, Grenoble, Issoudun, Louhans, Mortagne, Mondoubleau, Melun, Montauban, Maintenon, Rambouillet, Vierzon, Vernon, Verneuil.

Vente à l'hectolitre, réglé à 60 kil.

Castelnaudary, Luçon, Montauban, Toulouse, Villefranche.

Albi et Bergues à 61 kilos 49.

Vente à l'hectolitre, réglé à 65 kilos.

Châteaugontier, Laval, Loudun, Moulins, Nantes, Ruffec, Saumur.

Vente aux 100 kilos ou à l'hectol. 1/2.

Arras, Auneau, Autun, Amiens, Avignon, Bar-le-Duc, Beaune, Bourgoin, Chartres, Côte-Saint-André, Châlons-sur-Marne, Châlon-sur-Saône, Clermont-Ferrand, Dijon, Saint-Diziers, Epinal, Fécamp, Gray, Mondidier, Morlaix, Mâcon, Moulins, Montélimard, Marans, Nemours, Nîmes, Neufchâteau, Paris, Pontoise, Pontrieux, Pont-de-Veau, Rouen, Rennes, Reims, Soissons, Sedan, Sens, Sablé, Troyes, Tou nerre, Versailles, Vouziers, Vesoul, Verdun, Valence.

Auxerre, Etampes et Sézanne, aux 101 kil.

Vente aux 2 hectolitres.

Caen, Vimoutiers, sur presque tous les marchés de la Seine-Inférieure.

SARRASIN.

Vente au double-décalitre.

Bourg, Le Blanc, La Châtre.

Vente à l'hectolitre, sans poids convenu.

Avranches, Albi, Caen, Cherbourg, Flers, Grenoble, Louhans, Limoges, Luçon, Vierzon.

Hennebont, vente aux 50 kil.

Vente à l'hectolitre, pesant 65 kilos.

Luçon. Moulins, Nantes, La Roche-sur-Yon, Valence.

Agen, aux 31 kilos.

Vente aux 100 kilos ou au quintal.

Arnay-le-Duc, Arcis-sur-Aube, Châlon-sur-Saône, Châlons-sur-Marne, Chambéry, Côte-Saint-André, Dijon, Laon, Melun, Morlaix, Pont-de-Veau, Mâcon, Melun, Le Mans, Paris, (gare), Quimper, Rennes, Sablé. Soissons.

Vimoutiers (Orne), aux 2 hectol.

MAÏS.

Vente au double-décalitre.

Bourg, Charlieu, Roanne.

Vente à l'hectolitre, sans désignation de poids.

Carcassonne, Dax, Grenoble, Luçon, Louhans, Saint-Marcellin, Pamiers, Perpignan, Villefranche.

Vente à l'hectolitre, pesant 75 kilos.

Angers, Albi, Bordeaux, Dax, Castelnaudary, Angoulême, Montauban, Ruffec, La Réole, Saumur.

Vente aux 100 kilos ou au quintal.

Chambéry, Châlon-sur-Saône, Fécamp, Melun, Mâcon, Nîmes, Pont-de-Veau, Quimper, Sens.

Actuellement, dans beaucoup de localités, les cultivateurs, au lieu d'exposer leurs blés sur la place même du marché, selon les anciens usages, les offrent sur de petits échantillons, et, ainsi, vendeurs et acheteurs, s'évitent des frais inutiles, quand ils ne trouvent pas les prix à leur convenance.

Les prix des céréales varient naturellement chaque année, suivant l'abondance des récoltes. Ils sont réglés par les mercuriales locales, auxquelles il faut se reporter pour avoir les prix au cours du jour.

Table de réduction de la vente à la mesure à la vente au poids.

| Prix du froment : | | Prix des 100 kilos, le poids étant de : | | | Prix de la farine : | | Prix des 100 kilos de pain. |
l'hectol.	le double-décalitre.	l'hect. 70 k. le d.-déc. 14 kil.	l'hect. 75 k. le d.-déc. 15 kil.	l'hect. 80 k. le d.-déc. 16 kil.	les 100 kil.	le sac de 157 kil.	
12 »	2.40	17.14	15.90	15 »	18.94	29.74	17.10
12.50	2.50	17.85	16.66	15.62	»	»	»
13 »	2.60	18.57	17.33	16.25	20.26	31.80	18 »
13.50	2.70	19.28	18 »	16.85	»	»	»
14 »	2.80	20 »	18.66	17.50	21.57	33 87	19 »
14.50	2.90	20.71	19.33	18.12	»	»	»
15 »	3 »	21.42	20 »	18.75	24.21	38.01	21 »
15.50	3.10	22 14	20.66	19.37	»	»	»
16 »	3.20	22.85	21.33	20 »	25.52	40.07	22.50
16.50	3.30	23.57	22 »	20.62	»	»	»
17 »	3.40	24.28	22.66	21.25	26.84	42.14	23.50
17.50	3.50	25 »	23.33	21.87	»	»	»
18 »	3.60	25.71	24.08	22.50	28.15	44.20	24.40
18.50	3.70	26.42	24.66	23.12	»	»	»
19 »	3.80	27.14	25.34	23.75	30.78	48 33	26.27
19.50	3.90	27.85	26 »	24.37	»	»	»
20 »	4 »	28.57	26.66	25 »	32.10	50.40	26.50
20.50	4.10	29.28	27.33	25.62	»	»	»
21 »	4.20	30 »	28 »	26.25	33.42	52 47	28.16
21.50	4.30	30.71	28.66	26.87	»	»	»
22 »	4.40	31.42	29.33	27.50	35.50	56.63	29.50
22.50	4.50	32.14	30 »	28.12	»	»	»
23 »	4.60	32.85	30.66	28.75	37.36	58.66	30.10
23.50	4.70	33.57	31.33	29.37	»	»	»
24 »	4.80	34.28	32 »	30 »	38.68	60.73	31.80
24.50	4.90	35 »	32.66	30.62	»	»	»
25 »	5 »	35.71	33.33	31.25	39.99	62.79	32.85
25.50	5.10	36.42	34 »	31.87	»	»	»
26 »	5.20	37.14	34.67	32.50	40.81	63.84	33.45
26.50	5.30	37.85	35.33	33.12	»	»	»
27 »	5.40	38.57	36 »	34 »	42.63	66.93	34.76
27.50	5.50	39.28	36.66	34.37	»	»	»
28 »	5.60	40 »	37.33	35 »	45.26	71.06	36.57
28.50	5.70	40.71	38 »	35.62	»	»	»
29 »	5.80	41.42	38 66	36 25	46.57	73.12	37.60
29.50	5.90	42.14	39 33	36.87	»	»	»
30 »	6 »	42.85	40 »	37.50	48.20	75.50	38.65

Pour la réduction de la vente à la mesure à la vente au poids, il suffit de prendre le rapport de la mesure au poids ou du poids à la mesure et de les multiplier ou diviser l'un par l'autre.

Exemple : l'hectolitre de grains de 80 kilos est vendu 18 fr , combien les 100 kilos ? $\frac{100}{80}$ = 1 fr. 25 $\times$ 18 = 22 fr. 50.

100 kilos de grains sont vendus 22 fr. 50, combien l'hectolitre ? $\frac{80}{100}$ = 0 fr. 80 $\times$ 22 fr. 50 = 18 fr.

Table de réduction de la vente à la mesure à la vente au poids.

MAÏS

Prix de l'hectol.	Prix des 100 kilos, le poids étant :	
	l'hectol. 67 kil. 50	l'hectol. 70 kil.
9 »	13.33	12.84
9.50	14.07	13.57
10 »	14.81	14.28
10.50	15.55	15 »
11 »	16.29	15.71
11.50	17.03	16.42
12 »	17.77	17.14
12.50	18.51	17.85
13 »	19.29	18.87
13.50	19.99	19.28
14 »	20.73	20 »
14.50	21.47	20.71
15 »	22.21	21.42
15.50	22.95	22.14
16 »	23.69	22.85
16.50	24.44	23.57
17 »	25.18	24.28
17.50	25.92	25 »
18 »	26.66	25.71
18.50	27.40	26.42
19 »	28.14	27.14
19.50	28.88	27.85
20 »	29.62	28.57
20.50	30.37	29.28
21 »	31.11	30 »
21.50	31.85	30.71
22 »	32.59	31.42

ORGE

Prix de l'hectol.	Prix des 100 kilos, le poids étant :	
	l'hectol. 60 kil.	l'hectol. 65 kil.
7 »	11.66	10.76
7.50	12.50	11.53
8 »	13.33	12.30
8.50	14.16	13.07
9 »	15 »	13.84
9.50	15.83	14.61
10 »	16.66	15.38
10.50	17.50	16.15
11 »	18.33	16.92
11.50	19.56	17.70
12 »	20 »	18.46
12.50	20.83	19.23
13 »	21.66	20 »
13.50	22.50	20.76
14 »	23.33	21.53
14.50	24.16	22.30
15 »	25 »	23.07
15.50	25.83	23.84
16 »	26.66	24.61
16.50	27.50	25.38
17 »	28.33	26.15
17.50	29.16	26.92
18 »	30 »	27.70
18.50	30.83	28.46
19 »	31.66	29.23
19.50	32.50	30 »
20 »	33.33	30.76

AVOINE

Prix de l'hectol.	Prix des 100 kilos, le poids étant :	
	l'hectol. 40 kil.	l'hectol. 50 kil.
5 »	12.56	10 »
5.50	13.75	11 »
6 »	15 »	12 »
6.50	16.75	13 »
7 »	17.50	14 »
7.50	18.75	15 »
8 »	20 »	16 »
8 50	21.25	17 »
9 »	22.50	18 »
9.50	23.75	19 »
10 »	25 »	20 »
10.25	25.62	20.50
10.50	26.25	21 »
10.75	26.87	21.50
11 »	27.50	22 »
11.25	28.12	22.50
11.50	28.75	23 »
11.75	29.37	23.50
12 »	30 »	24 »
12.25	30.62	24.50
12.50	31.25	25 »
12.75	31.87	25.50
13 »	32.50	26 »
13.25	33.12	26.50
13.50	33.75	27 »
13.75	34.37	27.50
14 »	35 »	28 »

Ces deux tables peuvent servir à comparer le prix au poids et à la mesure d'autres espèces de grains, toutes les fois que le poids de ces grains est de 40, 50, 60, 65, 67, 50, 70, 75 ou de 80 kilos l'hectolitre, et que le prix de l'hectolitre varie entre 12 et 30 fr. pour la première, et 5 et 22 fr. pour la seconde.

PLANTES CULTIVÉES EN GRANDE CULTURE

Plantes légumineuses cultivées comme aliment pour les hommes et les animaux, et pour leurs tiges comme fourrages.

	Poids de l'hectol.	Semences par hectare		Rendements en grain minim. moyen maxim.			Paille ou fanes
	kil.	lit.		hectol.	hectol.	hectol.	kil.
Haricots...	77	150 à 200		11	20	29	2,300 à 3,000 de fanes sèches.
Féveroles........	80	100	300	10	24	40	2,°00 à 3,000 de paille.
Pois gris.... ...	79	125	200	13	15	25	2,900 à 4,600 de paille.
Vesces....	80	150	300	10	15	35	2,700 à 4,000
Gesses ou lentilles d'Espagne......	78	180	200	15	25	40	1,200 à 1,500
Lentilles	85	100	150	10	16	25	1,800 à 2,000 fourrage sec.
Pois chiches......	»	»	»		4 à 6		»

Plantes cultivées principalement pour leurs racines.

	Poids de l'hectol. de graines.	Semences par hectare.	Graines récoltées par hectare.	Rendements par hectare en racines.		en fourrages, feuilles.
Betteraves fourragères...	25 kil.	4 à 5 kil. en place.	25 kilos par 100 porte-graines.	17,000 à	100,000 kil.	11.000 kil.
Betteraves à sucre.	25			25,000	30,000	
Carottes...............	26	2 à 5 kil.	300 kilos.	20,000	65,000	8,000
				moyenne	45,000	
Panais ou Pastonade....	20	3 à 5 kil.	»	40,000	»	»
Navets , Turneps.	67	1 à 5 kil. en place.	14 kilos par 100 porte-graines.	20,000	50,000	»
Rutabagas...............	69	2 à 3 kil. en place.	»	40,000	80,000	14,000

	Poids de l'hectolitre ras.	comble.	Poids du mètre cube.		Valeur des 1000 kil.	
Betteraves fourragères.................	56 à 60 kil.	70 à 75 kil.	515 à 650 kil.		10 à 12 fr.	
Betteraves à sucre	»	»	490	500	16	23
Carottes...............................	55 60	70 72	560	600	10	12
Panais	55 58	68 72	500	550	22	25
Navets-raves	55 60	65 68	450	500	10	12
Rutabagas.............................	58 60	75 80	600	650	150	120

Les pulpes des betteraves se vendent de 8 à 12 fr. les 1,000 kilos.

Plantes cultivées pour leurs tubercules.

	Quantité de tubercules à planter par hectare.	Rendements en tubercules.	en fanes ou tiges.
	hectol.	kil.	kil.
Pommes de terre	18 à 40	7,000 à 20,000	700 à 3,000 fanes.
Topinambours..	15 25	8,000 35,000	20,000 fourrage vert. 7,000 à 8,000 tiges sèches.
Patates.........	16,000 à 17,000 boutures.	18,000 50,000	»

	Poids de l'hectol. ras. comble.	Poids du mètre cube.	Prix. Tubercules.	Pulpe.
	kil. kil.	kil.		
Pommes de terre	65 à 67 75 à 80	630 à 680	3 à 5 f. l'hect.	1ᶠ à 1ᶠ 50 l'hect.
Topinambours..	66 68 70 80	640 680	16 18 f. les 1,000 kil.	»
Patates douces ou Batates...	» »	»	5 20 f. les 100 kil.	»

Plantes à fruits charnus de grande culture.

Courges ou Citrouilles. Rendements : 40,000 à 100,000 kil. de fruits.
— 40,000 à 100,000 kil. de feuilles fraîches.
Le poids des fruits est de 3 à 20 kil. par tête.
100 citrouilles rendent 100 à 160 lit. de graines.

Prix moyens : de 4 fr. à 4 fr. 50 les 100 kil. Dans la Gironde, 8 fr. à 8 fr. 50.

Melons. Rendements : dans le Midi, (650 beaux melons) d'après (2,600 moyens (l'hectare. A. Gasparin, (5,800 petits)
— dans les Bouches-du-Rhône, 25,200 melons l'hect.
— dans Vaucluse, 19,500 melons à l'hectare.

Prix moyens : de 14 fr. à 19 fr. les 100 kil.

Plantes à bulbes comestibles et plantes potagères de grande culture.

		Rendements.
Oignons :	semis : 60 gram. par mètre carré. plantation : 45,000 à 100,000 plants par hectare.	36,000 bulbes ou 9,000 kilos.
Ail :	on plante 600,000 caïeux à l'hectare.	600,000 bulbes 2,500 tresses de 24 bulb.
Poireaux :	800,000 plants repiqués à l'hectare.	32,000 bottes de 25 poireaux.
Asperges :	27,000 griffes à l'hectare.	A partir de la 3e année, 15 asperges par griffe, 4,000 bottes.
Artichauts :	15,000 œilletons à l'hectare.	7 têtes par chaque année ou 300,000 têtes pour 3 ans.

Plantes oléagineuses.

	Poids de l'hectolitre de graines.		Semences à employer par hectare.			Rendements en graines par hectare.			Prix des graines l'hectolitre.	
Colza	68 à 70 k.		7 à 8	lit. sur place,		17 à 31 hect.			17 à 20 f.	
			3 4	— en pépinière.		en moyen. 25.				
Navette ..	65	68	6 8	— de graines.		18 à 25 hect.			17 à 19	
Pavot ou OEillette	60	65	4 6	—	—	20	26	—	26	28
Cameline.	68	70	6 10	—	—	15	20	—	15	17
Madia....	45	50	10 18	kil.	—	20	24	—	15	18
Ricin	42	44	20 26	lit.	—	400	500	kil.	25	40
Arachide.	30	40	90 100	—	—	50	70	hect.	40 50 les 100 kil.	
Sésame ..	62	65	15 20	—	—	15	27	—	45 à 65 f. les 100 kil.	
Tournesol ou Soleil	37	40	10 25	—	—	40	50	—	»	

Tiges fournies par les plantes ci-dessus.

A l'hectare.

Colza	3,000 kil.,	servent au chauffage, comme litière, ou sous trait.
Navette ..	1,600 —	— — —
OEillette..	3,000 —	— — —
Caméline.	2,500 —	pour balais et chauffage, — — —
Madia....	3,500 —	— — —
Tournesol	16,000 —	— — —

Plantes textiles.

	Produits à l'hectare :			Prix :	
	Tiges sèches.	Filasse.	Graines.	Filasse.	Graines.
	kil.	kil.	hectol.	le kil.	l'hectol.
Chanvre de vallées :	4,000 à 4,500	900 à 1,300	9 à 12	0 f. 90 à 1 f. 20	15 à 25 f.
Chanvre commun :	2,000 2,500	400 600	6 10	0 f. 70 à 1 f.	»
Lin de Riga :	4,000 6,000	600 800	7 10	1 f. à 1 f. 50	10 à 25 f.
Lin com. :	2,000 3,000	200 500	9 12	»	»

100 kilos de chanvre brut donnent de 25 à 30 kilos de filasse.

—   de filasse brute   —   de 60 à 70   —   peignée.

100 kilos de lin roui donnent   20 kilos de lin et 26 kilos d'étoupe.

—   — teillé   —   60   — de lin peig. et 26 kil. d'étoupe.

—   — peigné   —   96   — de lin en préparation.

—   — en préparation donnent   89 kilos de lin filé.

Plantes tinctoriales.

Désignation.	Poids de l'hectol. de semence.	Semences par hectare.	Rendements par hectare.	Prix.
Gaude............	60 kilos.	4 à 5 kilos.	1,600 à 2,100 kil. tiges sèches	21 à 35 f. les 100 k.
Safran (Vaucluse)..	40 à 50 k. l'hect. d'oig.	19 à 25 hect.	1re année 12 à 13 k. de safran 2e — 40 à 50 —	60 à 100 f. le kil.
Safran (Gâtinais)...	48 à 50 k.	118 à 200 h.	1re — 12 à 13 — 2e — 24 à 26 — 3e — 24 à 26 —	100 à 150 f. le kil.
Pastel............	10 à 12 kil.	150 litres.	15,000 à 20,000 kil. de feuilles converties en 1,000 à 1,200 coques 300 à 600 k. de graines	18 à 20 f. les 100 kil. feuilles seiches 2 f. 50 la coque
Maurelle ou Tournesol............	«	4 à 6 kil.	5,000 kil. plantes fraîches servant à préparer 1,200 k. de drapeaux	100 à 120 f. les 100 k.
Persicaire	65 kil.	1 kil en pépinière	10,000 à 15,000 k. feuilles fraiches ou 99 k. d'indigo	15 à 20 f. le kil.
Garance...........	51 kil.	120 à 180 k. sur place 3,500 à 4,500 k. racines fraiches	3,000 à 5,000 k. de racines au bout de 3 ans 3,500 à 5,000 k. de tiges sèches 400 k. de graines, 2e année 200 — 3e	50 à 60 f. les 100 k. 3 à 4 les 100 k. 1 à 3 f. le kil.
Carthame	48 à 50 k.	»	200 à 300 k. fleurs desséchées 800 à 1,200 k. de graines	150 à 200 f. les 100 k. 25 à 30 f. les 100 k.
Sumac des corroyeurs ou Reboul	»	40,000 plans en pépinière	1,000 à 1,200 k. feuilles sèches 3,000 à 4,000 kil. de tiges	

Plantes économiques.

	Poids de l'hectolitre.	Semences par hectare.	Rendements.	Prix.
Chicorée à café....	37 à 41 k.	4 à 5 kil.	18 à 20,000 k. de racines fraiches 4.500 à 5,000 k. de cossettes 4,000 à 5,000 de fourrage sec. 600 à 800 de graines.	20 à 25 fr. les 100 kil.
Moutarde noire....	68 à 70 k.	5 à 6 litres.	12 à 18 hectolit. de graines	37 à 41 f. l'hect. »
Fenu-grec ou Sene-grain..........	68 à 70 k.	8 à 10 kil.	1.000 à 1,200 k. de graines	0,40 à 0,80 le litre
Cardère ou Chardon à carder........	36 à 40 k.	8 à 10 lit.	150,000 à 400,000 têtes, soit environ 700 kilos de têtes sèches.	80 à 120 f. les 100 kil.
Immortels	»	par boutures	5,000 à 7,000 kil. d'immortels	30 à 45 f. les 100 kil.
Sorgho à balais ou Pourpairole......	55 à 63 k.	25 à 40 lit.	600 à 700 k. de panicules servant à faire 1,000 à 1,200 balais 30 à 70 hectolitres de graines 2,500 à 3,000 tiges sèches	30 à 40 f. les 100 kil. 35 à 50 f. les 100 kil. balais sans manche les manch. 5 à 6 f le % la graine 6 à 10 f. l'hect.
Tabac [1]............	55 à 60 k.	32 à 96 gr.	400 à 800 kilos de feuilles dans le Midi 1,300 à 2,500 dans le Nord	75 à 145 f. les 100 kil. 70 à 150 f. les 100 kil. suivant le classement
Houblon.	»	2,500 à 7,500 plans	300 à 400 grammes de cônes par perche 2,500 à 4,000 perches par hectare 350 à 1,700 k. de cônes —	70 à 80 f. le cent 150 à 300 f. les 100 k.
Anis	34 à 35 k.	10 à 12 k.	600 à 700 kil. de graines	100 à 150 f. les 100 k.
Soude commune...	»	3 à 4 hect.	10,000 à 16,000 kil. de tiges demi-sèches, incinérées donnent 900 à 1,500 kil. de soude Plus 40 à 60 hect. de graines	16 à 20 f. les 100 kil.

(1) Tabac. — Nombre de plants : 10,000 Midi. Chaque manoque comprend 20 feuilles — 100 feuilles pour 1 kilog.
        30,000 Nord.   —   50   120   1 —

Cultures arbustives.

Désignation des arbres.	Âge de pleine production	Nature des produits	Nombre d'arbres par hectare	Produit par arbre suivant les âges	Poids Kilos
Pommier à cidre.........	20	fruits frais	75 à 100	2 à 12 hect.	50 à 60 l'h.
Poirier pour poiré........	20	id.	60 à 80	2 à 9 hect.	50 à 60 —
Chataignier	30	chataignes fraic.	40 à 150	10 à 60 kil.	65 à 80 —
Noyer...................	40	noix sèches	20 à 25	150 à 400 litres	67, en coque
	»			100 kil. épluchés	30 à 40
Amandier...............	15	amandes sèches	80 à 100	6 à 8 kilog.	56 l'hect.
Prunier.................	8	fruits secs	260 à 278	10 à 25 k. fr. secs	»
Cerisier.................	8	cerises fraiches	278	2 à 16 kil.	»
Groseiller-cassis	5	cassis frais	2,500 touffes	2 kil. par touffe	»
Figuier.................	15	figues sèches	257	10 à 12 kil.	»
Oranger	»	oranges fraiches	270 à 1,100	2,000 à 5,000 or.	»
				10 à 50 k. fleurs	»
Jujubier................	20	fruits secs	400	6 kilog.	»
Olivier.................	40	olives fraiches	400 pieds	8 à 20 hectol.	»
Caprier.................	5	capres	1,000 à 1,200 p.	1/2 à 2 kilog.	»
Murier.................	6	feuilles fraiches	100 à 200	25 kil. feuilles	»
—	9	—	—	48 —	»
—	14	—	—	77 —	»
—	18	—	—	94 —	»
—	22	—	—	200 —	»
—	40	—	—	100 —	»
—	50	—	—	77 —	»
Micocoulier.............	5	fourches, fouets	»	50 douz. fourches	»
Osier	1	osier non pelé	100,000 brins	0,018 kil. chaq. brin	»
—	2	—	»	0,054 —	»
—	3	—	»	0,081 —	»

FOURRAGES DES PRAIRIES NATURELLES ET ARTIFICIELLES

Fourrages secs des prés naturels.

FOIN

On donne plus particulièrement le nom de *foin* à l'herbe coupée et desséchée des prairies permanentes.

Sous le nom de fenaison, on entend les différentes opérations que nécessite la récolte du foin, savoir : la fauchaison, le fanage, l'enlèvement des produits de la prairie et leur emmagasinage.

On devrait toujours couper les foins lorsqu'ils sont en pleine fleur. L'usage trop répandu est d'attendre au contraire que la fleur soit passée. Ce système est vicieux, car le foin a alors perdu une partie de ses qualités. A la fleur, succède la graine, et, celle-ci, pour se former, enlève aux tiges tout ce qu'elle peut de la sève. C'est généralement vers la Saint-Jean que l'on commence la fenaison.

Le fauchage des prés se fait à la faux ou encore à l'aide de machines à faucher. Le fanage succède au fauchage. Il se pratique de bien des manières, suivant les pays. Le point important, c'est que le foin ne soit rentré que bien sec. Un foin est dit sec, lorsqu'il ne renferme pas plus de 20 à 25 % d'humidité.

Si le foin n'est pas rentré suffisamment sec, on a à craindre que la masse ne s'échauffe, et n'amène sa combustion spontanée.

Suivant que le foin a été bien ou mal récolté, il a dans le commerce des valeurs variables. Ainsi, le foin délavé (foin blanchi) ou le foin rouillé, a une valeur marchande moins grande.

Le foin se rentre en vrac ou bottelé.

On donne le nom de *regain* à la seconde coupe de foin. Le foin de regain est toujours inférieur en qualité au foin de première coupe. Il ne se vend pas et se consomme à la ferme.

Le regain ne convient pas aux chevaux, il ne sert que pour la nourriture des bêtes à cornes.

Le produit d'un pré en foin est plus ou moins important suivant que celui-ci est sec ou irrigué.

Les prés des vergers produisent beaucoup d'herbe, mais celle-ci est inférieure au foin sec ou de prés irrigués.

Fourrages artificiels.

TRÈFLE

Comme variétés de trèfle, on cultive :

Le trèfle rouge, appelé encore trèfle des prés, triolet ou trémoine ;

Le trèfle hybride, qui produit moins que le trèfle rouge ;

Le trèfle élégant, cultivé en Lorraine ;

Le trèfle blanc ;

Le trèfle incarnat, trèfle de Roussillon ou Farouche.

Les deux dernières variétés ne sont cultivées que comme fourrages verts.

Le trèfle ne reste sur le sol qu'un an ou deux ans, puis on le défriche.

La fenaison du trèfle se fait comme celle du foin, seulement elle demande plus de soins, pour éviter la chute des feuilles.

Quand on veut avoir de la graine de trèfle, c'est à la seconde coupe (regain) qu'on la demande. En grains, le produit moyen par hectare est de 1,000 kilos de graines en bourres, qui fournissent 300 kilos de graines mondées ou 3 hect. 80, du poids de 78 kilos chacun.

Le trèfle se rentre aussi en vrac ou bottelé.

LUZERNE

La luzerne est originaire de l'Asie centrale. Elle a été importée dans la Gaule par les Romains.

La luzerne peut durer, sur un même sol, de quatre à huit années.

Dans beaucoup de localités, afin de pouvoir la faire revenir six ou huit années après qu'elle a été retournée, on ne la laisse que quatre à cinq ans.

Dans les sols où elle se plaît (sols calcaires), la luzerne peut donner, dès la seconde année de sa culture, de 4,000 à 5,000 kil. de fourrage sec, en trois coupes, à l'hectare, et, l'année suivante, 6,000 à 7,000 kil.

Pendant sa première année, son rapport ne dépasse pas souvent 3,000 kilos à l'hectare.

La graine de luzerne se récolte sur les vieilles luzernes destinées à être rompues l'année suivante. Le produit en graines varie de 200 à 300 kilos à l'hectare. Certains auteurs prétendent 700 à 900 kilos.

Pour la fenaison de la luzerne, même observation que pour le trèfle.

SAINFOIN

Le sainfoin (ou foin sain), s'appelle encore : esparcet, esparcette de Bourgogne, peltagra, gros foin et luzerne dans quelques localités du Midi.

Dans les sols calcaires il peut durer quatre à cinq ans.

Pour la première année, on peut compter sur 1,400 à 1,500 kilos et, la seconde année sur 4,000 à 5,000 kilos. Dans le Midi, dans les bonnes terres, on obtient jusqu'à 6,000 kilos à l'hectare.

Comme graine, on peut récolter 30 hectolitres.

Production générale : 12 à 30 hectol.; la graine pèse 31 kilos l'hectolitre.

Plus que le trèfle et la luzerne, le sainfoin perd facilement ses feuilles. Vieux, il ne lui reste plus que la tige.

Du Rendement des fourrages.

	Nombre de coupes par an.	Rendements généraux par hectare :			
		en fourrage sec.		en fourrage vert.	
Pré naturel irrigué, 1re qual.	3	8,000 à 10,000 kil.		32,000 à 40,000 kil.	
— non irrigué, 1re clas.	2	5,000	6,000	20,000	24,000
— — 2e classe.	1	2,000	2,500	12,000	14,000
Luzerne irriguée (Midi).....	5	10,000	15,000	8,000	10,000
— non irriguée	3	6,000	8,000	24,000	30,000
Grand sainfoin	2	4,600	7.600	20,000	26,000
Sainfoin commun..	1	3,000	5,000	10,000	14,000
Trèfle rouge..	2	6,000	8,000	24,000	30,000

Rendements en foin suivant les récoltes, par hectare.

	Pré naturel. kil.	Luzerne. kil.	Sainfoin. kil.	Trèfle. kil.
Très bonne récolte (irrigation)..	10,000	15,000	»	»
Très bonne récolte (sans irrigat).	7,000	10,000	7,000	8,000
Bonne récolte	6,000	8,000	5,000	6,000
Récolte passable................	4,000	5,000	3,500	4,000
Récolte médiocre..............	2,000	3,000	2.000	2,500

Rendements en foin par coupe et par hectare.

	Pré naturel :		Luzerne :			
	irrigué.	non irrigué.	irriguée.	non irriguée.	Sainfoin.	Trèfle.
1re coupe	5,000 kil.	4,000 kil.	3,400 kil.	4,500 kil.	3,000 kil.	4,000 kil.
2e —	3,000	2,000	4,200	2,000	2,000	2,000
3e —	2,000	pâture.	3,000	600	»	»
4e —	»	»	2,000	»	»	»
5e —	»	»	2,000	»	»	»
	10,000 kil.	6,000 kil.	14,600 kil.	7,100 kil.	5,000 kil.	6,000 kil.

Plantes fourragères en graines.

PRODUIT ORDINAIRE D'UN HECTARE

	Graines :			Paille :	Valeur
	Poids de l'hectol.		kilos récoltés.	kilos récoltés.	des 100 kil.
Luzerne dans le Midi..	78 à 80 kil.		700 à 900 kil.	1,500 kil.	2 f. »
— dans le Centre	76	78	400 500	1,600	2 »
Grand sainfoin........	31	32	600 800	1,500	2 »
Sainfoin commun.....	30	31	300 400	1,000	2 »
Trèfle rouge, violet....	78	80	360 400	1,500	1 »
— incarnat....... ..	80	82	260 300	1,500	1 »
— blanc........... ..	80	82	160 200	1,000	1 50

La récolte pour graines ne se fait que sur une dernière coupe, lorsqu'on doit rompre la prairie artificielle.

Il est encore d'autres plantes cultivées pour leur fourrage, mais leur culture est loin d'avoir l'importance de celles du trèfle, de la luzerne et du sainfoin. En voici les rendements :

Noms.	Poids de l'hectolitre de graines.	Graines qu'on peut récolter à l'hectare.		Rendements en fourrages, soit à l'hectare.	
Ray-grass commun ou ivraie vivace..	41 kil.	12 à 16	hectol.	3,000 à 10,000	kil.
Ray-grass d'Italie...	21	25	45	6,000	10,000
Fromental ou avoine élevée	17	25	»	4,000	5,000
Lupuline ou minette	80	5	7	3,000	4,000
Pois gris............	80	18	24	3,000	5,000
Jarosse	81	15	35	3,000	4,000
Moha de Hongrie...	64	9	10	3,000	4,000
Spergule..........	63	8	10	3,000	4,000
Timothy	62		»	5,000	6,000
Pastel.....	11		»	8,000	10,000
Vesce.......... .. .	80	20	22	3,000	4,000
Vulpin des prés	11	12	14	2,500	3,000
Pimprenelle........	26	»	30 kilos.	2,000	2,500
Lentillon...........	81	120	150 litres.	2,000	2,500

Fourrages cultivés pour être consommés en vert.

RENDEMENTS.

Ajonc marin......	de 25,000 à	30,000	kilos à l'hectare.
Chou non pommé.	80,000	100,000	têtes de choux.
— pommé.... .	40,000	120,000	têtes de choux.
Trèfle incarnat....	20,000	25,000	kilos à l'hectare.
Moha de Hongrie..	10,000	12,000	—
Maïs.............	30,000	40,000	—
Seigle et avoine...	15,000	20,000	—
Spergule...... ..	10,000	12,000	—
Moutarde blanche.	10,000	15,000	—
Sorgho sucré.....	30,000	50,000	—
Sarrasin	15,000	20,000	—
Sarradelle...... ..	10,000	12,000	—
Vesce....	10,000	16,000	—
Pois gris..........	15,000	20,000	—
Luzerne	20,000	30,000	—
Sainfoin ....•..	15,000	18,000	—
Trèfle rouge.......	18,000	20,000	—
Ray-grass.........	12,000	15,000	—
Pastel	10,000	15,000	—

Travaux de culture concernant les fourrages.

Fauchage à la faux : un ouvrier fauche par jour :

Prairie naturelle, de 30 à 40 ares;
— artificielle, de 50 à 60 ares.

Par hectare, 3 à 4 journées de faucheur.

Fauchage au moyen des machines dites faucheuses : Une faucheuse à deux chevaux coupe de 4 à 6 hectares par jour. La largeur coupée varie de 1^m,20 à 1^m,35. Le poids de la machine est de 275 à 350 kilos, et le prix varie de 300 à 400 fr. pour une faucheuse à un cheval, et de 550 à 650 fr. pour une faucheuse à deux chevaux.

Fanage à la main : Une femme fane par jour :

Prairie ordinaire, de 35 à 40 ares;
— productive, de 25 à 30 ares.

Par hectare, 9 à 15 journées de femme.

Fanage au moyen des faneuses : La largeur travaillée est en moyenne de 1^m,60 à 2^m pour un cheval, avec la vitesse de 1^m par seconde, soit près de 60 ares en une heure.
Une faneuse conduite par un homme fait le travail de 18 à 20 femmes.
Le poids de l'instrument varie de 350 à 500 kilos et le prix de 300 à 500 fr. La vitesse de rotation de l'axe est de 3 à 5 fois celle des roues porteuses.

Bottelage : Un ouvrier peut botteler par jour :

En foin de pré, de 350 à 400 bottes à 3 liens;
— — de 500 à 550 — à 1 —
En foin de prairies
artificielles , de 350 à 400 — à 1 —
— de 300 à 350 — à 3 —

Meules : Un ouvrier met par jour, en meule, de 2,000 à 2,500 kil. de foin.

Pertes par le fanage : Les plantes fourragères perdent, par la fenaison, de 65 à 75 °/₀.

100 kilos de tiges et feuilles vertes donnent :

Trèfle,	25 kilos de foin.	
Luzerne,	27	—
Sainfoin,	30	—
Vesce,	35	—
Herbes des prairies,	35	—

Le foin réputé sec contient encore 10 à 12 % d'humidité.

Le foin, après la fenaison, perd encore, dans les .greniers ou en meules, de 10 à 15 % de son poids.

Emmagasinage : Sept personnes, dont un homme et six femmes, chargent, déchargent et emmagasinent de 10,000 à 14,000 kilos de foin dans un jour.

PRIX DE REVIENT DE TRAVAUX EXÉCUTÉS PAR LES OUVRIERS

Fauchage : l'hectare, aux environs de Paris :

Prés naturels , de	15 à 18 fr.	
— artificiels, de	12 14	
Regains, de	8 10	
L'hectare , sur d'autres points		
de la France , de	6 10	
Ou par 1,000 kilos de foin, de 2 f.50	3 f. 50.	

Fanage : l'herbe étant retournée 2 à 3 fois par jour, par femme employée, 1 f. 25 à 1 f. 75

1,000 kilos de foin reviennent de 5 50 6 50

Pour la mise en meule, il faut une femme par 30 ou 40 ares. Un ouvrier met en meule, par jour, de 2,000 à 2,500 kilos de foin.

Bottelage : se paie aux 104 bottes, à un lien, . 1 f.25

à trois liens, 2 à 2 50

à liens en paille, 1 »

Rentrée des foins : se paie 0 f. 40 la voiture de 1,000 à 1,200 kil. par ouvrier employé, ou encore 0 f. 40 les 104 bottes.

De la valeur relative des fourrages et de leur commerce.

Outre que les prairies, n'étant pas composées des mêmes espèces de plantes, donnent des foins de qualité et de valeur très diverses, les mêmes plantes venues sur des terrains différents sont loin d'avoir les mêmes propriétés alimentaires, et, parconséquent, la même valeur.

Pour les prix, consulter les mercuriales locales.

Le commerce intérieur des fourrages se réduit aux zônes des villes importantes et des places occupées par des garnisons. Paris fait exception; la consommation des denrées y prend de telles proportions que le rayon de son approvisionnement est obligé de s'étendre assez loin. Il y a autour de Paris trois marchés aux fourrages : Charenton, La Chapelle-Saint-Denis et la barrière d'Enfer. On n'y vend que des foins naturels, de trèfle, de luzerne ou de sainfoin.

Les ventes ont lieu par 100 bottes du poids de 5 kilos. Chacune de ces bottes doit peser :

de la récolte au 1er octobre, 6 k. 500
du 1er octobre au 1er avril, 5 500
du 1er avril à la récolte, 5 »

Cette tare exigée dans le poids des bottes, à diverses époques, a pour but de réparer, autant que possible, le déchet produit par la dessiccation complète du fourrage.

On donne communément, sur les marchés de Paris, les 4 bottes au cent; de même, en province. Lorsqu'on vend aux mille livres ou 500 kilos, on ajoute 50 livres en plus.

Dans les années ordinaires, les cours des foins varient selon que l'on s'éloigne plus ou moins de l'époque de la récolte.

PRIX DES FOURRAGES

Foin,	de 41 à 55 f. les 500 kil.,	marchés de Paris.	
Luzerne,	de 38 à 53	—	—
Sainfoin,	de 35 à 50	—	—
Trèfle,	de 34 à 50	—	—
Regain de foin ou de luzerne,	de 30 à 40	—	
Foin de prés et de prairies artificielles, dans les campagnes,	de 20 à 35	—	

TRANSPORT DES RÉCOLTES

Voitures de ferme

L'expérience a appris, depuis longtemps, aux constructeurs, les véritables dimensions que doivent avoir les voitures pour obtenir le minimum de poids des véhicules pour le maximum de charge.

Les poids moyens des différentes parties dans les charrettes sont :

Charrettes	Roues avec bandes fer	Essieux	Corps des voitures	Total. k.
m. 08 de bande ou 3 pouces	240 k.	60 k.	200 k.	500.
0 m. 11 de bande ou 4 pouces	510	90	300	900.
0 m. 14 de bande ou 5 pouces	680	120	400	1,200.
0 m. 17 de bande ou 6 pouces	850	150	500	1,500.
0 m. 25 de bande ou 9 pouces	1,200	190	800	2,200.

Poids des charriots vides

				Poids.
Charriot de 0 m. 08 de bande	(genre comtois)	......		340
— 0 m. 08 —	(genre ordinaire)	.. ..		650
— 0 m. 11 —	—	.....		1,500
— 0 m. 14 —	(genre lorrain)	.....		1,500
— 0 m. 17 —	—	.....		2,500
— 0 m. 22 —	—	.....		3,400
Tombereau de 0 m. 11 —	....	800 à 900		

Poids des matériaux (fonte et fer) employés dans la construction des voitures, aux environs de Paris.

Charrette :	Boîtes en fonte.	Cordons et frettes.	Bandes.	Essieux.	Poids total.
	k.	k.	k.	k.	k.
De 0 m. 06 de jantes ou 2 pouces..........	12 »	3 »	110 »	60	185 »
De 0 m. 08 de jantes ou 3 pouces............	27 »	4,500	204 »	68	303,500
De 0 m. 11 de jantes ou 4 pouces.............	34 »	6 »	216,500	78	334,500
De 0 m. 14 de jantes ou 5 pouces	36,500	7,500	255 »	103	402 »
De 0 m. 17 de jantes ou 7 pouces	44 »	9 »	266 »	120	439 »

Charriot :	Boîtes en fonte.	Cordons et frettes.	Bandes.	Essieux.	Poids total.
De 0 m. 11 de jantes ou 4 pouces.					
Grandes roues........	18,500	5 »	204	75	} 544 k. 500
Petites —	16 »	4 »	152	70	
De 0 m. 14 de jantes ou 5 pouces.					
Grandes roues........	21 »	5,500	240	75	} 602 k. 500
Petites —	17 »	4 »	170	70	
De 0 m. 17 de jantes ou 6 pouces.					
Grandes roues........	21 »	6 »	237	80	} 679 k.
Petites —	13 »	5 »	187	75	

Transports, charges.

	Poids transporté.
Un cheval de bât chargé sur le dos et allant au pas.	150 k.
— chargé sur le dos et allant au pas allongé	120
— — — au trot....	80
— de cavalerie portant cavalier et équipement....	100
— du poids de 360 kil., attelé à une charrette pesant 500 k., marchant au pas sur une bonne route..................	940
— attelé à une voiture du poids de 500 k. et allant au trot sur une bonne route....	350

En tenant compte du poids moyen des chargements aux bascules des villes, on a obtenu :

Chevaux.	Charge moyenne utile.	Par cheval.	Poids de la voiture vide.	Total.	Charge moyenne par cheval.
	k.	k.	k.	k.	k.
1 cheval..	941	941	500	1,441	1,441
2 chevaux	1,977	988	900	2,877	1,438
3 —	2,733	911	1,200	3,933	1,311
4 —	3,700	925	1,350	5,050	1,275
5 —	3,925	785	1,500	5,425	1,085
6 —	3,942	657	1,500	5,442	907

Ce tableau montre que le maximum d'effet est obtenu par les voitures de 1 à 4 chevaux, et qu'ensuite, il diminue rapidement. Dans le roulage la voiture la plus employée est celle de 0, 17 de bande ou de jantes.

Transport des fourrages secs à la ferme.

Un attelage peut transporter en foin, par tête d'animaux :

        400 à 600 kilog. à 1 tête attelée.
        300 à 500   —   2   —
        250 à 400   —   4   —

Sur une voiture attelée de 3 bêtes, on peut mettre 200 bottes de foin, ou l'équivalent de 1,000 kilog.

Dans beaucoup de localités, on compte pour le foin ou la paille, par charretée, et on évalue, alors, la charretée à 1,000 livres ou 500 kilog.

Sur une charrette à un cheval, il est difficile de mettre plus de 150 bottes de foin ou de paille du poids de 750 k. Sur une charrette à 2 chevaux, on ne peut mettre plus de 280 à 300 bottes de la charge de 1,400 à 1,500 kilog. Tous les chargements varient avec l'état des routes et des chemins, et la forme des véhicules employés.

Sur des chemins en mauvais état, le chargement peut être abaissé de 200 à 300 kil. par tête.

Il y a à distinguer entre les chargements des champs à la ferme et ceux effectués pour aller à la ville, sur une bonne route. Quand les prés sont humides, on charge moins pour éviter de les détériorer.

Transport des récoltes, des champs à la ferme.

On admet que, terme moyen, un attelage peut transporter en céréales, par tête d'animaux :

480 à 720 kilog. par 1 tête attelée
360 à 600 — 2 —
300 à 400 — 4 —

Il y a toujours à tenir compte de la nature des chemins et de leur état d'entretien. S'il y a, par exemple, des pentes à monter, le chargement doit être diminué de 1/3.

Sur les chemins vicinaux la charge d'un bœuf est de 400 à 500 kil., soit pour un attelage de 2 bœufs et un cheval : de 1,300 kilos ou le poids de 17 à 20 hectolitres de blé.

Quand les routes sont bonnes, deux forts chevaux peuvent transporter au marché 12 à 14 quintaux métriques de produits, et 4 chevaux, de 18 à 21 quintaux.

Sur un bon chemin, à 10 kilom. d'un marché, on peut faire 2 voyages par jour, et le prix du voiturage d'un hectolitre de blé revient à 0,20 ; à 40 kilomètres, le transport d'un hectolitre coûte 1 franc.

Dans le département de Seine-et-Oise, les chargements se font, assez généralement, dans les proportions suivantes :

Sur voiture à 1 cheval.				Sur voiture à 2 chevaux.		
Blé......	80 gerbes	de 11 à 12 k.		Blé.....	180 à 200	gerbes
Avoine..	100	—	8 à 9	Avoine..	200 à 250	—
Orge....	100	—	8 à 9	Orge....	200 à 250	—

Sur les voitures à bœufs, dans l'Ouest, on charge de 100 à 120 gerbes du poids de 9 à 10 kilog., et, au maximum, 150 gerbes quand les champs se trouvent sur le bord de routes entretenues.

EMMAGASINAGE DES RÉCOLTES, DANS LES GRANGES ET GRENIERS.

Récoltes en granges ou greniers.

Foins.

	Poids du mètre cube. kil.		Espace exigé par 100 kilos. mc.		mc.	
Foin de pré en vrac, à la récolte,	60 à 70		»	» à »	»	
— — un mois après la récolte,	70	80	1	30	1	50
— — en vrac, après une année de grenier ....:...	80	85	1	20	1	40
— — bottelé..	60	70	1	50	1	70
— — — et tassé.........	80	90	»		»	
— de luzerne, trèfle et sainfoin, en vrac...............	80	90	1	»	1	10
— de luzerne, trèfle et sainfoin, bottelé	70	80	1	40	1	60
— de pré comprimé à la presse.	400	600	0	20	0	30

Céréales en gerbes.

		mc.		mc.	
100 gerbes de froment (9 à 10 gerbes de 10 kilos).........	1	»	1	20
— de seigle...............	1	10	1	39
— d'orge (16 à 18 gerbes de 8 kil. 50)	»	90	1	»
— d'avoine (9 à 11 gerbes).	1	»	1	15

Pailles.

	Poids du mètre cube. kil.		Espace exigé par 100 kilos. mc.		mc.	
Paille de froment. } non bottelée..	35	45	2	20	2	80
— de seigle... }						
— — bottelée	50	60	1	10	1	30
— d'avoine ou d'orge	30	40	2	50	3	»
100 kilos de menue paille.........		»	3	»	»	

Grains.

Dans les greniers, le blé est étalé en couches qui varient d'épaisseur :

100 kilos de grains	de froment occupent	$0^m,128$
—	—	de seigle	—	0	139
—	—	d'orge	—	0	166
—	—	d'avoine	—	0	200
—	—	de maïs	—	0	148
—	—	de lentille	—	0	126

Le cubage des grains présente peu de difficultés, car le volume des grains est facilement ramené à l'hectolitre.

Le mètre cube égalant mille litres, un tas de grains de un mètre carré de base, suivant qu'il aura de hauteur $0^m,1$, $0^m,2$, $0^m,3$, $0^m,4$, etc., etc., contiendra 1, 2, 3 ou 4 hectolitres, et si le grain est de froment, le mètre superficiel de plancher supportera un poids de 75 à 300 kilos par mètre.

Un mètre d'épaisseur donnerait un poids de 750 kilos, charge trop considérable pour des planchers de ferme.

Dans les greniers, on doit laisser entre les couches et le mur un espace libre de un mètre de largeur, et, dans le sens de la longueur, tous les 15 ou 20 mètres, on doit interrompre les couches sur une distance de 4 à 5 mètres, afin de permettre de changer le blé de place pour l'aérage.

Autres produits, dans les granges, grenier ou silos :

100 kilos de fumier tassé et humide occupent	$0^{mc}125$
—	de betteraves, rutabagas, entières,	0	160
—	des mêmes, coupées	0	192
—	de pulpes de betteraves, pressées,	0	100
—	de pommes de terre,	0	160
—	des mêmes, coupées,	0	180
—	de pulpes de pommes de terre,	0	080
—	de navets,	0	170

DES MEULES

Dans les localités où les bâtiments sont insuffisants pour la rentrée des récoltes, on a recours aux meules.

Les meules de gerbes sont aussi appelées *gerbiers*, celles de paille *paillers*, et celles de foin *barges*.

Les meules de gerbes ou de fourrages peuvent affecter plusieurs formes, mais elles sont généralement rectangulaires ou circulaires.

La meule *à base rectangulaire ou quadrangulaire* est assez ordinairement semblable au prisme tronqué renversé et surmonté par un toit à pans coupés.

On cube ces meules en les divisant en deux parties :

La première partie a ses faces supérieures et inférieures parallèles et rectangulaires. Leur volume réel est égal au produit du tiers de leur hauteur par la somme des deux bases, et d'une moyenne géométrique entre ces deux bases. Quand les bases sont peu inclinées et pour simplifier, on prend pour volume le produit de la hauteur par la demi-somme de la base supérieure et de la base inférieure.

La seconde partie est un tronc de prisme oblique dont le volume est égal à la section droite multipliée par une moyenne authentique entre les trois arêtes.

Pour les meules quadrangulaires ordinaires, on peut admettre les dimensions suivantes comme convenables :

Hauteur du corps	3^m à $3^m,50$
— du toit....	6^m
Section en travers de la base.....	5^m
— au bord du.toit.........	6^m

Une meule de cette forme contiendra par mètre courant de longeur : 27^m cubes, soit 2,000 à 3,000 kil, suivant le fourrage.
— 3,000 kil. de gerbes.

De la meule circulaire.

Pour cuber une meule circulaire, on la divise en deux parties :

La première est un tronc de cône (formule $\pi R^2 H$).

La seconde est un cône......... ($-\ \dfrac{\pi R^2 H}{3}$).

Rechercher le volume, les diamètres étant donnés.	Trois exemples de meules circulaires [1] :		
	1re	2e	3e
Diamètre à la base du sol....	7ᵐ	8ᵐ	9ᵐ
— — du toit..	8	9 50	11
Hauteur du tronc de cône...	4	4	4
— du cône..........	6	6	6

$1^o\ 7 + 8 = 15 : 2 = \dfrac{7,50}{2} = R.\,3,75 - 3,1416 \times 3,75 \times 3,75 + 4 = 176,71$

$\qquad 8 : 2 \qquad = -4 \quad » - \dfrac{3,1416 \times 4 \times 4 \times 6}{3} = 100,53$ ⎱ 277 m.3 1/4

$2^o\ 8 + 9,50 = 17,50 : 2 = \dfrac{8,75}{2} = -4,37 - 3,1416 \times 4,37 \times 4,37 \times 4 = 239,97$

$\qquad 9,50 : 2 \qquad = -4,75 - \dfrac{3,1416 \times 4,75 \times 4,75 \times 6}{3} = 141,76$ ⎱ 381 m.3 1/2

$3^o\ 9 + 11 = 20 : 2 = \dfrac{10}{2} = -5 \quad » - 3,1416 \times 5 \times 5 \times 4 = 314,00$

$\qquad 11 : 2 \qquad = -5,50 - \dfrac{3,1416 \times 5,50 \times 5,50 \times 6}{3} = 190,00$ ⎱ 504 m.3 »

A Grignon, on a obtenu comme moyenne de plusieurs années : 7 gerbes 1/2, du poids de 11 à 12 kilos par mètre cube. Par suite, pour les trois exemples ci-dessus :

La meule n° 1 contiendrait	2,070 gerbes
— 2 —	2,861 —
— 3 —	3,780 —

[1] Extrait d'un travail de M. Boreau, chef de pratique à l'École nationale d'Agriculture de Grignon.

Dans les mêmes conditions, on compte :

pour l'avoine :

de 9 à 9 gerbes 1/2, du poids de 8 kil. 1/2 par mètre cube,
pour l'orge :

11   —   —   de 8 kil. 1/2   —

Les meules ayant 11 mètres de grande base (près du toit), peuvent être considérées comme des plus grandes. On rencontre beaucoup plus de meules de 7^m de base que de 8, et plus de 8 que 9.

Cubage d'une meule, la circonférence étant donnée :

Corps   circonférence à la base........... $16^{,m}85$
           —   — naissance du toit   21   99
       hauteur verticale.................   3   50
Toit :   —   —   4   25
      — oblique ou apothème   5   60

Pour la surface du corps :

$$\frac{16^{mq},85 \times 16^m 85,}{4\,\pi} = 22^{mq},59$$

$$\frac{21^{mq},99 \times 21^m,99}{4\,\pi} = 38^{mc},48$$

Total des deux bases... $\overline{61^{mq},07} : 2 = 30^{mq},54$

Volume du tronc de cône : $30^{mq},54 \times 3^m,50 = 106^{mq},80$

—   cône : $\dfrac{38\ \ 48 \times 4\ \ 25}{3}$ 54   51

Volume total de la meule.. $\overline{160^{mc},40}$

Pour connaître la surface de la couverture d'une meule circulaire, il suffit de multiplier la circonférence de la base du toit par la moitié de la longeur même de la pente.

On paie, pour la couverture, de 2 fr. à 2 fr. 50 par chaque mille de gerbes.

Une meule de 8 mètres de diamètre sur 10 mètres de hauteur exige de 1,500 à 2,000 kilos de paille pour sa couverture.

Dans la pratique, c'est par le rayon de la base que l'on règle d'ordinaire le volume de la meule.

On fixe à un piquet, centre de la base, un cordeau de 3, 4 ou 5 mètres et on décrit la circonférence déterminée par ce rayon.

Aux environs de Paris, dans Seine-et-Oise, Seine-et-Marne

et Oise, pour les meules de froment, le *tasseur* donne à son cordeau, ou rayon de cercle, autant de mètres qu'il y a de mille gerbes à faire entrer dans sa meule.

Les dimensions horizontales varient à peu près de 4, 5 à 6 mètres de carré ou de diamètre ; elles vont même pour les meules de quelques pays jusqu'à 8 et 10 mètres. La hauteur est de 5 à 6 mètres du sol jusqu'à l'égout de la couverture. Au delà de 8 à 10 mètres de haut, il devient difficile de lever les gerbes.

Aux dimensions de 4 à 5 mètres de diamètre et 5 mètres d'élévation, une meule contient à peu près 3,000 gerbes, et occasionne, pour sa construction, une dépense de 60 fr. environ.

Les meules que l'on établit le plus généralement ont pour volume 400 à 800 mètres cube, ce qui représente de 3,000 à 6,000 gerbes.

Six ouvriers, en une journée, mettent en meule de 3.500 à 4,000 gerbes.

Dans l'Ouest de la France, où l'on construit des meules rondes, on fixe une perche au centre et on élève le foin ou la paille autour de cette perche qui donne de la solidité à l'édifice. Souvent, c'est autour d'un arbre, haut ébranché, qu'on amoncèle le fourrage.

Ces meules, appelées aussi *perchées*, ont des dimensions variables, mais comportent rarement au delà de 12,000 kilos de foin et 8,000 kilos de paille.

Le cube d'une meule étant connu, il reste encore à déterminer quel poids ce cube représente. Il est naturellement variable suivant qu'il s'agit de grain, de foin ou de paille. La nature du grain, de la paille, l'état de tassement, la grosseur des meules et beaucoup d'autres causes modifient les chiffres.

Poids du mètre cube de gerbes.

On admet généralement les chiffres suivants pour le poids du mètre cube de gerbes en meule :

Froment ou seigle, non versé, fauché ou sapé,	75 à 100 kil.
— — faucillé,	100 130 —
— — versé, fauché ou sapé,	55 70 —
Avoine ou orge,	80 100 —

Le poids du mètre cube de gerbes, en meule, augmente à mesure qu'on descend vers la base du tas dans une proportion variable et en raison de la hauteur du tas.

Au sommet du tas, à 10 mètres, le poids du mètre cube étant de 60 kilos, il sera, approximativement, de 120 kilos à la base.

Poids du mètre cube de foin.

On admet, pour le poids d'un mètre cube :

Foin de pré en vrac, petite meule,	60 à	80 kil.
— — — foin médiocre,	58	75
— — grande meule,	90	130
— — — —	70	80
— de luzerne, sainfoin et trèfle,	65	75

Le foin en meule se tassant avec le temps, on admet les progressions suivantes, dans les poids :

Bon foin :
après la récolte, de 70 à 76 kil. le m. c. (, 1000 kil. occupent 14 m. c.)
au mois de sept. 83 85 — (— — 12)
au courant de
l'hiver...... 90 „ — (— — 11)
l'Administra-
tion militaire,
pour les gran-
des meules ,
compte...... 100 „ — (— — 10)

Il est à noter que le foin est d'autant plus lourd qu'il est plus fin.

Poids du mètre cube de paille.

On admet, pour le poids du mètre cube :

Paille non bottelée, en meule, de	35 à 45 kil.	
— de froment et seigle, en grandes meules, de	50	55
— d'avoine et d'orge, en grandes meules, de	35	40

Tenant compte du tassement, on admet que le mètre cube pèse :

lors de la mise
en meule... de 33 à 35 kil. et 1,000 kil. occupent de 30 à 28 m. c.
au mois de
septembre.. 41 45 — — 24 21
au cours de
l'hiver...... 45 50 — — 22 19

INDUSTRIES AGRICOLES

Vinification.

Le principe de la fabrication du vin est de transformer en *alcool* par la fermentation les matières sucrées contenues dans le jus du raisin. Quant aux procédés de vinification, ils diffèrent dans presque toutes les localités, suivant les usages ou les exigences des divers vignobles, des cépages ou du climat. Ils se résument dans les opérations suivantes : l'écrasage, l'égrappage, le foulage, le décuvage et le pressurage.

Le vin contient 86 à 90 % d'eau et de la glucose ou sucre de raisin, de la fécule, de l'albumine, du tanin, de la matière colorante, de l'acide malique, et divers sels.

Quantité d'alcool contenue dans les principaux vins.

Vins ordinaires	7 à 12 p. %
— de Bordeaux.	11 à 13	—
— de Bourgogne	12 à 15	—
— du Roussillon	16 à 18	—
— du Languedoc	15 à 18	—
— de l'Aude	15 à 19	—
— de Champagne.	10 à 12	—
— de Lunel-Frontignan	10 à 12	—
— du Rhin	9 à 10	—
— de Madère	16 à 20	—
— de Xérès.	18 à 19	—
— de Muscat.	18 à 22	—

Depuis que le phylloxéra a envahi les vignobles, le produit par hectare de vigne s'est bien abaissé.

Rendements en vins.

Localités.	Espacement des ceps.	Nombre de ceps par hectare.	Vin obtenu par hectare.	
Hérault........	1ᵐ75	3,275	30 à 100 h.	
Vaucluse......	2 »	2,500	20	60
Médoc........	1 20	6,914	20	50
Beaujolais	0 80	15,625	25	50
Côte-d'Or......	0 66	23,365	22	60
Orléanais	0 66	23,365	20	60
Lorraine.......	0 50	40,000	18	50
Champagne...	0 ·66	23,365	25	45

Prix des vins ordinaires, à Bercy, au 30 juin 1886.

Auvergne	95 à 110 f.		Anjou, vieux....	155 à 210 f.	
Bordeaux	155	180	Bordeaux, vieux.	200	210
Cher........	115	160	Chablis, vieux...	200	260
Chinon vieux.	170	200	— nouveau.	120	130
Macon......	130	210	Vouvray........	160	210
Beaujolais....	—		Pouilly-Fuissé ...	230	270

Fabrication du cidre et du poiré.

Les pommes appelées *pommes à cidre* se divisent en 3 sortes :
les pommes douces, les pommes aigres ou acides et les pommes
âpres. On prétend que le meilleur cidre est celui qu'on extrait
du mélange des trois sortes de pommes.

La récolte des pommes, selon les espèces, se fait à diverses
époques de l'année :

En août, on frabrique le cidre d'été
En octobre,   —   d'automne.
En décembre,   —   d'hiver.

Les pommes mélangées convenablement sont broyées en une
sorte de bouillie, puis pressées.

Le pressurage, c'est-à-dire le mode d'épuisement de la pulpe, est subordonné à la nature du produit que l'on veut préparer, soit cidre pur, soit boisson.

Avec la presse hydraulique, on peut obtenir

de 72 à 80 p. % en poids.

Avec la vis en fer......... 60 à 70   —

Avec le pressoir à mouton
ou ordinaire......... ..... 32 à 35   —

1 Hectolitre de pommes pèse de 50 à 60 kil., et fournit à la presse hydraulique.... 36 litres de suc pur.

10   —   de macération.

Les pommes à cidre se vendent de 4 à 6 fr. l'hectolitre.
L'hectolitre de cidre, suivant les années, vaut de 12 à 30 fr.
On extrait aussi des poires une boisson appelée péré ou poiré.
Même mode de fabrication ; rendements à peu près identiques.

Le cidre contient en alcool, au maximum. 9   pour %
    —   —   minimum . 4,80   —
    —   de la vallée de Dives, contient... 7,40   —
    —   —   d'Auge, contient.... 6,50   —
Le poiré contient, en moyenne........... 6,70   —

Fabrication de la bière.

La bière est obtenue par la fermentation de la matière amylacée que renferment les céréales (l'orge principalement) et est aromatisée avec des cônes de houblon.

L'orge, une fois maltée, est réduite en farine grossière, et, dès lors, peut servir à la confection de la bière.

La fabrication de la bière comprend les opérations suivantes : les trempes, le brassage, la cuisson, la décantation, le refroidissement, la fermentation et la clarification ou collage.

Pour les bières fortes, de garde, on emploie 1 k. à 1 k. 500 de houblon par hectolitre de malt et 0 k. 450 à 0 k. 600 pour les bières ordinaires.

On donne le nom de drèche à l'orge épuisée par la fabrication, qui est employée à l'alimentation des bestiaux.

Les bières françaises renferment en alcool :

Bière forte de Rouen	5 %
Strasbourg	3,9 %
Lille	2,9 %
Paris	1,9 %
Nancy (Tourtel)	5,7 %
Lyon	3,5 %
Nord	3,7 %

Fabrication du vinaigre.

Le vinaigre ne devrait être que le produit du vin aigri artificiellement : *vin-aigre*. Par extension, on a donné ce nom à tous les liquides acidifiés provenant de la seconde fermentation du vin, de la bière, du cidre et de tous les liquides contenant de l'alcool. On en obtient du grain et même du bois ; c'est ce dernier qu'on appelle vinaigre pyroligneux ou acide acétique.

Toutes les fois qu'on expose des liqueurs vineuses à l'action d'une température de 20° à 25° en présence de l'air, elles subissent une fermentation spéciale, connue sous le nom de fermentation acétique.

On fabrique des vinaigres dans les départements du Loiret, de la Loire-Inférieure, de Loir-et-Cher, des Deux-Sèvres, de la Charente-Inférieure (Ile-de-Ré), de la Côte-d'Or, de Saône-et-Loire, du Jura, de l'Isère, des Bouches-du-Rhône.

Le vinaigre de vin se vend généralement à l'hectolitre.

Les vinaigres nouveaux, sans logement, coûtent de 15 à 20 fr.
    —   de choix, marque d'Orléans.......... 30 à 35

Un bon vinaigre de vin ne doit pas renfermer plus de 7,5 % d'acide acétique.

Distilleries agricoles.

DÉPARTEMENTS OU L'ON DISTILLE

Vins et marcs de raisin réunis.

Aude.
Charente.
Charente-Inférieure.
Dordogne.
Gard.
Gers.
Gironde.
Hérault.
Landes.

Marc de raisin seul.

Ain.
Allier.
Basses-Alpes.
Ardennes.
Côte-d'Or.
Doubs.
Jura.
Marne.
Haute-Marne.
Meurthe-et-Moselle.
Haute-Saône.

Vosges.
Yonne

Cidres.

Calvados.
Eure.
Maine-et-Loire.
Manche.
Mayenne.
Orne.
Sarthe.

Fruits du cerisier.

Doubs.
Moselle.
Haute-Saône.
Vosges.

Mélasse.

Aisne.
Côte-d'Or.
Marne.
Moselle.
Nord.

Pas-de-Calais.
Rhône.
Saône-et-Loire.
Seine.
Seine-et-Marne.
Seine-Inférieure.
Somme.

Grains farineux.

Ardennes.
Meurthe-et-Moselle.
Moselle.
Nord
Pas-de-Calais.
Seine.

Betteraves.

Seine-et-Oise.
Seine-et-Marne.
Oise.
Somme.
Eure-et-Loir.
Seine-Inférieure.
Nord.
Aisne.

Matières alcoolisables.

1º Les liquides vineux ou fermentés, tels que vin, bière, cidre et poiré.

2º Les matières contenant le sucre tout formé, telles que les sucres, les mélasses, les fruits, les racines sucrées.

3º Les matières saccharifiables, telles que les fécules et les céréales.

L'alcool n'est qu'une transformation du sucre.

La distillation est l'opération qui fournit le moyen d'isoler l'alcool, qui se vaporise à 79° 7, tandis que l'eau exige 100°.

Les alambics ou appareils distillatoires employés sont nombreux et variables de formes.

Dans le commerce, on a l'habitude de désigner par des noms particuliers ou par des fractions, les différents états de concentration des alcools.

On appelle *eau-de-vie* le produit de la distillation marquant depuis 16° jusqu'à 22° de l'aéromètre Cartier, soit 37° à 59° de l'aéromètre Gay-Lussac.

Au-delà de ces degrés, les produits alcooliques prennent le nom d'*esprits*.

La valeur des eaux-de-vie et des esprits étant appréciée d'après leur richesse en alcool, on a imaginé des instruments qui permettent de donner rapidemeet cette indication, et qu'on appelle : *aéromètre, alcoomètre, pèse-esprit ou pèse-liqueur.*

Les aéromètres les plus en usage sont les aéromètres Cartier, Baumé, Tessa (dans les Charentes) et l'alcoomètre Gay-Lussac. Le seul reconnu par la loi est l'alcoomètre centésimal de Gay-Lussac, gradué à la température de 15°. Cet instrument porte une échelle divisée en 100 parties. L'eau-de-vie ou esprit à 15° dans lequel l'alcoomètre s'enfoncera jusqu'à 59°, contiendra 59° p. % d'alcool et 41 p. % d'eau.

Tableau comparatif des aréomètres et alcoomètres en usage pour les alcools, à partir de 25° centésimaux.

Gay-Lussac.	Cartier.	Baumé.	Tessa.	Gay-Lussac.	Cartier.	Baumé.	Tessa.
25	14			63			4 3/4
26				64		25	5
27				65	24		5 1/4
28				66			5 3/4
29		15		67		26	6 1/4
30				68	25		6 1/2
31				69		27	6 3/4
32	15			70	26		7
33				71		28	7 1/4
34		16		72	27		7 1/2
35				73		29	7 3/4
36				74	28		8
37	16			75		30	8 1/4
38				76			8 1/2
39		17		77	29	31	8 3/4
40				78			9
41	17			79	30	32	9 1/4
42				80			9 1/2
43		18		81	31	33	9 3/4
44				82			10
45			0	83	32	34	10 1/2
46	18		0 1/4	84		35	11
47		19	0 1/2	85	93		11 1/2
48			0 3/4	86	34	36	12
49			1	87			12 1/2
50	19	20	1 1/4	88	35	37	13
51			1 1/2	89	36	38	14
52			1 3/4	90			15
53	20	21	2	91	37	39	16
54			2 1/4	92	38	40	17
55			2 3/4	93		41	18
56	21	22	3	94	39	42	
57			3 1/4	95	40	43	19
58			3 1/2	96	41	44	20
59	22	23	3 3/4	97	42	45	21
60			4	98	43	46	22
61			4 1/4	99	44	47	23
62	23	24	4 1/2	100	44	48	

La division 0 de Gay-Lussac corespond à l'eau pure, et la division 100 à l'alcool absolu, à la température de 15°.

Distillation des vins.

Dans certains départements de l'Ouest et du Midi, on distille directement les vins, et de préférence les vins blancs, qui fournissent un alcool plus fin ; dans d'autres, on ne distille que les marcs. On a donc ainsi deux sortes d'eau-de-vie de qualités différentes : l'eau-de-vie de vin et l'eau-de-vie de marc.

Les eaux-de-vie les plus estimées se fabriquent dans le Midi de la France, et particulièrement dans le Languedoc, la Saintonge, l'Angoumois et la Provence. Les plus renommées sont celles de Cognac et d'Armagnac.

Dans les Charentes il faut de 7 à 12 hectolitres de vin blanc, suivant les localités, pour obtenir 1 hectolitre d'eau-devie à 70°.

Classification des eaux-de-vie de France, suivant leur mérite.

1. — Cognac, grande champagne ou fine champagne.
2. — — petite champagne.
3. — — fins bois ou premiers bois.
4. — — bons bois ou deuxièmes bois.
5. — — Saintonge.
6. — — Saint-Jean-d'Angély.
7. — Bas-Armagnac.
8. — Eau-devie de Tenarèze (Armagnac).
9. — Cognac-Surgères.
10. — Eau-de-vie Haut-Armagnac.
11. — La Rochelle-Aigrefeuille.
12. — La Rochelle.
13. — Marmande.
14. — Pays (Marmande).
15. — Trois-six Languedoc.

Les eaux-de-vie de l'Armagnac sont produites dans les départements des Landes, du Gers et du Lot-et-Garonne.

Classification des eaux-de-vie des Charentes

	Lieux de production.
Cognac, grande champagne ou fine champagne.	Cantons de Segonzac et de Cognac.
— petite champagne.	Cantons d'Archiac, Jonzac, Barbezieux et Châteauneuf, rive droite de la Charente.
— fins bois ou premiers bois.	Cantons de Saintes (Nord), Pons, Matha, Burie, Rouillac, Jarnac, Baignes, Blanzac.
— bon bois ou deuxième bois.	Cantons de Saint-Jean-d'Angély, Saint-Hilaire, Aigre, Angoulème, Gémozac.
— derniers bois.	Surgères, Aunis, La Rochelle.

C'est par un mélange de ces différentes sortes, mélanges appelés coupages, que les négociants des Charentes préparent leurs eaux-de-vie, qui portent leurs marques.

L'alcoomètre Tessa sert de base aux transactions dans les Charentes. L'eau-de-vie est dite *marchande* quand elle a 4° Tessa, qui équivalent à 60° centimaux. Tout degré au-dessus de 4° Tessa (ou par 3° centésimaux) est payé à raison de 5 °/₀ en plus du prix de l'hectolitre.

Quand l'eau-de-vie, en raison de son âge, ne marque plus 4° Tessa, elle est vendue sans stipulation de degrés.

Titres des eaux-de-vie et alcools de vin, livrés au commerce.

Nom des alcools.	Aéromètre Cartier.		Alcoomètre Gay - Lasser ou centésimal.	
Alcool à 40°	40°		94°,95	
Esprit trois-huit,	38°,5		92°,50	
— rectifié.	36°		90°,2	
— trois-sept,	35°		88°,5	
— trois-six (Marmande-Languedoc),	34°		8 5°	
— — (esprit de vin de Montpellier),	33°		84°,4	
— trois-cinq,	29°,5		78°	
Eau-de-vie Cognac, La Rochelle, Saintonge,	22° à 23°		60°	
— double de Cognac,	20°	22°	53° à 59°	
— d'exportation pour Londres (preuve Londres).	21°	22°	58°	59°
— — pour Hollande (preuve Hollande).	19°	22°	53°	55°
— — pour Etats-Unis,	19°	23°	51°	62°
— Marmande,	19°	20°	50°	53°
— ordinaire,	19°		49°	50°

Les eaux-de-vie potables marquent 45° centésimaux. Les eaux-de-vie de Cognac, livrées au commerce aux titres de 58° à 60°, sont ramenées par l'addition d'eau pure ou distillée.

Les dénominations 3/8, 3/7, 3/5, ne sont plus en usage, seule l'expression 3/6 reste usitée.

Ces fractions représentent le volume d'eau nécessaire pour ramener les esprits à 19° Cartier ou 50° centésimaux.

$$3/8 = 38°,5 \text{ Cartier}, 92°,5 \text{ centésimaux} = \begin{cases} 5 \text{ volumes d'eau} \\ 3 \; — \; \text{esprit} \end{cases} = \begin{cases} 8 \text{ volumes} \\ \text{esprit à} \\ 50°. \end{cases}$$

$$3/7 = 35° \quad — \quad 88°,5 \quad — \quad = \begin{cases} 4 \text{ volumes d'eau} \\ 3 \; — \; \text{esprit} \end{cases} = \begin{cases} 7 \text{ volumes} \\ \text{esprit à} \\ 50°. \end{cases}$$

$$3/6 = 33°,5 \quad — \quad 85° \text{ à } 86° \quad — \quad = \begin{cases} 3 \text{ volumes d'eau} \\ 3 \; — \; \text{esprit} \end{cases} = \begin{cases} 6 \text{ volumes} \\ \text{esprit à} \\ 50°. \end{cases}$$

$$3/5 = 29°,5 \quad — \quad 78° \quad — \quad = \begin{cases} 2 \text{ volumes d'eau} \\ 3 \; — \; \text{esprit} \end{cases} = \begin{cases} 5 \text{ volumes} \\ \text{esprit à} \\ 50°. \end{cases}$$

Les esprits et eaux-de-vie se vendent, comme tous les autres liquides, à l'hectolitre.

A Bordeaux et dans les Charentes, on vend encore à la velte de 7 lit. 61, et, en gros, à la pipe de 81 veltes = 620 litres.

Les Armagnacs, dans des pièces de 4 hectolitres.

Les eaux-de-vie de Cognac et de Saintonge dans des fûts de 2 à 5 hectolitres appelés poinçons, et les 3/6 dans des pipes de 600 à 650 litres.

Alcool fourni par les boissons.

On obtient :

5 à 10 litres d'alcool par hectolitre de vin que l'on brûle,
4 à 5 — — — de cidre ordinaire,
7 à 8 — — — de vieux cidre,
4 à 5 — — — de bon poiré,

Distillation de matières où le sucre est tout formé.

RENDEMENT EN ALCOOL A 100° PAR 100 KIL. DE MATIÈRES

Tiges et racines :	Cannes à sucre,	9	à 10	litres.
	Tiges de sorgho,	3	5	—
	— de maïs,	4	5	—
	— de Millet,	2	3	—
	Racines de chiendent,	1,50	3	—
	Betteraves,	3,50	7	—
	Carottes,	3,50	4,50	—
	Navets, rutabagas,	2	4	—
	Panais,	3	4	—
	Topinambours	4,50	6,50	—
	Asphodèle frais,	4	7	—
Sucres :	Sucre bonne cassonnade,	36	45	—
	Glucose sèche et compacte,	34	41	—
	Mélasse à 36° Baumé,	14	21	—
	— de betterave,	12	17	—
	Miel à 36° Baumé,	19	32	—

10.

Fruits sucrés :

	à 100°.	à 58°	
Cerises à Kirsch,	3	4,5	—
Prunes Couetsches,	4	5	—
Pruneaux de —	7	9	—
Groseilles,	3,50	5	—
Figues fraîches,	5	7	—
— sèches,	20	25	—
Framboises,	4	7	—
Melons,	5	7	—
Potirons, Citrouilles,	3,50	5	—

Distillation des grains et des matières féculentes.

QUANTITÉ D'ALCOOL PAR 100 KILOS DE MATIÈRES

	à 100°. litres.		à 58° centésimaux. litres.	
Froment,	24 à 30		40 à 45	
Seigle,	24	27	36	42
Orge,	21	25	40	
Avoine,	19	22	36	
Sarrasin,	24	27	40	
Maïs,	28	31	40	
Riz,	35	37	»	
Pommes de terre,	5	7	»	
Topinambours.	7	9	»	
Fécules, blanches, sèches,	34	40	»	
Châtaignes vertes,	12	16	»	
Glands verts,	5	8	»	
Marrons d'Inde.	6	9	»	
Fèves de marais,	12	15	»	
Haricots, pois, lentilles,	15	17	»	

Moyen de distinguer l'alcool de betterave de l'alcool de vin.

Prendre une partie et demie du liquide à essayer que l'on mélange avec une partie d'acide sulfurique concentré. L'alcool de betteraves, sous l'influence de ce réactif, prend immédiatement une couleur rosée, qui se maintient pendant quelque temps.

Ou encore, chauffer une petite quantité d'une dissolution concentrée de potasse caustique; quand le liquide est au point d'ébullition, on y ajoute une partie de l'alcool à déterminer. Les 3/6 de betteraves laissent dégager une odeur *sui generis* qui trahit leur origine.

Formules diverses.

Formule pour trouver la quantité d'alcool pur dans une quantité d'eau-de-vie.

Il faut multiplier cette quantité par le degré centésimal de l'eau-de-vie ou de la liqueur, et diviser le produit par 100. Le résultat exprime en centilitres la quantité d'alcool pur.

Soit un fût de 5 hectolitres 12 litres d'eau-de-vie à 49°, on a $5,12 \times \frac{49}{100} = 2$ hect. 50 litres 88 centilitres.

Formule pour augmenter la force des degrés d'un fût d'eau-de-vie ou liqueur (suivant M. Bonnet).

Soit un fût de 300 litres à 57° à élever à 60° avec de l'esprit à 85°.

La différence de 85° à 57° $= 28°$, ce chiffre sert de diviseur, $\frac{300}{28} = 10$ litres $\frac{7}{10} \times 300$ litres $= 32$ lit. 1 cent. à 85°, à verser dans le fût pour élever l'eau-de-vie de 57° à 60°.

Formule pour diminuer une eau-de-vie de 58° que l'on veut réduire à 45° avec de l'eau-de-vie à 34°.

Soit un fût supposé contenir 300 litres. Il faut chercher la différence du degré existant (58°) au degré que l'on emploiera (34°), puis diviser cette différence (qui est 24°), par la capacité totale du fût (300 litres), multiplier le quotient par la différence existant entre le degré à réduire et celui à obtenir, le résultat indiquera la quantité d'eau-de-vie de 34° degrés à employer.

58° — 34° $= 24°$ $\frac{300}{24} = 12$ litres 5 $\times 13°$, différence de 45° à 58°.

On aura 162 litres 5 centilitres d'eau-de-vie à 34° à verser.

Opération algébrique : $24 : 13 : : 300 : x = 162,5$ ou $\frac{300 \times 13}{24}$

Fabrication du sucre (Sucrerie).

La fabrication du sucre de betterave comprend les opérations suivantes :

1º Extraction du jus ;
2º Défécation, épuration et décoloration ;
3º Concentration et cuite ;
4º Cristallisation.

Les résidus de la fabrication du sucre sont :
Les pulpes, données aux bestiaux ;
Les mélasses, qui sont converties en alcool dans les distilleries.
Les betteraves contiennent de 8 à 10 % de sucre.
Le rendement industriel est de 5 à 7 %. Par suite de l'épuisement des terres, il n'est plus, dans les usines agricoles du Nord, que de 3,50 à 4 %.
100 kil. de bettaraves donnent : 74 à 76 kil. de pulpe.
38   40 kil.   —   pressée.

Quantité de sucre contenue dans les plantes.

Canne à sucre,	17 à 18 %	
Betterave,	3 7 %	
Sorgho sucré,	8 9 %	
Patate douce	5 10 %	
Pomme à cidre,	8 10 %	
Poire à poiré,	8 10 %	
Carotte.	7 8 %	

Féculeries et Amidonneries.

La matière amylacée que l'on extrait de la pomme de terre porte le non de *fécule ;* celle qu'on retire des céréales s'appelle *amidon*.
L'extraction de la fécule embrasse ces diverses opérations : lavage, râpage, tamisage, dessablage, épuration, égouttage, séchage, écrasage, blutage et emmagasinage.

1 hectol. de pommes de terre donne :
         15 à 18 kil. de fécule verte ou
         10   12 kil.   —   sèche ;
100 kilos de pommes de terre donnent :
         20 à 25 kil. de fécule verte ou
         13   15 kil.   —   sèche ;
La fécule verte renferme : 30 à 40 % d'eau ;
   —   sèche   —   8   10 %   —
100 kilos de pommes de terre donnent :
         15 à 20 kilos de pulpe humide ;
         5   7   —   —   sèche.

Quantité de fécule contenue dans les racines et tubercules :

    du Manioc,   26 à 28 %
    de la Batate,   13 16 %
    de l'Igname de Chine, 14 15 %

La fécule ordinaire chauffée à 210° donne *l'amidon* du commerce.

AMIDON

L'amidon s'extrait de la farine. Avant 1860, on n'extrayait guère l'amidon que du froment ; mais le prix élevé des céréales, à cette date, a amené les amidonniers à leur préférer le riz et le maïs.

Quantité d'amidon contenue dans les graines et farines.

	Sur 100 parties sèches.			Sur 100 parties sèches.
Froment,	55 à 75 kil.	Pois,		38 à 39 kil.
Seigle,	60 65	Lentille,		39 40
Orge,	60 65	Farine de froment,		65 67
Avoine,	55 60	— de seigle,		60 61
Mais,	65 67	— d'orge,		64 65
Sarrasin,	43 44	— de maïs,		76 78
Haricot,	37 38	Riz,		88 90

Huileries.

Les huiles de première pression portent le nom d'huiles vierges. Les graines écrasées de nouveau, chauffées à 50°, donnent les huiles de refait.

Dans les huileries de campagne, on n'arrive pas toujours à retirer des graines toute leur huile, soit que les moulins ne se trouvent pas assez parfaits, soit encore que le cultivateur qui utilise les tourteaux pour la nourriture ou pour les engrais, ne tienne pas absolument à épuiser les graines.

Noms des graines.	Proportion d'huile dans les graines ou amandes.	Rendements pratiques dans les huileries de campagne.	
Amandes,	46 %	» à	»
Arachides,	50 —	30	35 %
Cameline,	35 —	27	28 —
Chènevis,	25 —	18	22 —
Colza d'hiver,	50 —	35	45 —
— de printemps,	40 —	28	30 —
Faine,	16 —	12	14 —
Lin,	25 —	18	22 —
Madia,	30 —	25	27 —
Moutarde noire,	36 —	18	20 —
Navette,	33 —	28	30 —
Noix (amande),	60 —	46	50 —
Œillette,	50 —	34	36 —
Olives,	26 —	10	12 —
Ricin,	62 —	46	48 —
Sésame,	53 —	36	40 —
Tournesol,	15 —	12	14 —

Au contact de l'air les huiles rancissent. Cette altération est due à leur oxydation (action de l'oxigène de l'air) qui, finissant par amener une grande chaleur, cause dans les pays de fabrique, l'inflammation spontanée des grandes masses de coton ou de laine imprégnées d'huile.

Les huiles qui se solidifient au contact de l'air sont dites siccatives.

Points de congélation des huiles.

Huile d'olive,	+ 6°	Huile de faine,	— 17°
— de sésame,	+ 5°	— de cameline,	— 18°
— de navette,	— 4°	— d'œillette,	— 18°
— de colza,	— 6°	— de lin,	— 27°
— d'arachide,	— 7°	— de chènevis,	— 27°,5
— d'amande,	— 10°		

Les huiles végétales sont insolubles dans l'eau et solubles dans l'éther et le sulfure de carbone. Les huiles supportent une température de 250° sans s'altérer.

Tourteaux.

Marcs ou résidus des graines oléagineuses, appelés aussi *pains* d'huile dans le Midi, et *grignons*, quand il s'agit du marc d'olives.

Noms des graines.	Rendements en tourteaux.	Leur emploi.	Prix marchands des tourteaux.
Colza d'hiver,	62 à 65 °/₀	Comme engrais et comme nourriture.	19 f. les 104 kil.
— d'été,	50 55 —		
Navette d'hiver,	62 64 —		
— d'été,	60 62 —		
Œillette (pavot),	55 60 —		14 —
Cameline,	60 65 —	Engrais.	21 —
Arachide,	55 68 —	Engrais et nourriture.	11 —
Madia,	67 70 —	—	» —
Lin,	65 70 —	—	28 —
Chènevis	68 70 —	—	12 —
Sésame,	40 50 —	—	14 —
Ricin,	28 32 —	Engrais.	» —

Les tourteaux retiennent, en moyenne, 5 à 6 °/₀ de leur poids de matières grasses, et ce chiffre peut s'élever de 10 à 15 °/₀.

Meunerie, Minoterie.

On appelle *mouture* la succession d'opérations mécaniques ayant pour effet la réduction du grain en farine.

Un blé de bonne qualité a la composition suivante :

$$
\begin{array}{lr}
\text{Amidon}\dots\dots\dots & 59,7 \\
\text{Gluten}\dots\dots\dots\dots & 12,8 \\
\text{Albumine}\dots\dots\dots & 1,8 \\
\text{Dextrine}\dots\dots\dots & 7,2 \\
\text{Matières grasses}.. & 1,2 \\
\text{Cellulose}\dots\dots\dots & 1,7 \\
\text{Sels fixes}\dots\dots\dots & 1,6 \\
\text{Eau}\dots\dots\dots\dots\dots & 14,\text{»} \\
\hline
& 100,00
\end{array}
$$

Il y a deux systèmes de mouture :

La mouture basse : ou réduction instantanée du blé en farine par un seul passage sous la meule ; la farine est alors dite de *premier jet* ou *de blé*.

La mouture haute : réduction graduelle du blé en farine dite de *gruau*, par plusieurs passages sous la meule ; chaque réduction est suivie d'un blutage spécial.

Rendement de 100 kil. de blé, pesant 75 kil. l'hectolitre

En mouture basse.	En mouture haute.		
67 kil. de farine 1re qualité.	36 kil.	farine première.	
4 »　—　2e　—	18	—	de 1er gruau.
3 »　—　3e　—	10	—	de 2e　—
22 » issues diverses.	6	—	de 3e　—
4 » déchets.	3,500	—	bise.
100,00	2,500	—	inférieure.
	21,500	issues diverses.	
	2,500	déchets.	
	100,000		

Les sons et issues comprennent :

1° Le gros son, celui qui se présente en larges plaques opaques ;

2° Le petit son.

Le nom de *recoupe* est donné à la farine qu'on retire du son remoulu; celui de *remoulage* au son qui vient de la seconde mouture; la *recoupette* est la troisième farine qu'on retire des recoupes.

On dit que la farine a été bluttée à 10, 15 ou 20 p. %, quand on a retiré 90, 85 ou 80 kilos de farine et 10, 15 ou 20 kilos de son pour 100 kilos de grains.

On compte pour 100 kilos de blé, en issues :

Gros son....	5 k.	pesant de	17 à 19	kilos	l'hectolitre.
Petit son....	6	—	20 24		—
Recoupettes.	6	—	25 30		—
Remoulage..	5	—	42 45		—
	22 %				

Rendement des céréales en farine.

	Par hectolitre. kil.		Par 100 kil. de grains. kil.	
Froment..........	64 à 66		74 à 80	
Méteil.....	48	49	68	75
Seigle...........	50	52	71	73
Orge	40	42	69	71
Maïs............	58	60	80	81
Sarrasin	37	39	67	69

La farine ne doit avoir que 17 à 25 p. % d'humidité.
La farine étuvée   —   10 à 15   —

VENTES DES FARINES SUR LES MARCHÉS

Ventes aux 100 kilos (toile de l'acheteur ou toile à rendre).

Abbeville, Bar-le-Duc, Bordeaux, Bourg, Chartres, Compiègne, Château-Thierry, Caen, Clermont-Ferrand, Châlons-sur-Marne, Douai, Rouen, Soissons; Sézanne (les 101 k.).

Ventes aux 122 k. 1/2 (sac compris, toile perdue).

Avignon, Arles, Béziers, Carcassonne, Marseille, Toulouse.

Ventes aux 125 kilos (toile perdue).

Autun, Beaune, Dieppe, Dijon, Châlon-sur-Saône, Lyon, Moulins Rouen, Gray; Blois (les 150 k.)

Ventes aux 157 kilos nets (sans toile).

Rouen, Paris (farine de boulangerie), Blois, Limoges, Tours.

Ventes aux 159 kilos (toile comprise).

Bourges, Beauvais, Bernay (sans toile), Paris, marque Corbeil (toile à rendre), Châteauroux (sans toile), Paris, farine de commerce.

Panification, Boulangerie

On donne le nom de *panification* à l'ensemble des opérations ayant pour but la transformation de la farine en pain, qui comprend trois périodes :

1º La période d'hydratation ou pétrissage.
2º   —   de fermentation.
3º   —   de coction.

La température du four doit être de 230º à 290º.
La croûte se forme à la température de 210º.
La mie à la température intérieure de 120º.
La cuisson du pain dure de 36 à 75 minutes.
Une farine en bon état absorbe de 30 à 33 p. %, d'eau.
100 kilos de farine doivent fournir 166 à 167 kil. de pâte.

—	—	—	130	132	— de pain blanc.
—	de blé	—	100	102	— —
—	de méteil	—	140	145	— —

Le pain, terminé, renferme de 25 à 40 p. %, d'eau.

Dans les campagnes où la cuisson, à tort, n'est pas poussée assez loin, on obtient :

Avec 100 k. de farine de froment   145 à 150 k. de pain.
 —   —   de seigle.. 145   »   —
 —   —   d'épeautre. 122   150   —
 —   de grains de maïs ...   138   148   —

Moulin à vent, à une paire de meule.

Frais de construction.

Maçonnerie, diamètre intérieur : 4ᵐ ; élévation : 10ᵐ..	1.500 f.
Charpente et couverture................................	750
Pièces en chêne ; planchers et escaliers, en sapin.....	350
Un arbre et trois vergues.............................	800
Voilure en planches..................................	650
Une paire de meules et accessoires...................	650
Mécanisme, engrenages (fer et fonte).................	700
Cuivre (150 f.), ou tourne au vent (intérieur)........	270
Nettoyage et transmissions..........................	300
Frais d'installation.................................	600
Prix de revient total...	6.570 f.

Renseignements complémentaires.

Equarrissage de l'arbre : 0ᵐ,50 à 0ᵐ,70.
Inclinaison de l'arbre à l'horizon : 10 à 15 degrés.
Longueur des ailes, mesurées depuis l'axe de rotation : 10 à 12 mètres.
Equarrissage des axes des ailes, près de l'arbre : 0ᵐ,24 à 0ᵐ,30.
Espacement des barreaux des ailes sur lesquels on étend les voiles : 0ᵐ,30.
Surface ordinaire de chaque aile : 20 mètres carrés.
La meule fait généralement, par une révolution des ailes, 5 à 6 tours.
Le mouvement ne commence que quand la vitesse du vent est de 4 mètres par seconde.
A la vitesse de 5ᵐ,80 à la seconde, les ailes font, par minute, 10 à 12 tours.
La quantité de blé moulue, sans être blutée, est, à l'heure, de 150 à 200 kilos.
Le prix de la mouture par hect. est, en argent, de 1 f. 50à2f.
—   —   — en nature, est de 1 0/0 à 1 1/2.
L'approvisionnement en grain, dans chaque moulin, peut être de 20 à 200 sacs; mais, en moyenne, il est de 50 à 100.
On rencontre des moulins à vent à 1, 2 et 3 paires de meules.

VALEUR DES DENRÉES AGRICOLES

Dénominations.	Unités des valeurs.	Au 30 juin 1886 : au 100 kilos.	à l'hectol.	Au 31 décembre 1886 : au 100 kilos.	à l'hectol.
Céréales :					
		f.	f.	f.	f.
Blé,	»	21 »	17 »	20.50	16.50
Orge,	»	15 »	9 »	17.25	10.50
Escourgeon,	»	14 »	8.50	15 »	9 »
Seigle,	»	13.50	9.25	13.75	9.25
Avoine,	»	18 »	9 »	18 »	9 »
Maïs,	»	12.50	8.75	19 »	11 »
Sarrasin,	»	18 »	11.25	18 »	11 25
Riz,	les 100 kil.	26 »	»	23 »	»

Dénominations.	Unités des valeurs.	les 159 kilos.	les 100 kilos.	les 159 kilos.	les 100 kilos.
Farines (Halle de Paris) :					
		f.	f.	f.	f.
Marques Corbeil, toile à rendre		49 »	31.2	49 »	31.2
Leroy (Maule),	»	52 »	33 »	52 »	33 »
Marques de choix,	»	49 »	31.20	49 »	31.20
Bonnes 1res marques,	»	48.50	30.55	48.50	30.55
Bonnes marques,	»	46.45	29.30	46.45	29.30
Farines de tous pays,	»	45 »	28.50	44 »	28 »
— de seigle, maïs, orge,	»	»	20 »	»	22 »
Malts d'orge,	»	»	25 »	»	26 »
Issues :					
Gros son seul,	»	»	14 »	»	13 »
Son 3 cases,	»	»	12 »	»	12 »
Recoupe,	»	»	11.25	»	11 »
Remoulages bâtards,	»	»	12 »	»	11.75
— blancs,	»	»	16.50	»	15 »

Dénominations.	Unités des valeurs.	Au 31 juin 1886.	Au 31 décembre 1886.
		f.	f.
Fourrages (Paris) :			
Foin (1re qualité),	les 104 bottes de 5 kilos,	56 »	56 »
Luzerne, —	—	52 »	54 »
Campagnes :			
Foin,	les 500 kilos,	30 »	35 »
Luzerne,	—	30 »	32 »
Trèfle,	—	28 »	30 »
Pailles (Paris) :			
Paille de blé,	les 104 bottes de 5 kilos,	37 »	34.50
— de seigle,	—	34 »	36 »
— d'avoine,	—	28 »	30 »
Campagnes :			
Pailles,	les 500 kilos,	25 »	20 »
Graines fourragères :			
Trèfle violet,	les 100 kilos,	120 »	117 »
— surannée,	—	»	80 »
— blanc,	—	140 »	130 »
— incarnat,	—	50 »	75 »
Luzerne de Provence,	—	140 »	135 »
— du Poitou,	—	100 »	100 »
— du Cher,	—	80 »	100 »
Sainfoin, à 2 coupes,	—	30 »	35 »
— à 1 coupe,	—	16 »	19 »
Minette,	—	32 »	35 »
Lupuline,	—	35 »	38 »
Ray-Grass,	—	38 »	41 »
Graines des légumineuses :			
Haricot (Paris),	le 1/2 hect.	54 »	50 »
— province,	l'hect.	30 »	28 »
Pois (Paris),	1/2 hect.	24 »	23 »
— province,	l'hect.	20 »	22 »
Lentille, (Paris),	1/2 hect.	50 »	50 »
— province,	l'hect.	»	45 »
Fève, (Paris),	1/2 hect.	24 »	21 »
— province,	l'hect.	37 »	35 »
Féverolle, —	—	»	25 »
Vesce, —	—	»	20 »
Gesse, —	—	»	17 »
Jarosse, —	—	»	21 »
Moha, —	—	»	150 »
Moutarde, —	—	»	30 »
Ajonc, —	—	»	30 »
Ivraie d'Italie,	—	»	80 »

Dénominations.	Unités des valeurs.	Au 30 juin 1886.	Au 31 décembre 1886.
Graines de plantes fourragères :		f.	f.
Betterave,	le kilo,	»	1 »
Carotte,	—	»	3.50
Panais,	—	»	3 »
Navet,	—	»	2.20
Chou rave,	—	»	10 »
Rutabaga,	—	»	2.30
Chou pomme	—	»	20 »
Chou à vache,	—	»	4 »
Gros radis,	—	»	8.80
Graines oléagineuses :			
Colza,	—	18 »	18 »
Navette,	—	15 »	16 »
OEillette ou pavot,	—	27 »	26 »
Cameline,	—	14 »	13 »
Madia,	—	19 »	18 »
Ricin,	—	40 »	35 »
Arachide,	—	20 »	26 »
Sésame,	—	40 »	42 »
Tournesol,	—	»	»
Chènevis,	—	22 »	20 »
Lin commun,	—	20 »	22 »
— de Riga,	—	44 »	40 »
Plantes tinctoriales :			
Gaude (tiges),	la botte,	»	1.20
Safran (stigmates),	le kil.	»	60 »
Pastel (coques),	le cent,	»	2.50
Tournesol (drapeaux),	les 100 kilos,	»	120 »
Persicaire (indigo),	le kilo,	»	15 »
Garance (racines),	les 100 kilos,	»	55 »
— (graines),	le kilo,	»	2.50
Carthame (fleurs),	les 100 kilos,	»	150 »
— graines,	—	»	25 »
Plantes textiles :			
Chanvre,	les 50 kilos,	32.50	35 »
Lin Picard,	les 100 kilos,	125 »	115 »
— Bergues,	—	127 »	130 »
Plantes économiques :			
Chicorée à café (cossettes),	les 100 kilos,	»	20 »
— en poudre	—	»	40 »
Fenu-grec (graines),	le litre,	»	0.60
Cardère (1er choix),	les 100 têtes ou 1/2 kilo,	»	6 »
— (2e choix),	—	»	3 »
— non classée,	les 100 kilos,	»	120 »

Dénominations.	Unités des valeurs.	Au 20 juin 1886.	Au 31 décembre 1886.
Plantes économiques (suite) :		f.	f.
Tabac (surchoix),	—	»	145 »
— (1re qualité),	—	»	135 »
— (2e qualité),	—	»	105 »
— (3e qualité)	—	»	75 »
Houblon,	les 50 kilos,	25 »	30 »
Sorgho à balais (graine),	l'hect.	»	8 »
— (panicules),	les 100 kilos,	»	35 »
— balais,	le cent,	»	40 »
Immortels,	en paquet,	»	0.25
—	les 100 kil.	»	40 »
Anis (graine),	—	»	125 »
Fruits des cultures arbustives :			
Pommes à cidre,	l'hect.	»	2.80
Poires —	—	»	2.50
Châtaignes ordinaires	—	»	10 »
— 1er choix,	—	»	25 »
Noix, 1er choix, en coque,	—	»	25 »
— ordinaires,	—	»	12 »
— épluchées,	les 100 kilos,	»	40 »
Amandes sèches, en coque,	le kil.	»	1 »
— pour l'huile,	l'hect.	»	17 »
Pruneaux, beaux,	les 100 kil. (Frais, Paris, 0 50 le kil.)	»	80 »
— ordinaires,	les 50 kil.	»	20 »
Prunes d'Agen,	— (—	1 » le kil.)	35 »
— de Provence,	—	»	120 »
Pruneaux noirs,	—	»	14 »
Amandes sèches,	le kilo, (—	1 » le cent.)	1 »
Cerises fraîches,	— (—	0.50)	»
Cassis-groseilles,	—	»	0.30
Figues sèches,	— (—	1.50)	1 »
Oranges fraîches,	le mille,	»	20 »
Jujubes sèches	le kilo,	»	1 »
Olives pour huile,	l'hect.	»	20 »
Capres,	le kilo,	»	1.15
Mûrier, feuilles,	les 100 kilos,	»	7 »
Micocoulier, fourches,	botte de 18,	»	19 »
Osier, pour fente,	1,000 brins,	»	3 »
Petit osier,	la botte,	»	0.95
Osier pelé,	—	»	4.25
Osier gros,	—	»	1 »
Liège inférieur,	les 100 kilos,	»	20 »
— 1re qualité,	—	»	80 »
Truffes,	la livre,	»	8 »
Alcools :			
3/6 du Nord à 90°,	l'hect. nu,	46 »	50 »
3/6 Languedoc 86°,	—	102 »	105 »

Dénominations.	Unités des valeurs.	Au 30 juin 1886.	Au 31 décembre 1886.
		f.	f.
Eaux-de-vie :			
Grande champagne à 59°,	—	380 »	315 »
Bons bois,	—	320 »	245 »
Bas-Armagnac à 70°,	—	155 »	155 »
Ténarèze à 65°,	—	140 »	140 »
Haut-Armagnac à 62°,	—	125 »	125 »
Sucres :			
Sucre blanc,	les 100 kilos,	33.75	47 »
Mélasses,	—	10 »	18 »
Fécules-amidons :			
Amidon, de Saint-Denis,	—	76 »	71 »
— de maïs,	—	49 »	48 »
Fécule verte,	—	14.50	15 »
— sèche de l'Oise,	—	25.50	25 »
Sirop,	—	41 »	45 »
Huiles :			
de colza,	91 kilos,	50 »	57 »
de lin,	—	50 »	53 »
d'œillette	—	101 »	100 »
de cameline,	—	60 »	55 »
de ricin,	le kilo,	2.75	2.50
d'arachide,	les 100 kilos,	85 »	90 »
de sésame,	—	90 »	110 »
d'olive surfine,	—	165 »	150 »
— du Var,	—	110 »	85 »
Vinaigres :			
d'Orléans,	l'hect. logé,	»	34 »
Tourteaux :			
Œillette,	les 100 kilos,	15.50	17 »
Colza, navette,	—	13 »	14 »
Lin,	—	22.50	24 »
Cameline,	—	14.50	15 »
Chanvre,	—	13 »	12 »
Pommes de terre (tubercules) 1886,	l'hect.	6 »	3 »
Engrais :			
Poudrette,	les 100 kilos,	»	8.50
Engrais Lainé,	—	»	4 »
— phosphaté,	les 50 kilos,	»	13 »
— Richer,	—	»	32 »
Phosphates (Joulie),	les 100 kilos,	»	9 »

Dénominations.	Unités des valeurs.	Au 30 juin 1886.	Au 31 décembre 1886.
		f.	f.
Engrais (suite) :			
Superphosphates,	—	»	15 »
Pospho-guano,	—	»	29 »
Guano,	—	»	20 »
Noir animal,	—	12 »	9 »
Phosphates pulvérisés,	les 100 kilos,	4 »	»
Matières résineuses :			
Essence de térébenthine,	les 100 kilos,	»	58 »
Goudron,	—	»	54 »
Galipot,	—	»	16 »
Résine,	—	»	9 »
Brai,	—	»	6 »

ALIMENTATION DES GENS DE FERME

Alimentation. — Valeur nutritive des aliments.

Pour entretenir la vie et les forces d'un homme, il faut que les aliments ingérés, dans l'espace de 24 heures, contiennent :
310 grammes de carbone.
130 — de substances azotées renfermant 20 gr. d'azote.

TABLEAU DES QUANTITÉS D'AZOTE ET DE CARBONE CONTENUES DANS 100 PARTIES DE DIFFÉRENTES SUBSTANCES ALIMENTAIRES.

Viande et produit des animaux de boucherie.

	Azote	Carbone
Viande de bœuf (sans os)	3,»	11,2
Bœuf rôti..	3,5	17,7
Foie de veau	3,»	15,6
Rognons de veau	2,6	12,1

Poissons de mer.

	Azote	Carbone
Raie	3,8	12,2
Anguille de mer (congre)	3,9	12,6
Morue salée	5,»	16,»
Sardines en boîtes	6,»	29,»
Harengs salés	3,1	23,»
— frais	1,8	21,»
Merlan	2,4	9,»
Maquereau	3,7	19,2
Sole	1,9	12,2
Limande	2,8	11,5
Saumon	2,»	16,»

Poissons d'eau douce.

	Azote	Carbone
Barbillon	1,5	5,5
Anguille	2,»	30,»
Gardon	2,3	19,»

	Azote	Carbone
Ablette	2,7	17,»
Goujon	2,7	13,5
Brochet	3,2	11,5
Carpe	3,4	12,5

Divers produits animaux.

	Azote	Carbone
Œufs de poule (blanc et jaune)	1,9	13,5
Lait de vache	0,6	8,»
— de chèvre	0,6	8,6

Mollusques.

	Azote	Carbone
Escargots cuits	2,5	9,2
Moules	1.8	9,»
Huitres fraiches	2,1	7,1
Homards	2,9	10,9

Fromages.

	Azote	Carbone
Fromage à la pie	2,3	24,4
— de Brie	2,9	35,»
— de Gruyère	5,»	38,»
— double crème	2,9	71,»
— de Roquefort	4,2	44,4
— de Camembert	3 »	33,»

Graines de légumineux.

	Azote	Carbone
Fèves....................	4,5	42,»
Haricots................	3,9	43,»
Lentilles	3,8	43,»
Pois cassés.............	3,9	47,»

Céréales, farines, pain, tubercules.

Blé dur du midi........	3 »	41,»
— tendre..............	1,8	39,»
Farine blanche de Paris	1,6	38,6
— de seigle.........	1,7	11,»
Orge d'hiv. (Escourgeon)	1,9	40,»
Maïs	1,7	44,»
Sarrazin....	2,8	42,5
Riz.	1,8	41,»
Gruau d'avoine........	1,9	44,»
Pain blanc.............	1,8	29,5
— de munition......	1,2	30,»
— de farine de blé dur	2,2	21,»
Pommes de terre.......	0,3	11,»
Batates................	0,1	9,»
Carottes	0,3	5,50

Fruits sucrés et oléagineux.

	Azote	Carbone
Chataignes ordinaires..	0,64	35,»
— sèches......	1,04	48,»
Pruneaux	0,73	28,»
Noix fraîches.	1.04	10,6
Amandes douces, fraich.	2,67	40,»
Figues sèches...	0,92	34,»

Café, thé, chocolat.

Café, dans une infusion de 100 grammes......	1,01	9,»
Thé, dans une infusion de 20 grammes.......	0,02	2,1
Chocolat, pour 100 gr..	1,52	58,»

Aliments gras.

Lard	1,18	71,14
Beurre ordinaire......	0,64	83, »
Huile d'olive.........	»	98, »

Boissons alcooliques.

Bière forte...........	0,08	4,50
Eau-de-vie commune.	»	27, »
Vin....................	0,017	4, »

Exemple d'un régime gras.

	Azote	Carbone
Pain, 600 grammes..	6,48	147, »
Bœuf rôti, 300 gr...	10,50	53,28
Fromage de gruyère, 200 grammes.....	10 »	76, »
Vin, 500 grammes...	0,07	20, »
Infusion de café, 150 grammes.....	1,65	13,50
	28,90	309,78

Exemple d'un régime maigre.

	Azote	Carbone
Pain, 600 grammes..	6,48	147, »
Morue salée, 200 gr.	10,04	32,50
Haricots, 200 gramm.	7,80	86, »
Beurre, 100 grammes	0,64	83, »
Bière, 1 litre.......	0,08	4,50
	25,04	352,50

Consommation du blé en France.

	Moyenne par tête.	Ration journalière de pain par tête.
De 1820 à 1830,	146 litres.	300 grammes.
1830 1840,	160 —	329 —
1840 1850,	190 —	390 —
1850 1860,	207 —	425 —
1860 1870,	229 —	479 —
1870 1880,	258 —	550 —

Pour une alimentation normale et journalière, la ration de pain de blé doit être de 700 grammes.

Une ration de 700 grammes par jour, représente une provision de blé de 340 litres par an.

Consommation annuelle des aliments dans les principales villes de France.

Par tête et par an.	Pain.	Vin.		Viande fraîche.
Paris,	164 kil.	224 litres.		80 kil.
Lyon,	175 —	230 —		71 —
Marseille,	244 —	186 —		63 —
Bordeaux,	165 —	210 —		65 —
Lille,	219 —	25 —	294 lit. bière.	49 —
Nantes,	267 —	172 —		46 —
Toulouse,	177 —	212 —		55 —
Rouen,	183 —	49 —	124 lit. cidre.	61 —
Rennes,	250 —	30 —	532 —	42 —

Réduction du poids de la viande par la cuisson.

2 kilog. de bœuf perdent par l'ébullition,	500	grammes.
2 — — — au rôtissage,	650	—
2 — — — cuits au four,	600	—
2 — de mouton perdent par l'ébullition,	370	—
2 — — — par le rôtissage,	680	—
2 — — — cuits au four,	620	—

Nourriture des ouvriers de ferme.

Dans le Midi, un homme adulte consomme de 1 kil 50 à 2 kil. de pain avec des légumes.

Un ménage d'ouvriers, composé du père, de la mère et de deux enfants de 8 à 9 ans, consomme tous les jours

3 kil. 500 de pain.

Un ménage avec trois enfants, peut consommer, 4 — 250 —

Dans l'année, la consommation d'un ouvrier peut varier suivant l'alimentation suivie :

en blé de seigle, de 4 à 6 hectolitres,
en pommes de terre, de 5 9 —

Pour la femme, il y a une diminution de 20 % sur la nourriture d'un homme.

Nourriture des ouvriers de ferme (divers exemples).

	Nord		Vaucluse		Corrèze		Environs d'Arles		Suivant M. Moll.		Environs de Béziers		Vienne	
	par an	par jour	par an	par jour	par an	par jour	par an	par jour	par an	par jour	par an	par jour	par an	par jour
	kil.	kil.	kil.	kil.	kil.	kil.	kil.	kil.	kil.	kil.	kil.	kil.	kil.	kil.
Blé, seigle, méteil (en nature)	»	»	»	»	»	»	»	»	460	1,260	365	1	»	»
Farine de blé, seigle, orge	400	1,080	»	»	»	»	»	»	»	»	»	»	»	»
Pain	»	»	390	1,070	219	0,600	555	1,510	»	»	»	»	460	1,260
Pommes de terre	350	0,960	90	0,247	369	1,015	180	0,500	100	0,300	»	»	600	1,640
Chataignes	»	»	»	»	248	0,700			»	»	»	»	»	»
Légumes secs	40	0,109	88	0,230	»	»			30	0,080	»	»	30	0,080
Légumes verts	»	»	›	»	»	»			»	»	»	»	»	»
Viande	20	0,054	»	»	12	0,033	60	0,164	10	0,025			10	0,025
Lard	10	0,025	19	0,051	10	0,025			10	0,025			10	0,025
Huile	»	»	10	0,025	»	»	10	0,025	10	0,025	10	0,025	10	0,025
Fromage	»	»	»	»	»	»	»							
Beurre, graisse	20	0,054	»	»	»	»	»		5	0,013				0,013
Lait	160 lit.	0,440	»	»	120 lit.	0,330			150 lit.	0,40			160 lit.	0,440
Vin ou boisson, piquette	»	»	123 lit.	0,337 lit.	»	»	600 lit.	1,64 lit.	»	»	700 lit.	1,91 lit.	piquette	»
Cidre	»	»	»	»	»	»	»	»	»	»			»	»
Bière	365 lit	1 lit	»	»	»	»	»	»	»	»			»	»
Sel et divers	12 k.	0,033	»	»	»	»	»	»	»	»	10 k.	0,03	»	»

Nourriture dans l'armée.

Pain, dans la soupe,   250 grammes par jour.
Pain de munition,   750   --   —
   délivré tous les deux
   jours, à raison de
   1 kil. 500.
Viande,   300   —
Légumes,   700 à 900   —
Vin, deux fois par semaine.

De l'eau.

Sous la pression barométrique normale de 760 millimètres, l'ébullition de l'eau se fait à 100°.

Si les conditions changent, le point d'ébullition varie :

à la pression atmosphérique de 633° l'eau bout à 95°.

657	—	96
682	—	97
707	--	98
733	—	99
746	—	99,5
760	--	100
787	—	101

Sous une cloche dans laquelle on a fait le vide, l'eau bout à 20°.

A 100°, la tension de la vapeur = une atmosphère.

L'eau est formée d'hydrogène ,   11,111 } 100,000.
           d'oxygène,   88,889 }

Une eau impropre aux usages domestiques, peut être rendue utilisable par l'addition d'une certaine quantité de carbonate de soude cristallisé ou de sel de soude sec :

322 grammes de cristaux de soude, } par hectolitre d'eau
ou 122   —   de sel de soude sec, } (dépense 0 fr. 15).

Eau consommée dans une ferme.

	Consommation :	
	journalière.	annuelle.
	litres.	mètre cube.
Un homme adulte, pour tous ses besoins, consomme,	10	3,60
Un cheval de taille moyenne, nourri avec des aliments secs, consomme,	25	»
y compris l'eau nécessaire au pansement et au lavage des écuries et harnais,	50	18 »
Une bête à cornes nourrie au vert une partie de l'année, y compris l'eau nécessaire au pansement et au nettoyage des étables,	30	11 »
Un mouton, qui pâture une partie de l'année et reçoit souvent des racines l'hiver, tout compris,	2	0,73
Un porc, qui consomme en partie en boissons les eaux du ménage domestique, peut être abreuvé et nettoyé avec	4	1,80

LES ANIMAUX DE FERME

On a constaté qu'il existe actuellement en France :

2.870.000	chevaux,
293.000	mulets,
398.000	ânes,
8.550.000	vaches,
2.710.000	bœufs ou taureaux,
2.100.000	veaux,
23.700.000	moutons,
7.110.000	porcs,
1.567.000	chèvres,
43.000.000	volailles.

Aptitudes des racés chevalines françaises.

Grosses races :	Percheronne.	Auvergnate.
	Picarde.	Bigourdone.
ardenaise.	Poitevine.	Bretonne.
Boulonaise.		Camargue.
Bourbourienne.	Races légères :	Landaise.
Bretonne.		Limousine.
Cauchoise.	Ariégeoise.	Navarrine.
Flamande.	Aveyronaise.	Pyrénéenne.
Franc-Comtoise.	Angevine.	

Aptitudes des races bovines françaises.

EXCELLENTES

Travail :	Ségalas.	Vendéenne.
	Mezin.	Guingamp.
Salers.	Limousine.	Camargue.
Aubrac.	Cholletaise.	Tourache.
Morvandelle.	Bretonne.	Bazadaise.

Lait :	Cotentine.	Bourbonnaise.
	Rennoise.	Mancelle.
	Engraissement :	Choletaise.
Flandrine.		Limousine.
Vallée d'Auge.	Charollaise.	Vendéenne.
Bretonne.	Agenaise.	Vallée d'Auge.

FAIBLES

Travail:	*Lait :*	*Engraissement*
Landaise.	Limagne.	Cotentine.
Gers.	Fémeline.	Aubrac.
Gasconne.	Salers.	Ségalas.
Saintongeoise.	Vendéenne.	Bazadaise.
Ariégeoise.	Nivernaise.	Salers.
Quercy.	Gers.	Limague.
Bressane.	Gasconne.	Bretonne.
Nivernaise.	Aubrac.	Gers.
Limagne.	Cholletaise.	Gasconne.
	Bressane.	Tourache.
		Quercy.

MAUVAISES

Travail :	*Lait :*	*Engraissement :*
Mancelle.	Tourache.	Nérac.
Agenaise.	Mancelle.	Saintongeoise.
Bourbonnaise.	Agenaise.	Ariégeoise.
Charollaise.	Limousine.	Bressane.
Flamande.	Morvan.	Morvan.
Cotentine.	Camargue.	Camargue.
Vallée d'Auge.	Saintongeoise.	

Aptitudes des bêtes à laines, par rapport à la nature de leur laine.

Races à laine colorée :	Solognote.	Picarde.
	Vosgienne.	Du Quercy.
Ardenaise.		Flamande,
Béarnaise.	*Races à laine grosse et flottante :*	Cholletaise.
Bretonne.		Saintongeoise.
Auvergnate.		Vendéenne.
Briançonaise.	Arlésienne,	
Bressane.	Bourbonnaise.	*Races à laine ordinaire :*
Gatinoise.	Ariégeoise.	
Landaise.	Marchoise.	Berrichonne.
Limousine.	Normande.	Dauphinoise.

Lauraguaise.	*Races à laine fine*	Métisse-Bourguignonne
Nivernaise.	*ordinaire :*	— Briarde.
Morvandaise.		— Cauchoise.
Poitevine.	Mérinos de Naz.	— Roussillonnaise
Provençale .	Mérinos.	— Arlésienne.
Ségalaise.	Métis-Mérinos.	

Caractères des races porcines françaises.

Pelage blanc.	*Taille moyenne :*	Navarrine.
		Périgourdine.
Grande taille :	Angoumoise :	
	Bourbonnaise.	*Taille moyenne :*
Auvergnate.	Berrichonne.	
Bourguignonne.		
Bretonne.	*Pelage blanc et noir.*	Alsacienne.
Craonaise.		Bressane.
Champenoise.	*Grande taille :*	Charollaise.
Lorraine.		Limousine.
Normande.	Ariégeoise.	Morvandaise.
Poitevine.	Agenaise.	Quercinoise.

Age auquel on commence à se servir des reproducteurs.

Mâles :   *Femelles :*

Étalons,	de 5 à 6 ans.	Jument,	de 4 à 5 ans.
Taureau,	— 20 24 mois.	Vache,	— 18 20 mois.
Bélier,	— 2 ans.	Brebis,	— 18 24 mois.
Verrat,	— 9 mois.	Truie,	— 8 9 mois.

Durée moyenne de la gestation.

Jument,	terme moyen,	336 jours ou	48 semaines.
Anesse,	—	348 —	50 —
Vache,	—	281 —	40 —
Brebis,	—	155 —	22 —
Chèvre,	—	155 —	22 —
Truie,	—	112 —	15 —
Chienne,	—	60 —	8 —
Chatte,	—	55 —	7 —
Lapine.	—	30 —	4 —

Poids des animaux à leur naissance.

Un poulain, à sa naissance, pèse en moyenne 1/10ᵉ du poids vif de sa mère.

Il croît, en moyenne, de 0ᵐ,40 la 1ʳᵉ année,

—	—	0	12 la 2ᵉ	—
—	—	0	08 la 3ᵉ	—
—	—	0	04 la 4ᵉ	—
—	—	0	01 la 5ᵉ	—

Pendant l'allaitement, il augmente de 1 kilog. par jour.

Un veau, à sa naissance, pèse en moyenne, de 30 à 40 kilog., soit 1/10ᵉ du poids de la mère, petites races ;
1/15ᵉ ou 1/20ᵉ du poids de la mère, fortes races.

Il grandit de la manière suivante : 1ʳᵉ année, de 0ᵐ,30,

	2ᵉ	—	de 0	20,
	3ᵉ	—	de 0	10,
	4ᵉ	—	de 0	08.

Il augmente, pendant l'allaitement, de 750 à 800 grammes par jour.

Les veaux du Gâtinais, engraissés au lait, pèsent, à 6 semaines, de 90 à 100 kil.

Un agneau, à sa naissance, pèse de 4 à 5 kilos, selon sa race et aussi selon qu'il est femelle ou mâle.

Bien nourri depuis sa naissance jusqu'au sevrage, il augmente de 200 à 250 grammes par jour.

Un goret, à sa naissance, pèse de 1 kil. à 1 kil. 500. Cinq mois après, il peut peser 80 kilog. dans les bonnes races.

Il augmente par jour : du 1ᵉʳ au 50ᵉ jour de 180 à 300 gr.

| | 51ᵉ au 200ᵉ | — | de 300 à 500 | — |
| | 201ᵉ au 365ᵉ | — | de 200 à 250 | — |

Poids des animaux adultes.

Chevaux :

Chevaux légers	pèsent de	250 kil. à 450 kil
— de labour	—	500 — 600 —
— de gros traits	—	600 — 700 —
— limoniers ou		
fardiers	—	700 — 900 —

Bêtes bovines :

Vaches de petites races,	150 à 250 kil.		
— races moyennes,	250	450	
— grandes races,	450	850	

Poids de quelques races :

Race d'Aubrac,	400 à 450 k.		Race Bourbonnaise,	375 à 400 k.	
— de Salers,	400	500	— Comtoise,	250	300
— de Segalas,	250	300	— Cotentine,	750	800
— du Limousin,	350	400	— Flamande,	450	500
— Charollaise,	450	500	— Bretonne,	120	200

Les bœufs et taureaux pèsent toujours 1/4 à 1/2 en plus.

Bœufs de trait,	depuis	450 à	800 kil.
— d'engrais,	—	670	1.200
— de concours,	—	800	1.300
— gras,	—	1.500	1.900

BÊTES OVINES

Races avec peu ou point de sang mérinos, à laines ordinaires.

	Poids par tête. kil.	Rendements en laine par tête. kil.
Races : flamande, picarde, champennoise, cauchoise........	60 à 90	5 à 6
— beauceronne, soissonnaise, vendéenne, de la Brie, de l'Artois	50 70	3 4
— de la Normandie, de la Mayenne, de la Vendée, de la Bretagne, de la Limagne..............	40 50	3 4

Races laitières du Midi (laines ordinaires) :

Races du Lauraguais, du Larzac, de l'Aude, du Gers, du Lot, du Tarn, de la Garonne, de l'Ariège, de la Lozère	35 40	2 3

Dans ces races, les brebis portent fréquemment 2 agneaux.

Petites races des bruyères (laines grossières) :

	Poids par tête. kil.		Rendements en laine par tête. kil.	
Races des Ardennes, noire de Bretagne, de la Marche, du Limousin, d'Auvergne, des Landes, du Languedoc, du Vivarais, du Lyonnais, de la Bresse, du Bugey, du Morvan, de la Sologne, du Berry............	15	30	0.500	2.500

Races mérinos purs et métis-mérinos (laines fines) :

	Poids par tête. kil.		Rendements en laine par tête. kil.	
Mérinos de Rambouillet...............	40	45	5 »	6 »
— de Mauchamp................	25	30	3 »	4 »
— métis du Midi...............	20	15	3 »	4 »
— — du Nord...............	50	70	4 »	5 »

Races étrangères :

Dishley pur ou croisé.................	60	70	3 »	3.500
Southdown —	55	65	1.50	3 »

Les béliers ont plus de poids que les brebis, de 1/4 à 1/12.

Espèce porcine :

Le porc est adulte à deux ans, vieux à 8 ans; les truies portent jusqu'à 18 petits, le plus souvent de 8 à 12.

Dans les bonnes races :

à 6 mois, un cochon peut peser	de 50 à	60 kil.
à 9 — — —	100	120
à 12 — et engraissé..........	130	160
à 15 — (métis anglais)........	150	250
à 18 — (— Essex).........	250	300
mères reproductrices, pèsent...	160	180
le verrat......................	200	230
truie engraissée................	220	300
animaux pour concours.........	300	400

Animaux de ferme. — Valeurs.

Chevaux de trait léger :

		fr.	
Chevaux de petites races...		150 à	300
— de races ordinaires.		250	500
— pour voiture		400	900
— de selle.		400	1.800
— — croisés anglais		1.000	2.000

Chevaux de trait, pour travaux de ferme :

Chevaux de races ordinaires..	300	600
— percherons, poitevins, boulonnais, bretons (grosse race)	600	1.200

Chevaux de gros trait :

Chevaux normands à 5 ans	1.000	3.000
— percherons —	1.500	3.000

PRIX COMPARATIFS

Cheval de trait valant adulte 900 fr.	Cheval de trait valant adulte 1.200 fr.

Valeur :

au sevrage	320 fr.	370 fr.
à 18 mois	575	700
à 2 ans 1/2	700	820
à 3 ans 1/2	800	975
à 5 ans	900	1.200

Cheval valant à la naissance de	45 à 55 fr.	
vaudra à 1 an de	190	250
— à 2 ans de	350	400
— à 3 ans de	500	600

PRIX DONNÉS PAR L'ETAT POUR CHEVAUX DE CAVALERIE

	Taille :	Prix : fr.
Chevaux de cavalerie de réserve	1ᵐ,54 à 1ᵐ,60	800 à 1.400
— — de ligne..	1 51 1 54	700 1.300
— — légère ...	1 48 1 51	600 1.200
— de trait...............	1 45 1 54	600 1.000
— d'officiers, de tête...................		1.100 1.800

Mules et mulets :

Mules et mulets, du Poitou, au sevrage.........	250	400
— — — adultes...........	450	800

Anes et ânesses :

De petite race.. 30 à 60 fr. De grande race.. 40 à 125 fr.

Bêtes bovines :

	Veaux. fr.	Vaches. fr.	Bœufs. fr.
Petites races......	20 à 40	95 à 150	150 à 250
Races moyennes...	40 60	180 230	250 360
Grandes races.....	60 100	250 400	400 600
Races laitières.........		400 900	»
Bœufs d'engrais................			500 900

Bêtes ovines.

	Agneaux. fr.	Brebis, fr.	Moutons. fr.
Petites races......	5 à 10	10 à 20	15 à 24
Races moyennes...	10 15	20 30	20 35
Grandes races. ...	15 20	25 45	40 50
Races croisées.....	25 35	45 60	45 80

Espèces caprines.

Chevreau, de 2 à 7 fr. Chèvre, de 10 à 25 fr. Bouc, de 14 à 30 fr.

Espèces porcines.

	Races ordinaires. fr.		Races améliorées. fr.	
Porcelets, au moment du sevrage.....	10 à	20	20 à	30
Porcs de moins d'un an...............	20	50	50	100
— de plus d'un an	60	130	100	200

VALEUR DES REPRODUCTEURS

	fr.	
Étalons particuliers, de..................	1.000 à	5.000
— de l'État, de	3.000	20.000
Baudets pour la reproduction des mulets, de.	1.000	6.000
jument mulassière (Poitou)...........	600	900
Taureaux ordinaires, dans les fermes, de.....	200	400
— de race Durham (vacherie de Corbon, de........	1.200	3.000
— — — chez éleveurs, de..	800	2.000
Génisses — — de...........	600	900
Vaches de bonne race normande, de........ .	500	800
— de race Durham, de.................	1.000	15.000
Béliers de races communes.................	20	100
— croisés Dishley, de.................	400	700
— — Southdown, de...............	300	500
— mérinos purs, de Rambouillet, de	1.000	1.500
— — chez éleveurs, de......	1.000	3.000
Verrats, au sevrage, de.....................	25	50
— à six mois.........................	100	200

Productions animales.

Les animaux de ferme sont une source de revenus importants, provenant, suivant les espèces, de leur travail, de leurs engrais et de produits divers tels que viande, lait et laine.

PRODUCTIONS EN FUMIERS

Quantité de fumier produite annuellement par les animaux de ferme.

	Fumiers par jour. kil.	Fumiers par an. kil.	Poids des fumiers : frais. mc.	décomposés. mc.	Urine par an. kil.
Cheval,	30	10 à 12,000	400	550	1500
Bœuf de travail,	30	9 10,000	550	700	2500
— d'engrais	40	15 18,000	600	800	»
Vache laitière,	35	12 14,000	500	700	4000
Bête à laine,	1 1/2	5 600	40	700	190
Porc,	3 à 4	1 1,000	»	»	600

Les bêtes à cornes qui vivent la nuit dans les étables et pendant le jour dans les pâturages, donnent moins de fumier que les animaux soumis à la stabulation permanente.

Prix de revient du travail des animaux, dans les fermes.

	fr.	fr.
Cheval : Suivant pays, sa nourriture revient par jour de....................................	1.50 à 2.50	
Si, pour avoir le prix de revient de la journée de travail, on ajoute à cette première somme, les frais d'entretien, l'amortissement du capital, son intérêt, les dépenses pour ferrure, éclairage, etc., on trouve que le prix de revient de la journée, dans un pays de grande culture, est de..........	3.50	4 »
Dans d'autres localités, de moyenne culture, il peut descendre à..............................	2.50	3 »
Il est beaucoup de pays où le prix d'une journée de cheval, ou de collier, est de	5 »	6 »
Mulet : Le prix d'une journée de travail du mulet est de..	2.50	3.50
Bœuf : Suivant pays, sa nourriture coûte par jour de................................... ...	0.65	1 »
Si on ajoute à cette somme toutes les autres dépenses, comme pour le cheval, on trouve que la journée de travail d'un bœuf revient de........	2 »	3 »

Rendements des animaux en viande.

Un bœuf bien nourri augmente par jour de 750 à 950 gram.

L'engraissement n'a pas seulement pour résultat d'augmenter le poids, mais aussi d'augmenter la qualité de la masse de la viande.

Rendements pour 100 du poids vif.

	Viandes nettes.	Suif.	Cuir, peau.	Issues.
Bœufs et vaches maigres,	45 à 50	2 à 4	7 à 8	42
— — mi-gras,	50 55	4 6	6 7	35
— — gras,	55 60	6 10	5 7	25
Animaux de concours,	67 72	8 12	5 7	20
Veaux,	50 60	6 7	8 10	32
— gras,	60 65	» 5	6 8	22
Moutons,	45 50	3 7	6 10	40
— gras,	55 65	7 9	4 6	36
Porcs,	70 75	»	»	35
— gras,	78 80	»	»	20

Pour le porc, la perte sur le pied vivant ne dépasse pas 4 à 7 °/₀.

Produits divers fournis.

	Par un bœuf du poids vif de 600 kil.	Par un mouton du poids vif de 50 kil.
	kil.	kil.
Viande	350	25 »
Graisse	40	2.500
Sang	25	2 »
Pieds.	10	1 »
Tête.	5	2 »
Fressure.	20	2 »
Intestins et issues	30	3 »
Peau	50	5 »
Déchets.	70	7.500
	600	50 »

VALEUR (VIANDE, CUIRS ET SUIFS)

Bestiaux. — Marché du 30 juin 1886. — Cote officielle.

	Prix extrêmes au poids net.	Prix extrêmes au poids vif.	Poids moyen par tête.	Age moyen des animaux abattus.
	fr. fr.	fr. fr.	kil.	ans.
Bœufs, le kilo,	1.12 à 1.62	0.57 à 0.95	352	4 à 6
Vaches, —	1.02 1.54	0.50 0.90	234	5 8
Taureaux, —	1 » 1.30	0.49 0.75	375	4 8
Veaux, —	1.09 2.20	0.58 1.36	84	à 1 mois 1/2 à 4 mois.
Moutons, —	1.40 2 »	0.54 1 »	21	18 mois à 3 ans.
Porcs gras, —	1.30 1.52	0.92 1.08	81	10 mois à 2 ans.

Cuirs et peaux (Cours de l'abattoir de Paris, les 50 kilos).

Taureaux,	41 fr.	Vaches laitières,	45 fr.
Gros bœufs,	48	— de landes,	47
Moyens —	45	Gros veaux,	62
Petits bœufs,	43	Petits veaux,	82

Suifs, 100 à 106 fr. les 100 kilos.
Valeur des abats chez le bœuf : 12 à 15 fr.

Peaux de mouton. (Marché de la Villette.)

Peaux de mouton, demi-laine, 3 fr. » à 5 fr. 80 la pièce.
    —   rases,   1 20 2 .15   —

Lait.

Composition chimique du lait.

	D'après Boussingault :		D'après Doyère :	
	vache.	chèvre.	vache.	chèvre.
Beurre..............	4	4.7	3.2	7.6
Caséine.............	{ 3.6	{ 5.7	3	4
Albumine............			1.2	1.7
Lactine ou sucre de lait	{ 5	4.8	4.3	4.3
Sels		0.8	0.7	0.6
Eau	87.4	84	87.6	81.6
	100 »	100 »	100 »	100 »

Composition du lait, au point de vue de son emploi.

	Butyrum.	Caséum.	Serrum (petit lait).
Vache,	2.68	8.95	88.37
Brebis,	5.50	15.30	78.90
Chèvre,	4.56	9.12	86.32

Densités.

Lait de vache,	1.029 à 1.039	
— chèvre,	1.030	1.034
— brebis,	1.037	1.040
— jument,	1.028	1.034
— d'ânesse,	1.029	1.035

Comme rendement en lait, il est des auteurs qui indiquent des chiffres de 3,000, 4,000 et 5,000 litres, pendant le temps de la periode lactaire, c'est-à-dire pendant 300 jours.

Suivant les vaches et les races :

Production faible,	1,480 litres.
— moyenne,	1,980 —
— forte,	2,662 —

Répartition de la production pendant la période lactaire.

		Production journalière de la période :	
1re période,	40 jours,	10 litres,	400 litres.
2e —	90 —	8 —	720 —
3e —	90 —	6 —	540 —
4e —	80 —	5 —	330 —
	300 jours.		1,980 litres.

Chèvre : Dans le Mont-Dore (Rhône), une chèvre, nourrie à l'étable, produit annuellement 1,460 litres de lait, soit une moyenne de 4 litres par jour.

FROMAGES (DES DIVERSES ESPÈCES FRANÇAISES).

1o Fromages de consistance molle : fromages frais, maigres ou gras, suivant qu'ils ont été écrémés ou non, tels sont les fromages à la crême de Neufchâtel, Gournay (Seine-Inférieure), de l'Oise et de Seine-et-Oise. 100 kilos de lait donnent 10 kilos de caillé pressé.

10 à 12 litres de lait donnent 1 litre de crême.

2o Fromages à pâte molle, fromages fermentés, salés et affinés.

Nom de fromages.	Lieu de fabrication.	Nature du lait employé.	Prix des fromages.
Brie	Seine-et-Marne, Marne, Aisne	lait de vache non écrémé	22 à 30 fr. les dix.
Camembert...	Orne	id.	7 à 8 fr. la douz.
Livarot	Calvados	id.	5 à 8 fr. la douz.
Pont-l'Evêque.	id.	id.	id.
Marolles	Nord, Aisne	vache, lait écrémé	8 à 9 fr. la douz.
Ollivet........	Loiret	vache, écr.	0,25 c. pièce.
Mont-d'Or.....	Rhône	chèvre pure	0,40 c. pièce.
Saint-Marcelin.	Isère	chèvre et brebis	0,30 c. pièce.
Senecterre ou St-Nectaire..	Puy-de-Dôme.	vache, non écrémé	1 f. 30 pièce.
Géromé ou Gérardmer....	Vosges.	vache	80 à 90 fr. les 100 k.

3o Fromages de consistance solide, à pâte sèche ou ferme, fermentés, pressés ou salés.

Auvergne ..	Cantal	vache, non écr.	80 à 100 f. les 100 k.
Septmoncel.	Jura	vache et chèvre	230 à 250 f. les 100 k.
Mont-Cenis .	Savoie	vache, chèvre et brebis.	80 à 100 f. les 100 k.
Sassenage ..	Isère	vache, chèvre et brebis.	2 fr. 50 le kil.
Roquefort ..	Aveyron	brebis, parfois avec chèvre	150 à 180 f. les 100 k. nouveau.
id.	St-Affrique	brebis	220 à 250 f. les 100 k. conservé.

4º Fromages à pâte sèche ou ferme : fromages cuits, pressés ou salés.

Gruyère ou vachelin fabriqué dans le Doubs, le Jura, la Haute-Saône, fait avec du lait de vache écrémé ou non. 100 à 135 francs les 100 kilos.

Port-du-Salut, fait dans la Mayenne avec du lait de vache.

Une bonne vache donne dans son année :

Dans le Cantal............................	150 à 200 k. de fromage	
— le Jura et le Doubs...................	100 à 127	—
— le Mont-d'Or, une chèvre........	137	—
— l'Aveyron, une brebis	10 à 22	—

Il faut, pour fabriquer 1 kil. de fromage gras	9 à 12 lit. de lait		
— — mi-gras	12 à 16	—	
— — maigre	15 à 18	—	écrémé.

Laines

	Production en suint. kil.	Prix du kilog. de laine en suint. fr.	lavé à dos. fr.
Agneaux (suivant races)...	0,50 à 2	1,30 à 3,40	1,80 à 5,50
Brebis, moutons (suivant races)	1 » 6	1,40 3,40	2,30 4,50
Production et prix moyens pour toute la France :			
Agneaux...................	0,82	2 »	3,33
Brebis, moutons..........	2 »	1,94	3,39

Les laines sont vendues par les propriétaires, en suint ou lavées.

Les laines fines, tassées, perdent de 45 à 60 % de leur poids par le lavage.

Les laines communes, tassées, ne perdent que de 35 à 45 % de leur poids.

Les laines en suint rendent chez le fabricant 30 % en blanc.

— lavées à dos — — — 65 % —

Au mois de juin 1886, le cours des laines était de :

1 f. 30 à 1 f. 60 pour celles en suint.

2 30 3 » — lavées à dos.

Animaux de basse-cour.

Durée moyenne de l'incubation.

Poule couvant ses œufs, 21 jours.
— — œufs de
cane .... 26 —
Dinde couvant ses œufs, 26 —
— — œufs de
poule .... 24 —

Dinde couvant œufs de
cane .... 27 jours.
Cane — ses œufs, 30 —
Oie — — 30 —
Pigeonne — — 18 —

Ponte, moyenne par an.

Poule, 120 œufs. Une poule peut couver à la fois 13 œufs.
Cane, 30 — — cane — — 12 —
Oie, 15 — — oie — — 10 —
Dinde, 20 — — dinde — — 16 —

La ponte commence en France en janvier et mars, et est abondante en avril, mai et juin.

Plumes d'oie : dans une aile d'oie, cinq plumes propres à écrire.

Les plumes de volailles :

plumes mortes, 1 f. 50 à 2 f. 75 le kil.
— vives, 2 75 3 50 —
— d'oies, 3 » 4 » —
— de dindes, sans valeur.
— de coq, 15 » à 20 » —

Abeilles

Les abeilles donnent trois produits : *miel,*
cire,
essaims.

Les principaux miels consommés en France sont ceux :
de Narbonne, presque blancs ;
du Gâtinais, jaune pâle ;

de la Normandie, blanc jaunâtre ;
de Bourgogne,
de la Champagne, } jaune, un peu doré ;
de la Picardie, qualité secondaire ;
de Bretagne,
de Sologne, } rouges, blancs,
des Landes, } qualités inférieures ;

Une ruche peut donner en miel : de 3 à 6 kilos.
— à rayons mobiles peut donner le double et le triple.

Le miel, suivant provenance, vaut :

qualités snpérieures, de 1 fr. à 1 fr. 50 le kilo,
— inférieures, de 0 fr. 40 à 1 fr. —

Les cires françaises les plus estimées sont celles :

de Bretagne,   du Gâtinais.
de Bourgogne,   de Basse-Normandie,
des Grandes-Landes.

Une ruche peut donner, en cire, de 0 kil. 500 à 0 kil. 700.

Les cires, suivant provenances et qualités, valent :

belles cires,	de	2 f. »	à 4 f. le kil.	
qualités courantes,	de	2 50	3	—
les cires blanchies,	de	4 »	6	—

Une ruche pèse avec essaim, environ 6 kilos ; à 2 ans, 10 à 15 kilos et se vend de 10 à 15 fr. Un essaim vaut de 5 à 7 fr.

Une ruche seule, en paille, coûte de	3	à 10 fr.	
— — en bois, —	4	15	
— — — à compar-timents, coûte de	30	50	

Vers à soie

L'éducation des vers à soie, qui se fait dans un local spécial appelé *magnanerie*, ne commence que lorsque tout éventualité de gelées tardives, qui auraient pour effet d'arrêter la végétation des muriers, n'est plus à craindre.
Les vers à soie subissent 4 mues pendant leur éducation,

c'est-à-dire qu'ils changent 4 fois de peau, et le temps qui s'écoule entre chaque mue porte le nom d'*âge*.

1er âge, de l'éclosion à la 1re mue, dure de 4 à 5 jours.

1er âge,	de l'éclosion à la 1re mue, dure de 4 à 5 jours.				
2e —	de la 1re à la 2e mue,	—	4	»	—
3e —	de la 2e — 3e —	—	6	1	—
4e —	de la 3e — 4e —	—	6	7	—
5e —	à la montée,	—	5	7	—

C'est vers le 28e jour de l'éducation que les vers à soie cessent de manger, deviennent transparents et commencent à former leurs cocons. Ce moment est appelé la *montée*.

Il faut 6 à 7 jours pour la montée des cocons;

— 10 — depuis la formation du cocon jusqu'à la ponte des œufs et la mort des couples, soit 40 jours à partir de l'éclosion, et 47 jours, en y ajoutant la durée de l'incubation.

Une once de vers à soie de 31 grammes, comportant
40,000 larves.

	Consommation en feuilles kil.		Exige : en nombre de claies.		en espace. mètre carré.	
1er âge,	4 à	5	1 à	»	1 » à	» »
2e —	12	15	2	3	2,62	3,93
3e —	40	50	4	6	5,24	7,86
4e —	120	150	8	12	10,48	10,72
5e —	800	1,000	16	24	20,96	31,44

La consommation des feuilles pour un éducation de 1 once peut être de 900 à 1,200 kil., et il faut 12 à 15 mûriers en plein rapport pour fournir cette quantité de feuilles. La feuille vaut de 6 à 10 fr. les 100 kilos.

Avec 100 kilos de feuilles, on peut obtenir 2 à 3 kilos de cocons.

Avant la maladie, dans les chambrées les mieux réussies, on retirait de 20 à 25 kilog. de cocons par once de 25 grammes. Suivant les localités, l'once de graine est de 25 grammes, comme dans la Drôme, et de 31 grammes, comme dans le Gard.

Théoriquement, si tous les œufs donnaient un cocon, on devrait avoir par once de 55 à 60 kilos de cocons.

Depuis que la *pébrine*, la *muscardine* et la *gatine* ont attaqué les vers à soie, la production a considérablement diminué.

Rendements d'après la statistique décennale.

Départements.	Prix-courant de l'once de graines.	Poids moyens des cocons obtenus par once.	Prix-courant d'un kilog. de cocons.
	fr.	kil.	fr.
Ardèche,	12	12,10	5,55
Bouches-du-Rhônes,	11	14,10	5,65
Drôme,	15	15,30	5,80
Gard,	11,50	21,50	7,05
Hérault,	10,50	12,80	5,90
Isère,	14,50	19,40	6,05
Lozère,	12	12,90	5,60
Var,	10	20,30	5,40
Vaucluse,	11,50	12,90	5,90

1 kilog. de cocons en contient, en moyenne, 760 simples japonais.

1 kilog. de cocons en contient, en moyenne, 520 indigènes.

Les éducateurs qui veulent obtenir des œufs — *appelés graines* — font, sur toute la récolte, le choix des plus beaux cocons.

Avec 1 kilog. de cocons on peut obtenir de 50 à 80 grammes de graines.

Une femelle pond de 300 à 700 œufs.

Pour les cocons qui doivent être vendus, on a soin de procéder à l'étouffage des chrysalides dans un four ou dans des appareils à vapeur, afin d'empêcher les papillons de sortir et de percer les cocons, ce qui leur enlèverait toute leur valeur.

L'étouffage ou la livraison des cocons est toujours précédé du débourrage, c'est-à-dire qu'on enlève la bourre qui revêt le cocon.

Quelques magnaniers procèdent eux-mêmes à la filature ou dévidage de leurs cocons; mais les soies grèges qu'on obtient ainsi et qui prennent le nom de *paquetailles* sur les marchés, n'ont jamais la valeur des soies de fabriques.

Il faut de 10 à 14 kil. de cocons pour donner 1 kil. de soie jaune vert, et 25 à 30 kil. de cocons pour 1 kil. de soie blanche.

Valeur moyenne de la soie grège :	de 45 à 65 fr. le kil.		
— de la bourre de soie :	5	6	—
Organsins français :	55	65	—

Animaux morts

Produits fournis par un cheval, équarri avec soin.

	kil.	fr.	fr.
Peau	30 »	à 0,40 =	12 »
Chair	160 »	0,05	8 »
Os décharnés	45 »	0,10	4,50
Sang nou desséché	16 »	0,02	1,80
Graisse	4 »	1 »	4 »
Crins longs et courts	0,100	3 »	0,30
Tendons non desséchés	2 »	0,10	0,20
Issues	40 »	0,50	2 »
Sabots	2 »	0,50	1 »
Fers et clous	0,500	0,50	0,25
Poids du cheval	299,600	Valeur totale :	34,05

Tous ces débris, traités par les moyens en usage dans les chantiers d'équarrissage, donnent une valeur de 60 à 70 fr.

Alimentation des animaux de ferme. — Rations.

Pour vivre et se maintenir dans son état normal, l'animal a besoin d'une certaine quantité de nourriture.

Cette nourriture ne sert qu'à entretenir sa chaleur et à réparer les pertes qu'il éprouve constamment par la perspiration et les excrétions.

La quantité de nourriture nécessaire à la vie a été appelée *ration d'entretien*. Elle est, en général, proportionnelle au poids de l'animal.

Pour obtenir du bétail travail, chair, graisse, lait, laine, il faut donc donner un supplément de nourriture ou de ration. A cette ration, on a donné le nom de *ration de production*. La réunion des deux s'appelle *ration totale*.

Les produits sont proportionnels à la ration de production.

Les aliments que l'on donne aux animaux sont dissemblables et ont des actions nutritives différentes.

Pour arriver à diriger l'alimention de façon à obtenir le but qu'on avait en vue, il a fallu comparer les différents aliments entre eux au point de vue de leurs qualités nutritives, c'est ce qui a amené les agriculteurs à créer des tables de comparaison par rapport à un aliment type. Le foin est le fourrage le plus généralement employé, c'est en quelque sorte l'aliment normal des animaux de ferme; pour cette raison on l'a pris comme base de comparaison. On a donc dressé des tables de comparaison auxquelles on a donné le nom de *Tables des équivalents nutritifs*, dans lesquelles tous les aliments sont ramenés à 100 de foin.

Au moyen de ces tables, le poids de l'animal étant connu, il est toujours possible de calculer la quantité de nourriture nécessaire à chaque animal, par jour, pour vivre et pour produire.

L'expérience a prouvé que la *ration d'entretien*, en bon foin, devait être, par jour, de 1,7 °/₀ du poids vif, et la *ration de production* de 1,60 à 3,3 °/₀, et, par suite, la ration totale de 3,30 à 5 °/₀ du poids vif.

Deux éléments sont donc indispensables pour constituer une ration : *la valeur nutritive d'un aliment donné et le poids de l'animal.*

Valeur nutritive des aliments.

Sont équivalant à 100 kilog. de bon foin :

Foins :	kil.	*Fanes sèches :*	kil.
Foin de sainfoin	89	Féverole	140
— luzerne	93	Pois	153
— trèfle	97	Vesce	159
— vesce	97	Lentille	160
— ray-grass	130		

Regains :		*Feuilles sèches :*	
Prairie naturelle	103	Tilleul	93
Trèfle	97	Orme	93
		Peuplier, Vigne	100
		Frêne	100
Pailles :		Chêne	111
		Erable	125
Millet	190	Acacia	142
Sarrasin	206		
Avoine	222	*Tiges et feuilles vertes :*	
Orge	243		
Maïs	300	Seigle	150
Froment	341	Ajonc	198
Seigle	434	Maïs	275

	kil.
Spergule	413
Trèfle incarnat	420
Trèfle rouge	427
Sarrasin	438
Sainfoin	446
Pois gris	450
Luzerne	456
Vesce	456
Colza	475
Navet	500
Chou	546
Betterave	600

Graines ou semences :

Maïs	41
Seigle	46
Sarrasin	52
Orge	52
Avoine	55

Fruits :

Châtaigne	47
Faîne	66
Marron d'Inde	66
Gland	17

Sons :

Froment	81
Seigle	83

Racines :

	kil.
Carotte	279
Chou-navet	318
Betterave	331
Rutabaga	340
Navet	522

Tubercules :

Pomme de terre	204
Topinambour	222

Marcs :

Raisin	312

Tourteaux :

Colza	52
Lin	62
Sésame	65
Pavot	70

Résidus :

Distillerie de grains	100
Sucrerie	143
Brasserie	162
Féculerie	535

Au moyen de cette table on détermine quelle quantité d'une substance nutritive on peut donner pour remplacer tel ou tel aliment.

Valeur nutritive des aliments préparés.

Aliments divisés :

100 k. de foin haché équivalent	130 k. de foin non haché
— d'herbe fraîche hachée	125 k. d'herbe —
— d'avoine brisée	170 k. d'avoine entière
— de pois, féverolles, moulus en farine	300 k. de grains entiers
— de céréales moulues	140 k. —
— de seigle concassé	300 k. d'avoine.
— de pois, féveroles, concassés	300 k. —
— — —	400 k. de foin.
— de paille hachée	120 k. de paille entière

Aliments trempés :

100 k. de paille hachée trempée............ 125 k. de paille entière
—   de grains trempés................. 125 k. non trempés
—   de légumineux trempés........... 135 k.   —

Aliments cuits ou fermentés :

100 k. de pommes de terre cuites........ 170 k. de p. de t. crues
—   de foin cuit à la vapeur........... 170 k. de foin sec
—   d'avoine cuite.................... 300 k. d'av. non cuite.

Quantité de foin ou son équivalent exigé par 100 kilos de poids vif.

Vache de 600 à 800 kilos........... foin 2 kilos
—   400 à 550 kilos.......... — 3 —
—   200 à 350 kilos.......... — 3,050
Beuf à l'engrais de 600 à 800 kilos. — 4
—   400 à 550 kilos.. — 5
—   200 à 350 kilos.. — 6
Mouton de 30 à 40 kilos.... .... — 4
—   50 à 60 kilos.......... — 5
Porc de 75 à 100 kilos............ — 4
—   40 à 60   .... — 5
—   20 à 35   .... — 6
Cheval de travail .... — 3

Les animaux de petite taille et jeunes, exigent plus d'aliments que les animaux de grandes tailles et adultes, appartenant aux mêmes espèces et races.

EXEMPLES DE RATIONS JOURNALIÈRES

Pour chevaux :

	Cheval de ferme.	Cheval de gros trait, environs Paris.	Cheval d'omnibus.	Cheval de cavalerie, de ligne.	Etalon de trait, des haras.	Cheval dans le Midi, en hiver.
	k.	k.	k.	k.	k.	k.
Foin...	10	7.500	7.500	3	7	4
Avoine.	3.25	9	9	4.600	4.500	»
Paille..	5.500	2	5.500	4	5	10
Son ...	»	2	0.500	»	»	»

<table>
<tr><td>Ration donnée par des nourrisseurs de Paris.</td><td colspan="2">Vaches laitières (environs de Lille), ration d'hiver.</td></tr>
</table>

Regain de luzerne......	5 k.	Pulpes de betteraves......	50 k.
Recoupette.............	4.500	Drèche de bière..........	10
Tourteau de colza......	1.250	Tourteau de colza........	2
Remoulage, pour boisson	2 lit.	Fourrage ou paille........	4
Drèche................	6.500		
Betteraves	12.500		
Paille d'avoine.........	10 »		

RATIONS DE BÊTES A CORNES A L'ENGRAIS

Dans le Nord :

1er exemple.		2e exemple.	
	kil.		kil.
Pulpes(sucrerie)de betteraves,	35 »	Pulpes de distillerie de betteraves,	70
Fourrage sec, haché,	3.500	Foin,	3
Balles de froment,	1.500	Tourteau de colza,	3
Son de froment,	2 »	Paille et menue paille,	2

Chez M. Cail, à la ferme de Crisenoy (Seine-et-Marne),

Les bœufs de labour reçoivent :		Les bœufs d'engrais reçoivent :	
	kil.		kil.
Pulpes et menues pailles,	65 à 70	Pulpes et menues pailles,	90
Fourrages secs,	5	Farines,	1 à 6

Pour les bêtes ovines :

Ration des agneaux :	1er mois,	lait de la mère.	
—	— 2e —	— —	
		regain de luzerne,	250 grammes,
		son, avoine (provende),	250 —
—	— 3e —	lait de la mère,	
		regain de luzerne,	500 —
		provende,	500 —
—	— 4e —	lait de la mère,	
		regain de luzerne,	500 —
		provende,	750 —
—	— 5e —	sevrage,	
		nourriture verte.	
Ration d'un mouton de 1 an l'hiver	{	foin,	500 —
		provende,	250 —
		paille de blé,	500 —
— d'une brebis, l'hiver :	{	foin de luzerne,	500 —
		— de vesce,	500 —
		paille de blé,	1 kil.500 —
— d'un mouton à l'engrais :	{	betteraves,	1 » —
		foin sec,	500 —
		tourteau,	500 —
		paille,	500 —

Pour l'espèce porcine :

Ration d'une truie, ayant 5 gorets :

pommes de terre, cuites,	11 kil.	250
farine de seigle,	1	225
lait écrémé ou caillé,	6	»

Ration d'un goret de 5 mois :

pommes de terre,	2	»
farine de seigle,	0	100
lait écrémé,	0	600

Nourriture totale pendant l'année des animaux de ferme :

	Foin.	Paille.	Avoine.	Paille litière.
Cheval de travail,	2,500 kil.	1,095 kil.	2,500 lit.	1,000 kil.
Bœuf,	3,800	1,095	1,200	1,000
Vache de 300 kil.,	3,000	»	»	1,000
— de 600 —	7,200	»	»	1,000

Quantité de sel par jour et par animal :

Bœuf à l'engrais,	80 à 120 gr.	Mouton à l'engrais	2 à	4 gr.
— de travail	40 50	Brebis,	1	2
Vache laitière,	40 60	Porc,	30	40
Cheval,	25 30			

Consommation des fourrages.

La consommation des fourrages dans une ferme est naturellement dépendante du mode de culture suivi, des spéculations animales auxquelles on se livre, et suivant que les animaux vivent plus ou moins en stabulation et au pâturage.

Litière.

Litières employées : pailles de froment, de seigle, d'avoine, feuilles, bruyères.

Pour un fort cheval de labour : de 2 kil. 500 à 3 kil. de litière par jour, soit 900 à 1,100 kil. dans l'année.

Pour une vache ou un bœuf : de 3 à 4 kil. par jour.

COMPOSITION DES RATIONS DE FOURRAGES DANS L'ARMÉE

	Ration d'hiver :			Ration d'été :		
	Foin.	Paille.	Avoine.	Foin.	Paille.	Avoine.
	kil.	kil.	kil.	kil.	kil.	kil.
Gendarmerie,	4	4	4.55	4	4	4.55
Artillerie,	4	4	4.35	4	4	4.85
Cavalerie de ligne,	3	4	4.15	3	4	4.55
Cavalerie légère,	3	4	3.75	3	4	4 »
Mulet,	3	4	3.75	3	4	3.75
Ration de route,	4	»	5.55	»	»	»
Pied de guerre,	4	2	5.80	»	»	»
Chevaux bivouaqués,	5	»	5.55	»	»	»

Denrées de substitution.

	Foin :		Paille de froment :
Sainfoin,	poids pour poids.	Paille de seigle,	poids pour poids.
Luzerne,	—	— d'avoine,	—
Paille,	double du poids.	— d'orge,	—
Avoine (France),	moitié du poids.	Foin et fourrage	
Orge (Algérie),	—	artificiel,	double du poids.
Carotte,	trois fois du poids.	Avoine (France),	quart du poids.
Fourrages verts,	40 kilog. = 12 k. de foin.	Orge (Algérie),	—

Avoine (intérieur). — *Orge* (Algérie).

Orge (intérieur), avoine (Algérie),	poids pour poids.
Foin et fourrages artificiels,	double du poids.
Paille,	4 fois le poids.
Son,	moitié en son.
Farine d'orge,	8/10es du poids.

Nota. — Dans les incendies, le sauvetage des animaux présente généralement de grandes difficultés, parfois même des dangers, par le fait de leur résistance à sortir des bâtiments.

Lorsque les flammes ne sont pas encore visibles pour eux, on amène encore, assez facilement, les chevaux à sortir, en leur jetant sur le dos leurs harnais ordinaires; ils croient l'heure du travail arrivée et ils n'hésitent pas à quitter l'écurie.

Autrement, on ne peut arriver à sauver les chevaux et les bêtes à cornes qu'en leur enveloppant la tête, de manière à leur enlever la vue du feu.

INSTRUMENTS AGRICOLES

Instruments d'extérieur de ferme.

	Poids kil.		Prix fr.	
Araires :				
— (charrues simples ou sans avant-train) :				
— pour labours légers....	35 à	50	25 à	45
— — ordinaires	50	80	45	55
— — profonds.................	80	100	60	90
— Dombasle, suivant nᵒˢ	83	96	30	85
— à âge droit, pour terres légères....... .	35	45	18	25
— — — fortes.........	50	100	25	60
— tout en fer........................			110	120
— de l'Avenir (système Boreau).........	100	145	100	190
Avant-trains, raies en bois, cerclées fer	30	30	25	35
— Dombasle..............	87	96		70
— roues en fer.....	54	80	65	80
— — en fonte....				50
— dit de Brie.........			55	100
— de pays (Côte-d'Or)......	75	80	100	140
Charrues :				
— à support ou à patin................			35	45
— à roulettes d'appui.............			35	50
— Bodin, à roues inégales............ ...			60	100
Charrues avec avant-train :				
— dites Dombasle, complet à âge droit..	173	192	100	132
— — — — — court..			113	160
— de l'Avenir (système Boreau).........	115	220	210	240
— Brabant simple...........	90	150	150	250
— — double......	160	290	250	350
— défonceuse......	300	350	390	410
— bisoc double..			230	250
— polysoc...	200	360	350	380
— tourne-oreille, simple..............			45	65
— — Garnier.....	135	300	150	300

Pour les Brabant doubles, comme pour toutes
les charrues en fer, on paie à raison du poids :
de 1,30 à 1,60 le kilog.

	Poids kil.		Prix fr.	
Traineaux :				
— simple, en bois.	20	26	5	6
— pour Brabant................ .....: .	30	40	16	18
— en fer, 2 roues (Garnier)............			14	20
— — pour Brabant......			25	35

Pièces de rechange des charrues.

	Poids kil.		Prix. fr.	
Age en bois avec les mancherons............	»	12	» à 18	»
Avant-corps, assemblé en fonte.............	»	10	» 25	»
— — avec soc en acier......	»	14	» 28	»
— — — en acier fondu	»	16	» 32	»
Corps de charrue tout assemblé....	»	25	» 65	»
Etançon antérieur en fonte................	»	4	» 6	»
— postérieur......................	»	2	» 3	»
Sep et versoir d'une seule pièce..	19 k.	13	» 15	»
Versoir en fonte..........................	9 à 14	4	» 10	»
— de tourne-oreille......	»	11	» 17	»
— en acier.........................	»	10	» 15	»
— en bois..........................	»	8	» 10	»
Soc en fonte.............................	2 k. à 4	0.71	1.50	
— acier............................	1.5 4	4	» 9	»
Lames ou socs avec boulons, pour fortes charrues..............................		11	» 18	»
Coutre aciéré............................	4 à 5 k.	3.50	7.50	
Bride de coutre..........................	2 3	3	» 4.50	
Régulateur	12 »	2	» 12	»
Chaîne d'attelage pour araires.............	4 5	3	» 5	»
Rasette pour Brabant simple...............	» 8	»	12	»
— — double...............	»	17	» 30	»
Clé......	1 k.	» »	1	»

	Poids kil.		Prix fr.	
Extirpateurs :				
— à 5 pieds fixes, âge court........... ..	95 à 100		60 à 75	
— 5 socs et à levier...................	140 150		170 180	
— 9 socs et roues...........	250 280		260 280	
Scarificateurs :				
— simple	55 75		75 85	
— Colman..........................	210 250		250 275	
— Dombasle........................	230 . 250		165 260	
Cultivateurs :				
— Pilter...........................	190 400		200 400	
— bâti en bois.....................	115 210		110 155	
Fouilleuses :				
— âge en bois	80 »		70 90	
— — en fer....................	115 »		» 200	
Butteurs :				
— âge en bois...	55 60		35 65	
— — en fer.	» »		» 110	
— Garnier, à une roue...	90 »		45 55	
— à 2 versoirs mobiles.............	70 80		50 60	

	Poids. kil.		Prix. fr.	
Houes à cheval, bineuses :				
— bâti en bois...	30 à	50	40 à	45
— — en fer...	»	»	50	70
— nouvelle bineuse...	»	»	110	130
— — butteuse...	»	»	150	165
Herses :				
— triangulaire...	25	30	20	25
— Valcour en bois, dents en fer...	30	55	20	51
— — en fer...	65	75	3.	25
— articulée en fer...	56	75	90	100
— — forte...	100	135	85	140
— palonnier à 1 cheval, en bois...	4	5	4	5
— — — fer...	»	»	6	8
— — — avec déclic...	»	»	8	10
— à 2 chevaux...	10	»	»	8
— volée d'attelage avec palonnier, 2 chevaux.	14	16	13	23
— — — 3 —	»	»	30	35
— — — 4 —	»	»	40	45
— traits en fer, la paire...	»	»	5	7
Rouleaux, brises-mottes :				
— uni, en bois...	»	»	80	120
— — en fonte...	250	400	120	150
— — plombeur...	300	800	114	250
— Crosskill, monture en bois...	300	550	275	350
— — 11 à 17 disques...	1000	1300	350	475
— roues de transport...	»	»	60	80
Rayonneurs :				
— Dombasle...	85	95	46	60
— Peltier...	»	»	100	120
Semoirs :				
— à brouette Dombasle...	72	»	50	60
— à poquets...	»	»	55	65
— pour toutes graines...	»	»	110	160
— à betteraves, pour billons...	124	190	300	350
— en lignes, de 7 à 20 rangs...	»	»	470	079
— anglais...	»	»	600	1200
— à la volée...	»	»	300	350
— à graines et à engrais...	»	»	700	1500
— à engrais...	»	»	400	600
Râteaux à cheval :				
— à foin, Bodin...	45	50	40	90
— automatique, en bois...	130	140	195	250
— — — fer...	270	350	225	300
— avec siège...	»	»	280	360
Faneuses :				
— à un cheval...	385	400	400	520
— à deux chevaux...	»	»	500	600
— à double effet...	400	500	375	500
— grille...	»	»	25	30

	Poids kil.		Prix fr.	
Faucheuses :				
— à 1 cheval....	250	à 300	450	à 500
— à 2 chevaux.................	335	400	500	600
Moissonneuses :				
— simple......	350	500	750	1000
— avec rateaux.....	440	580	950	1000
— lieuse......	»	»	1000	2000
— scie de rechange.................	»	»	30	50
Appareil de transport...........	»	»	50	75
Appareil à moissonner à ajouter aux faucheuses..........................	50	»	100	130
Pelles à cheval :				
— Garnier, tablier en tôle...........	70	80	70	80
— dite ravale, culbuteuse.........	»	»	140	200
Pompes à purin :				
— système simple, économique.......	40	45	40	60
— à chapelet.................	»	»	70	120
— système Noël	»	»	200	285
Tonneaux à purin :				
— d'arrosage..........	»	»	200	250
— avec épandage................:	»	»	500	600

Machines à battre.

	Poids kil.		Prix fr.	
Batteuses :				
— à bras (3 hectolitres à l'heure) ne vannant pas.......................	120	200	150	160
— vannant	»	»	180	250
— transportable, à manège, ne vannant pas	120	220	115	170
— à manège, vannant, 1,200 gerbes par jour	650	750	600	650
— Pinet.....	»	450	»	300
— fixe de 1 a 4 chevaux (Cumming)	»	»	350	650
— Pilter.................. ..	»	»	470	1000
Manèges :				
— transportable	250	500	275	425
— (système Petillet).....	»	»	170	300
— à entablement (Garnier).......».....	»	»	200	250
— à pivot...................	250	450	180	320
— Cumming....	»	»	900	1100
— Pinet........	»	700	»	600

Machines à battre fixes à manège, pourvues d'appareils nettoyeurs :

de Cumming
d'Albaret
de Loriot
de Faitot
de Rouet

montées, compris manège et accessoires, battant en une journée 1,700 gerbes avec 2 chevaux et 2 hommes, ou 60 hect. de blé battu et nettoyé. .... 1,500 à 2,700 fr.

Mêmes machines, mais locomobiles, battant également 60 hect. en 10 heures................. 1,200 à 1,800 fr,

Machines locomobiles à vapeur.

Batteuses Cumming (battant en travers), moteur à vapeur et batteuse séparés,
vannant et nettoyant.

nᵒˢ					Prix. fr.			Prix. fr.
1	Locomobile, force : 3 à 4 chevaux,				3.100	Batteuse,		1.600
2	—	—	4	5 —	4.000	—		1.700
3	—	—	5	6 —	4.700	—		2.100
4	—	—	6	7 —	5.600	—		2 300
5	—	—	6	7 —	5.600	—	avec élévateur,	2.500
6	—	—	7	8 —	5.900	—	—	2.700
7	—	—	8 10	—	6.600	—	—	2.800 à 3.200

Les machines 1 et 2 battent de 1,200 à 2.500 gerbes de 10 kil. par jour, criblant et vannaut.
    — 4 et 5 — 3,000 à 4,000 — 10 kil. — et en sac.
    — 6 et 7 — 4,000 à 6,000 — 10 kil. — —

Batteuses de Vierzon (Société du Matériel Agricole), battant en travers, moteur à vapeur et batteuse séparés, vannant et nettoyant.

nᵒˢ			Prix. fr.		Poids. kil.	Prix. fr.
1	Locomobile, force :	2 chevaux,	2.000	Batteuse petite culture,	»	1.100
2	— —	3 —	2.50C	— — avec secoueur,	»	1.200
3	— —	3 —	3.100	—	1.850	1.500
4	— —	3 à 4 —	3.500	—	2.000	1.700
5	— —	4 à 5 —	4.500	—	»	1.900
6	— —	4 à 5 —	»	—	2.200	2.000
7	— —	5 à 6 —	5.000	—	2.400	2.100
8	— —	6 —	5.400	— avec élévateur,	2.600	2.300
9	— —	7 —	6.000	— —	»	2.700
10	— —	5 à 6 —	»	— à trieur et nettoyage,	»	2.800
11	— —	7 à 7 —	6.800	— — —	3.200	3.200
12	— —	10 à 12 —	8.000	— — —	3.900	4.200

Les machines 1 et 2 battent de 500 à 800 gerbes de 10 kil. par jour, criblant et vannant.

—		3	—	1,200	1,500	—	—	—
—		4	—	1,700	2,000	—	—	—
—		5	—	2,000	2,200	—	—	—
—		5	—	2,400	2,500	—	—	—
—	8, 8, 9	—		3,000	3,500	—	—	—
—	10, 11, 12	—		3,000	3,500	—	—	et classant les grains.

Élévateur à paille, se repliant, prix : 1,500 fr.

Batteuses de Lotz (fils de l'aîné), battant en travers, vannant et triant.

					Prix.		Batteuse,	Prix.
1	Locomobile, force :	3 chevaux,			3.050 fr.		Batteuse,	1.500 fr.
2	—	—	4	—	4.000		—	2.000
3	—	—	5	—	4.700		—	2.300
4	—	—	6		5.500		—	2.700
5	—	—	7		6.500		—	2.700

Les machines 1 battent de 60 à 80 hect. par jour.
— 2 — 80 à 120 —
— 3 — 100 à 175 —
— 4 — 130 à 200 —
— 5 — 150 à 250 —

Batteuse Cumming, en travers, portant son moteur.

Force : 4 chevaux, secoue la paille, vanne le grain et le met en sac, employée dans le Midi,   7,000 fr.

*Batteuses locomobiles de Lotz (fils de l'aîné), moteur à vapeur et batteur sur le même chartil,
ne vannant pas.*

							Poids.	Prix.
Locomobile, force :	2 chevaux, battant	60 à 100 hect. par jour,					2,000 kil.	2,900 fr.
—	—	3	—	—	80 à 180	—	2,400	3,500
—	—	4	—	—	150 à 250	—	2,900	4,100
—	—	5	—	—	150 à 300	—	3,300	4,600
—	—	6 à 7	—	—	250 à 400	—	4,000	4,900
—	—	8	—	—	300 à 350	—	4,500	5,400

On peut adapter à ces machines : un secoueur articulé pour la paille,   280 à 360 fr.
un moulin à vanner,   200
transmission,   70

Machine à battre, système Guigner.

Locomobile et machine montées sur train unique. Force : 4 chevaux,
nettoyant,   4,800 fr.

*Machine à battre (Société du Matériel Agricole), avec appareil broyeur
de paille, employée dans le Midi.*

Batteuse sans élévateur et à coffre, force : 6 chevaux, 3,600 fr.
— avec   —   —   —   7   —   3,800
— à double nettoyage.

Machine à battre Ganelt.

		Poids.	Prix.
Batteuse, avec locomobile de 4 chevaux,		4,800 kil.	8,000 fr.
—	— 5 —	5,200	8,600
—	— 5 —	5,700	9,100
Locomobile seule,		2,400	3,400

Machine à battre Durand.

Locomobile, force :   2 chevaux,   150 gerbes à l'heure,   1,300 fr.
—   —   3   —   160   —   —   1,600
—   — 4 à 6   —   250 à 350   —   —   2 à 2,400

Machine à battre transportable, dite trépigneuse.

A 1 cheval,   1,600 à 1,700 fr.
A 2 chevaux,   2,200 à 2,400

Machines à égrener le trèfle, la luzerne, la minette.

Machine Lotz, sans le manège, ne vannant pas,   225 fr.
—   —   —   vannant,   750
—   — locomobile, vannant, sans roues, 1,075 à 1,250
— Chenel, pour locomobile de 3 à 4 chevaux,   475 à   576

COURROIES EN CUIR, VISSÉES, COUSUES OU COLLÉES

Courroies simples.

Largeur en mil-
limètres :   45,   50,   60,   75,   90,   100,   160,   200.
Prix du mètre : 2 f. 15, 2 f. 40, 3 f., 4 f. 05, 5 f. 20, 5 f. 95, 11 f. 09, 13 f. 90.

Courroies doubles.

Prix doubles des courroies simples, plus 1 fr. par mètre pour couture
ou vissage.
Bâche pour machine locomobile,   70 fr.
Bâche imperméable, 2 f. 60 à 3 f. 25 le mètre carré.

Instruments d'intérieur de ferme.

	Poids. kil.		Prix. fr.	
Appareil pour la cuisson des légumes : à bascule,	»		200 à 300	
marmite ,	»		180	300
avec générateur..	»			150
Applatisseur : à bras..........................	100 à 175			150
— à moteur......................	300	450	200	450
Baratte : à bras............................	»		25	75
— à moteur...........................	»		200	500
— mécanique en bois....................	»		40	60
— — en grès...................	»		30	50
— — en verre....................	»		28	38
— simple, en bois.....................	»		10	20
Bascule : balance au 10ᵉ, bascule portative......	»		100	120
— pour bestiaux......................	»		150	200
— romaine pour bestiaux................	»		290	900
Botteleuse : pour bottes de 4 à 6 kilos, 2 liens ..	»		70	110
— — 9 11 — 3 — ..	»		90	130
Écrémeuse : simple, à syphon...................	»		8	11
— à coffre double, à syphon........	»		45	75
— centrifuge Pilter	»		600	750
Concasseur : à bras, pieds bois	26	30	22	25
— — pieds fonte, à cylindres....	50	65	35	40
— — Pilter, débit : 60 litres à à l'heure................	»	115	»	155
— à manège, pour 50 litres	»	200	290	320
— brise tourteaux...................	80	150	130	200
— de graines oléagineuses, grand travail.....................	»		400	575
Coupe-racines : d'applique.	»	19	17	20
— sans et avec enveloppe.........	»		35	39
— à lames, 3 à 4..............	42	120	59	71
— à cône, 4 6..........	»		55	70
— à bras et moteur.	»		105	190
— pour distillerie..	»		300	750
— dépulpeur............... ...	119	150	100	185
Cribleur trieur : Marot, de 1 hect. à 6 hect. par heure......................	75	200	120	280
simple, à compartiments fixes et mobiles..................	»		130	160
à cuscute....	»	45	200	350
Égrénoir à maïs : à main.......................	»	2	8	10
— égrénant 20 à 25 litres	»		75	85
— à manège, 100 litres	»		150	180
Hache-paille : à bras (60 à 175 kilos à l'heure)...	»		70	185
— à moteur........................	320	380	185	350

	Poids. kil.	Prix. fr.
Laveur de racines : largeur, 1m à 1m,20.........	140 à 200	170 à 250
Moulin : (petit moulin agricole).		
— Bouchon, simple.....................	»	250 300
— — avec blutoir	»	325 500
— à pommes, à bras...................	»	80 100
— — — et moteur.........	»	165 200
Pressoir portatif : petits pressoirs de 25 à		
— 100 litres	»	40 100
— à vin et à cidre...........	»	230 650
— — — grand for-		
— mat.....................	»	560 1,400
Presse à huile : à engrenage....................		660 800
Tarare-vanneur : petit modèle...............	60 70	48 70
— grand modèle...................	100 120	70 150
Tarare-cribleur : avec 5 grilles	»	75 110

Instruments et appareils divers.

	fr.		fr.

Alambic Valyu, petit mo-
     dèle.........
	50 à »	Epluchcuse de pommes
		     de terre (Peltier).....
			» à 200

— grand modèle..	100 120	Ecrémeuse-Laval (120 à 140 litres à l'heure....	» 700

Appareil à engraisser les
     volailles (Roulier-Ar-
     noult).................
	» 80	Eleveuse (Roullier-Ar-
		     noult)............. ...
			30 90

Auge à porcelets.......	15 30	Forge portative à souf- flet.................	90 140
— circulaire en fonte	25 40	Liens (machine) Peltier.	» 350

—   râtelier pour che-
     vaux..........
	70
	50
		Parc à moutons (Peltier),
		     le mètre...........
			6,50

— râtel. pour vaches		Petrin mécaniq. depuis.	500 »
— — pour moutons	» 60	Presse à fourrage.......	500 1200
Botteleuse mécanique (Guilhem)....	35 60	— avec charriot	1200 2500
—	90 130	Machine à cintrer cercles et roues	175 375
Barrière à soulèvement.	65 100	Machine à broyer et teil- ler le chanvre..	» 750

Broyeur de pommes de
     terre cuites (Pilter)...
	» 80	Machine à broyer et teil-
		     ler le lin ....
			» 650

Buanderie économique..	150 250	Tordeuse pour essorer le linge............	45 55
Casse-os (Rochard).....	» 60	Tonneau malaxeur.....	» 450
Compteur-mesureur d'a- voine (Peltier)	80 100	Treuil à frein..........	180 500

Couvroir (Roullier-Ar-
     noult..............
	50 275	Wagonnet à bascule, à
		     fourrages ....
			» 200

Décortiqueur p. arachides	225 650		
Ebarbeuse d'orge (Pel- tier)............	» 180		

Outils divers, instruments à main.

	fr.	
Aiguiseur-affiloir (Pel-tier)..............	1.50 à	2 »
Anneau nasal.........	2.50	3.50
Arrache-clous........	10 »	30 »
Arrosoirs (la paire)...	6 »	15 »
Baquet pour traire les veaux	3 »	5 »
Bêche ordinaire......	3 »	6 »
— creuse à louchet	8 »	12 »
Biberon (Dutertre) pour veaux..............	» »	7.50
Binette (pièce).......	1.50	3.50
Boîte de flammes pour saigner	5 »	6 »
Carrelet (filet pour pêche).............	6 »	18 »
Chaîne d'attache, 2 branches.........	» »	1 50
Chaîne d'attache, 3 et 4 branches........	2 »	5.50
Chèvre pour soulever les essieux..........	» »	10 »
Clé anglaise	4 »	9 »
Claie pour parc à moutons.............	5 »	6 »
Cognée..............	» »	15 »
Coin en fer..........	» »	2 »
Cordage pour biller, le mètre (chanvre), de 15 à 16 mètres ou 8 à 10 brasses (la brasse = 1m,60).	1.50	2 »
Couteau à pédale pour foin	12 »	30 »
Crible à main........	» »	2 »
Cric	» »	60 »
Crochet à fumier.....	» »	3 »
Croc de 3 à 4 dents..	5 »	6 »
Cueille-fruit..........	» »	8 »
Echardonnette (pièce)	0.60	1 »
Echelle (petite).......	» »	10 »
— de 8 mèt. (3 fr. le mètre)......	» »	24 »
— en fer (Peltier).	12 »	18 »
Emporte-pièce pour courroie...........	» »	4 »
Enclume à faux......	10 »	12 »
Epervier............	17 »	50 »

	fr.	
Faux (bois seul)......	1.25 à	1.75
— nue	2.90	4 »
— acier	3.95	5.85
— montée........	6 »	8 »
— — armée ...	10 »	12 »
— flammande (sape et crochet.....	» »	4 »
— machine à battre les faux.......	» »	20 »
Faucille unie ou à dents	1.25	2 »
Fer à marquer.......	» »	4 »
Fléau à battre........	» »	2 »
Forces pour tondre les moutons...........	1.75	4 »
Fourche de 2, 3, 4 et 6 dents acier..	2.50	7 »
— américaine....	3 »	6 »
— à bécher......	7 »	8 »
Hachette............	» »	6 »
Houlette	» »	5 »
Houe à main........	» »	2.50
Lève-perches à houblon.............	» »	45 »
Marteau	5 »	10 »
Masse en bois, frettée.	» »	5 »
Massette à casser les pierres...........	1.50	2 »
Machine à aiguiser les faux (Bussereau)....	30 »	38 »
Mouchette, pince-nez pour taureau.......	5 »	6 »
Merlin	» »	8 »
Meule à aiguiser, avec auget...........	» »	20 »
— en grès, auget en fonte.......	20 »	35 »
Meule en émeri......	» »	50 »
Pelle de terrassier....	» »	4 »
Pince à tatouer les moutons...........	12 »	25 »
Pioche..............	» »	1.50
Pince ou lévier en fer.	10 »	15 »
Rateau en fer........	3.50	5.50
Ronces artificielles (les 100 m.)...........	» »	9 »
Scie	» »	3 »
Seau en bois........	» »	4 »
— zinc	6 »	10 »

	fr.				fr.	
Seringue de jardin...	»	» à 8 »	Tondeuse pour cheval 12	» à 25	»
Soufflet pulvérisateur.	»	» 10 »	— — mouton 12	» 18	»
Sécateur............	3	» 5 »	Trocart et canule..... 6	» 10	»
Sonde œsophagienne.	16	» 27 »	Tournée.............	» » 9	»
Tramail (pêche) le mèt.			Vanette.............	» » 3	»
courant...........	1.35	2.10			

Harnais.

		Prix fr.
Harnais de ferme, de charrette :		
Bride avec œillères...................	pièce	12 à 15
Licol	—	4 6
Collier à la française....	—	35 40
Sellette, selle de limon....	—	35 40
Dossière....	—	20 30
Sous-ventrière	—	10 15
Avaloire, appareil de reculement..	—	40 50
Guides ou cordeaux....	—	10 12
Harnais : fourni en entier....		135 145
— (gros, de limou)....		160 180
— clyciphe (pour labour de vigne)....		70 90
Harnais de cheval de trait :		
Bride avec œillières....	pièce	12 15
Collier à la française....	—	40 50
Traits avec fourreaux, porte-traits, etc..	—	20 30
Fourni en entier....	—	60 75
Harnais de jardinière, cuir noir, 5 kilog....		95 125
— — 6 —		108 128
— cabriolet — 6 —		122 140
— — — 7 —		128 146
— — garniture jonc, cuivre....		» 160
— — cuir fin double....		250 350
— de carrosse, complet avec avaloire....		300 400
— — en cuir Pont-Audemer....		500 635
— de poste, sans avaloire....		140 225
— — d'ordonnance....		250 280
— de diligence, 2 chevaux de volée....		» 154
— — 2 harnais du côté du limonier		» 205
— — cheval de limonière....		» 107
— complet d'âne....		60 80
Joug double....		4 8
— indépendant....		» 12
— courroies (jouilles, amblés)....		18 26

Prix de pièces de harnachements et objets divers d'écurie.

	Prix fr.	
Avaloire de cabriolet..	17 » à	40 »
— carrosse	45 »	85 »
Boucleteaux, cabriolet	7 »	12 »
— carrosse	45 »	60 »
Bride anglaise de selle, avec filet et rênes	10 »	25 »
— — sans filets	4 »	6 »
Barres de fesse	4 »	20 »
Bride avec frontal et œillères	24 »	60 »
Bridon d'abreuvoir	0.60	1.25
— — avec rênes et mors	7	9 »
— — à branches plates	3 »	4.50
Bricole de cabriolet, la pièce	30 »	40 »
— carrosse	60 »	95 »
Bourre de veau, les 100 kilog	30 »	35 »
Brosse chiendent, la pièce	0.75	2 »
— de cheval, en soie	1.50	6 »
Blaireau épilé	0.75	2.50
— en poils	3.50	8 »
Basannes, la douzaine	20 »	40 »
Chaînettes	26 »	40 »
Chaînes d'avaloire, le kilog	1 »	1.50
Croupière de selle	3 »	5 »
— avec culeron, la pièce	6 »	14 »
Collier (corps)	10 »	30 »
— monté pour cabriolet	25 »	65 »
— — carrosse	70 »	120 »
Courroie de reculement	3 »	5 »
— de sûreté	15 »	40 »
Culeron	2 »	6 »
Crin frisé, le kil.	2.50	4 50
— végétal	0.60	0.80
Coutil à carreaux, fleurs, etc., le mètre	2.50	4.50
Couverture d'écurie ordinaire	4 »	8 »
— — de laine	8 »	20 »
Caparaçon	45 »	60 »
Dossière	6 »	13 »
— pour jardinière	13 »	18 »
Etriers à sabot, à semelle pleine	3 »	6 »
Eponge, le chapelet de 12	20 »	40 »
Etui de fouets	0.50	3 »
Eperons, la paire	1 »	2 »
Etrille, la pièce	0.35	3 »
Fouet tordu, vache, la douzaine	3 »	8 »
— de voiture, pièce	1 »	6 «
Filet	2 »	7 »

	Prix fr.	
Fourreaux de traits, garniture et chaînes, la paire......	32 » à	45 »
Fausses rênes............	3 »	4 »
Fronteaux............	1.80	7 »
Guides en cuir pour cabriolet, la paire..............	10 »	17 »
— rondes — —	16 »	20 »
— plates doubles — —	24 »	30 »
— en cordes — —	4 »	13 »
— de carrosse —	13 »	30 »
— — doubles —	40 »	60 »
Grelots, la douzaine............	1·20	4 »
Grelottière............	6.50	23 »
Gourmette, la douzaine............	5 »	7 »
— avec crochet, pièce............	1.50	3.50
Genouillère étoffe, paire............	2.60	7 »
— caoutchouc............	5.50	8 »
— vache vernie............	7 »	12 »
Housse, pièce............	3 »	17 »
Licol de poche............	1 »	2 »
— à la capucine............	9 »	12 »
Lanterne de voitures ordinaires, pièce............	2 »	3.50
— de toutes sortes, la paire............	5 »	40 »
Mors anglais............	1.75	4.50
— brisé............	4 »	8 »
Mantelet de limonière, complet, pièce............	28 »	65 »
— pour carrosse, paire............	45 »	120 »
— seul, pièce............	14 »	40 »
Martingale............	4.50	10 »
— à fourche............	10 »	14 »
Muserolle............	4 »	7 »
Œillères, la paire............	2.50	5 »
Reculement avec croupière............	30 »	80 »
Poitrail avec garniture, cabriolet............	20 »	25 »
Sangle avec bandes doubles............	6 »	9 »
— simple............	2 »	6 »
Sellette à petits quartiers............	18 »	35 »
— anglaise, complète............	30 »	90 »
Sous-ventrière de grands boucletaux............	3.50	8 »
Tour de fesses, cabriolet............	8 »	16 »
Traits de cabriolet en cuir, paire............	15 »	35 »
— — corde enveloppée, paire............	12 »	19 »
— — noircie............	6 »	8 »
Selle anglaise ordinaire............	35 »	45 »
— de dames, 2 cornes............	70 »	90 »
— — 3 —............	90 »	130 »
Surfaix-gendarmes............	4 »	6 »

Des véhicules dans les fermes.

	Prix fr.			Prix fr.	
Brouette, en bois léger...	13 à 15	Brouette, tout en fer, à 1 roue......	50 à	60
— de terrassier, roue en bois........	15	18	— pour fourrage, 2 roues	70	90
— roue en fonte....	15	18	— brancard.......	120	160
— à sac, sans ou avec ensacheur......	18	24	— à transp. le lait.	100	120
— diable	40	60	Charrette à bras, du poids de 90 kilog..........	80	100

Charrette :

Petite, de 0ᵐ,06 de jantes 2 pouces..............	250 à	350
— 0ᵐ,09 — 3 —	350	400
Grande 0ᵐ,09 — 3 —	500	600
— 0ᵐ,11 — 4 —	700	800
— 0ᵐ,14 — 5 —	900	1.200
— 0ᵐ,17 — 6 —	1.200	1.400
— 0ᵐ,25 — 9 —	1.500	2.400

Chariot à 4 roues :

Petit 0ᵐ,06 de jantes » — (pour 1 cheval)...	290	320
— 0ᵐ,09 — 3 — (dit Comtois).....	350	400
Ordinaire 0ᵐ,09 — » —	550	700
— 0ᵐ,11 — 4 —	1.000	1.200
Fort 0ᵐ,14 — 5 —	1.200	1.400
Ordinaire 0ᵐ,17 — 6 —	1.300	1.700
Fort 0ᵐ,17 —	2.000	2.400

Tombereau à 2 roues, jantes de 70 millimètres	250	280
— — ordinaire..............	450	350
bois employé : 60 francs, main-d'œuvre : 90 fr., essieu, roues, accessoires : 200 francs.......	350	»

Dans certaines contrées pauvres, comme dans l'Indre, la Creuse, la Bretagne, possédant des petites races d'animaux, on construit des charrettes et des tombereaux dont les prix ne dépassent pas 160 à 250 fr.

Prix des roues en blanc :

		fr.		fr.
La paire de 0ᵐ,08 de bande	80 à 85	Les bandes et autres	20 à 25 les 100 k.
— de 0ᵐ,11	100	110	Les essieux........ 75 80 —
— de 0ᵐ,14	120	130	Les boîtes........ 40 50 —
— de 0ᵐ,17	140	150	

Volée d'attelage, 15 à 20 fr.; palonnier double, 8 fr.; palonnier simple, 5 fr.; palonnier à 4 crochets, 12 fr.

Voitures de maître, à la campagne.

Carriole suspendue :
  45 fr. le mètre de
    longueur, net.. . 250 à 400ᶠ
Charrette anglaise .. 350 600
Tilbury............. 300 500
Char-à-banc (2 roues) 450 500
  —   (4 roues) 600 800
Cabriolet 800 1.000
Breack............. 1.200 2.000

Prix de revient d'un cabriolet :
Capote : ferrure...... 50ᶠ ⎫
  —   drap........ 50 ⎪
  —   cuir......... 100 ⎬ 300 f.
  —   façon .... 35 ⎪
  —   fourniture... 15 ⎪
  —   bénéfice..... 50 ⎭
Roues, la paire, en bois 50 ⎫
    — ferrure.. 40 ⎬ 100
    — pose.... 10 ⎭
Caisse de la voiture, ressorts et accessoires......... 400

Prix de diverses pièces pour voitures :

Ressorts : se vendent au poids, de 0,75 à 3 fr. le kilog.
Essieux : se vendent suivant diamètre des fusées, à raison de 55 à
    120 fr. les 100 kilog.
Boîtes : brutes 30 fr. ; alésées 40 fr.
Roues : voiture à 2 roues, la paire en blanc................. 33 à 90
    —   2 —   en fer fort........ .... 65 160
    —   4 —   les roues en blanc......... ... 45 165
    —   4 —   en fer fort........ .... 80 170
Avant-train : pour petite voiture...................... 70 100
    —   voiture ordinaire..................... 95 180
    —   camion 130 160

TRANSPORT PAR CHEMINS DE FER DES OBJETS AGRICOLES

Les tarifs des chemins de fer, en petite vitesse, se divisent en *tarifs généraux* et en *tarifs spéciaux*.

Les tarifs *généraux* sont applicables à toutes les marchandises, quels que soient le poids et la distance. Ils sont d'un prix élevé ; mais, par contre, le transport a lieu dans un délai restreint, et les Compagnies répondent des avaries et des déchets de route.

Les tarifs *spéciaux* ne concernent que certaines marchandises, et sont seulement applicables entre des points déterminés. Leur prix est moins élevé, mais aussi les délais de transport sont plus longs, et les Compagnies stipulent qu'elles ne sont pas responsables des avaries et des déchets de route.

TARIF GÉNÉRAL

L'État a imposé aux Compagnies le même tarif général, et, suivant ce tarif, les marchandises sont divisées en quatre classes :

	Prix par tonne (1.000 kilos) et par kilomètre.
1re classe : huiles, œufs, viandes fraîches, sucres	0 f. 16
2e — blés, grains, farines, légumes, chaux, plâtre, charbons de bois, laines, vins, vinaigres, boissons, bières,..	0 14
3e — sel, argile, briques	0 10
4e — houille, marne, cendres, fumier, engrais, pierres à chaux et à plâtre, de 1 à 100 kilomètres	0 08
— 300 —	0 05
au delà de 300 —	0 04

Les animaux sont transportés aux conditions suivantes :

	Par tête et par kilomètre.
Bœufs, vaches, taureaux, chevaux, mulets...	0 f. 10
Veaux et porcs.............................	0 04
Moutons, brebis, agneaux et chèvres........	0 02

Frais accessoires, à ajouter aux prix des tarifs généraux :

Pour les *marchandises :*

par expédition, frais d'enregistrement........... 0 f. 10

par tonne
— de chargement,   0 f. 40
— de gare au départ, 0   35
— de déchargement,   0   40
— de gare à l'arrivée, 0   35   1   50

Les marchandises expédiées en vrac et par wagon complet ne payent que 1 fr. par tonne.

Pour les *animaux :*

frais d'enregistrement......................... 0 f. 10
— de chargement, de gare et de déchargement :

par tête
pour les grosses bêtes . 1 f. »
— les veaux et porcs 0   40
— les moutons...... 0   20

TARIFS SPÉCIAUX

Les marchandises s'expédient *par wagon complet ou par tonne* à raison de tant par kilomètre, souvent avec un minimum de poids de 4 à 5,000 kil., suivant les Compagnies.

Par wagon complet et par kilomètre :

de 1 à 100 kilomètres,	de 0 f. 30 à 0 f. 40
200 —	0 25 0 35
au-dessus de 200 kilomètres,	0 20 0 30

Par tonne et par kilomètre :

| de 1 à 200 kilomètres, | de 0 f. 05 à 0 f. 10 |
| au-dessus de 200 kilomètres, | 0   03   0   04 |

Pour les bestiaux, deux systèmes ont été adoptés par les Compagnies :

1º Taxe par wagon complet, quelque soit le nombre des têtes ;

2º Taxe par tête.

Par wagon et par kilomètre :

Bœufs, vaches, chevaux,		0 f. 50
Veaux et porcs,		0 50
Moutons,	0 f. 28 à 0	40

Par tête et par kilomètre :

Bœufs, vaches, chevaux,	0 03	0 09
Veaux et porcs,	0 02	0 03
Moutons,	0 005	0 008

On peut mettre environ : 7 bœufs par wagon,
15 à 20 veaux ou porcs par wagon,
50 à 60 moutons   —

Les instruments agricoles se transportent également aux tarifs *généraux* ou *spéciaux*, à raison de tant par kilomètre et par 1,000 kilos.

Prix moyens :

de 1 à 100 kilomètres,	0 f. 13 par 1,000 kilos.	
100 300 —	0 12	—
à partir de 300 —	0 11	—

Perception minimum pour un instrument, quelque soit la distance et le poids : 14 fr., plus 1 fr. 50 pour frais de gare.

Les fourrages se transportent par plate-forme, chargements moyens : 3,500 kil. pour le foin, et 2,500 pour la paille.

Consulter les tarifs déposés dans chaque gare, lesquels mentionnent quand il y a un prix fixe établi entre deux localités.

APERÇU DE QUELQUES PRIX DE TRANSPORT POUR LES MACHINES EN PETITE VITESSE, DES GARES DE PARIS :

	Distance. kilomètres.	Prix des 100 kil. fr.		Distance. kilomètres.	Prix des 100 kil. fr.
Agen,	651	8.80	Lyon,	512	7.50
Angers,	308	4.90	Marseille,	863	10 »
Besançon,	407	6.65	Mézières,	260	4.09
Bordeaux,	578	7.50	Moulins,	407	4.90
Bourges,	232	3.70	Nancy,	353	5.76
Cambrai,	206	3.40	Pau,	811	11.34
Chambéry,	595	9.43	Poitiers,	332	5.40
Cherbourg,	371	6.50	Quimper,	590	7.83
Dijon,	315	5.20	Perpignan,	965	12.24
Draguignan,	1.012	12.23	Rouen,	136	2.07
Limoges,	400	6.40	Toulouse,	751	9.85

Frais de gare en plus : 1 fr. 50.

Les prix ci-dessus ne sont donnés qu'à titre de renseignements.

Prix minimum pour le transport d'une machine : 14 fr.

BOIS ET FORÊTS

Les Compagnies n'acceptent l'assurance des bois et forêts que sous certaines conditions.

Voici quelles sont les clauses que l'on insère généralement dans les polices de bois non résineux *aménagés en coupes réglées.*

Changements dans l'âge de l'aménagement.

L'assuré est tenu de faire connaître immédiatement tout changement qu'il opèrerait dans l'âge de l'aménagement déclaré, auquel cas la Compagnie se réserve la faculté de résilier la police. A défaut de cette déclaration, l'assuré, en cas de sinistre, n'aura droit à aucune indemnité.

Évaluation des taillis en cas de sinistre.

En cas de sinistre, les experts prendront pour base de leur estimation des taillis le prix des ventes ou des exploitations régulières, prix qu'ils ramèneront au cours du jour, s'il s'en écarte. A défaut de ventes ou d'exploitations régulières, ils estiment les taillis comme s'ils avaient atteint l'âge usuel de la coupe. L'une ou l'autre de ces données sera divisée par le nombre d'années que forme l'aménagement, afin d'obtenir le prix d'un hectare par année, lequel sera appliqué à la contenance incendiée.

Estimation du repeuplement des souches.

Le repeuplement des souches mortes par l'effet du feu sera calculé à raison de deux plants par chacune, plantés dans les intervalles selon l'usage, et sans déracinement desdites souches.

Estimation du trouble dans l'aménagement (lorsqu'il est assuré).

Pour établir la perte que l'incendie pourra causer par le trouble dans l'aménagement des taillis, les experts admetteront le même prix qu'ils ont établi, comme il est dit ci-dessus, pour l'hectare, quand il a sa pleine croissance; puis ils déduiront du prix :

1° L'indemnité déjà fixée pour la perte sur les taillis ;

2° La valeur que le nouveau recru acquerra jusqu'à l'époque de la coupe ordinaire, moins les frais de recépage.

La somme qui restera, ces défalcations faites, formera le dommage.

Estimation des baliveaux.

Pour évaluer le dommage sur les *baliveaux*, les experts constateront :

1° L'âge moyen auquel les arbres sont exploités ;

2° L'âge et la valeur totale, pour chaque âge, de tous les arbres endommagés, comme s'ils étaient arrivés, sans être frappés par le feu, à l'époque d'exploitation précitée;

3° Enfin la valeur dépréciée, et aussi totalisée par âge, que ces mêmes arbres pourront présenter à cette même époque.

Le dommage résultera de la différence de ces deux appréciations.

Remise du règlement à l'année suivante.

En cas de désaccord des parties sur la fixation du dommage pour les arbres, les souches et le trouble dans l'aménagement, le règlement définitf n'aura lieu qu'au mois de septembre de l'année qui suivra immédiatement celle du sinistre.

Réduction du 4 % en intérêts composés.

Suivant les méthodes d'évaluation sus-mentionnées pour les taillis, les baliveaux et le trouble dans l'aménagement, le dommage est calculé comme si les bois de ces trois catégories avaient atteint l'âge parfait d'exploitation, époque à laquelle l'assuré peut seulement, dans l'ordre ordinaire, en toucher le prix. Mais l'indemnité étant payée comptant, ce dommage, si les bois incendiés n'ont pas leur entière croissance, sera préalablement dégrevé par un escompte de 4 % par an, que la Compagnie opèrera pour autant d'années qu'il fallait encore à chaque objet endommagé pour parfaire l'âge régulier de l'exploitation.

Toutes les Compagnies n'assurent pas les bois résineux sur pied, certaines les refusent complètement, d'autres n'admettent qu'un dixième d'arbres résineux, disséminés dans l'ensemble des propriétés boisées.

Les landes, ajoncs, bruyères et rampants sont exclus de l'assurance. L'assurance des coupes de bois abattus doivent faire l'objet d'une mention spéciale.

Tout assuré est tenu de déclarer s'il existe, dans l'enceinte des bois mentionnés, des fauldes à charbon, des fours à chaux ou à plâtre; si on y fait des sabots, des cercles ou des merrains, etc.

Évaluation des bois taillis.

On divise le prix de l'hectare de la précédente coupe dans la même forêt par le nombre d'années fixé pour l'aménagement; on obtient ainsi la valeur de chaque *feuille* au moment de la coupe. En multipliant cette valeur par l'âge du taillis, puis le résultat par la superficie du taillis incendié, on a celle de toutes les *feuilles* incendiées à l'époque où se fera la coupe. Pour obtenir la valeur, au moment du sinistre, de toutes les feuilles incendiées, il n'y a qu'à diviser le dernier résultat par la valeur qu'acquiert un franc à intérêts composés pendant un temps égal à celui compris entre l'époque de l'incendie et celle de la coupe. On admet généralement que le produit du récépage en compense les frais pour les taillis incendiés en bas âge [1].

L'ensouchement souffre rarement de l'incendie; d'ailleurs, il n'est point assuré, pas plus que le trouble dans l'aménagement. Il résulte que l'indemnité à la charge de l'assureur se borne à la perte qu'éprouve l'assuré par le seul fait du retard occasionné dans les coupes successives du taillis incendié; cette perte est toujours minime.

---

[1] NOTA. — Ce mode de calcul, qui suppose une parfaite uniformité d'accroissement depuis le premier âge du bois jusqu'à sa maturité, est en contradiction avec ce que l'on peut observer. Elle conduit à une approximation dont on peut se contenter quand il ne s'agit pas de grandes surfaces.

TABLE D'INTÉRÊT

Somme à laquelle s'élève 1 franc, placé à intérêts composés, après un certain nombre d'années, aux taux de 3, 4, 4 1/2, 5, 6, 7 °/₀ par an.

Années.	3 0/0	4 0/0	4 1/2 0/0	5 0/0	6 0/0	7 0/0
1	1.030	1.040	1.045	1.050	1.060	1.070
2	1.061	1.082	1.092	1.103	1.124	1.145
3	1.093	1.125	1.141	1.158	1.191	1.225
4	1.126	1.170	1.193	1.216	1.262	1.311
5	1.159	1.217	1.246	1.276	1.338	1.403
6	1.194	1.265	1.302	1.340	1.419	1.501
7	1.230	1.416	1.361	1.407	1.501	1.606
8	1.266	1.369	1.422	1.477	1.594	1.718
9	1.305	1.423	1.486	1.551	1.689	1.838
10	1.344	1.480	1.553	1.629	1.791	1.967
11	1.381	1.559	1.623	1.710	1.898	2.105
12	1.426	1.601	1.696	1.796	2.012	2.152
13	1.449	1.665	1.772	1.886	2.133	2.410
14	1.515	1.752	1.852	1.980	2.261	2.579
15	1.558	1.801	1.955	2.079	2.397	2.750
16	1.605	1.875	2.022	2.183	2.549	2.952
17	1.655	1.948	2.113	2.292	2.695	3.159
18	1.702	2.026	2.208	2·407	2.851	3.383
19	1.764	2.107	2.308	2.527	3.026	3.617
29	1.806	2.191	2.412	2.653	3.207	3.870
21	1.860	2.279	2.520	2.786	3.409	4.141
22	1.916	2.370	2 634	2.925	3.604	4.430
23	1.971	2.465	2.752	3.072	3.820	4.741
24	2.055	2.563	2.876	3.225	4.049	5.072
25	2.094	2.666	3.005	3.386	4.292	5.427

Pour trouver la valeur, après un certain nombre d'années, d'une somme quelconque placée à intérêts composés, à l'un des taux de ce tableau, il suffit de multiplier ladite somme par la valeur d'un franc, au taux voulu, après le nombre d'années dont s'agit.

Les Forêts de la France.

Les bois et forêts de la France couvrent une surface de 8,396,101 hectares, dont : 1,012,688 à l'État,

                1,907,846 aux communes,

                5,415,502 aux particuliers.

La valeur des bois de l'État est estimée à 1,300 millions, donnant un revenu annuel de 30 à 35 millions, soit une moyenne de 19 fr. par hectare, frais déduits.

Les bois particuliers donnent un revenu moyen de 28 à 30 fr. par hectare, frais déduits.

Essences forestières.

Noms des essences.	Durée années.	Limite de croissance. années	Hauteurs extrêmes. mètres	Diamètre à la base.
Alisier,	200	90	15	0^m,40 à 0^m,60
Aune,	90	50	20 à 25	0 50 0 60
Bouleau,	80 à 90	60	»	»
Charme,	150	80	»	»
Châtaignier,	plusieurs siècles.	»	»	15^m
Chêne rouvre,	—	130	33	3
— yeuse,	—	»	10	»
— liège,	—	»	»	2^m à 3^m
Epicéa,	300	»	40 à 45	0^m,60 0^m,66
Erable sycomore,	150 à 200	»	95	—
— plane,	—	»	25	—
— champêtre,	—	»	10 à 15	—
Frêne,	—	80	30 33	0^m,66
Hêtre,	300	»	40	1 50
Melèze,	plusieurs siècles.	»	33 à 40	1 60
Mérisier,	70 à 80	»	25 28	»
Micocoulier,	plusieurs siècles.	»	12 16	0^m,50 à 0^m,60
Orme,	—	»	»	»
Peuplier tremble,	50 à 60	»	25 à 30	5^m,66
Pin sylvestre,	200	»	33	1 20
— maritime	200	»	30	1 »
— laricio,	plusieurs siècles.	»	33	0 60
Robinier (acacia),	100	»	18	0 66
Sapin,	300	»	45	3 »
Saule marceau,	60	»	12 à 15	0 33
— blanc,	50 à 60	»	28	0 50
Sorbier des oiseaux,	120	»	10	0 50
— cormier,	200	»	20	1 »
Tilleul,	500	»	30	4 »

*Pesanteurs spécifiques des bois (rapport de leur poids à leur volume),
par comparaison avec l'eau.*

Eau, le mètre cube : 1,000 kilogrammes.

	le mètre cube.		le mètre cube.
Gayac	1.333 kil.	Cerisier	715 kil.
Ebénier	1.331	Oranger	705
Chêne	1.170	Sureau	695
Brésil	1.031	Saule	685
Campèche	913	Poirier	661
Buis	912	Sapin	657
Hêtre	852	Noyer	672
Frêne	845	Tilleul	604
Aune	800	Coudrier	600
If	807	Cyprès	598
Orme	800	Cèdre	561
Prunier	785	Peuplier blanc d'Espagne	528
Erable	755	— ordinaire	383
Pommier	773	Liège	240
Citronnier	726		

Poids du stère des différents bois.

Bois.	Poids du stère, bois équarri et pièce de charpente.		Poids du stère de bois de chauffage.	
Acacia,	785 à 800 kil.		»	
Aune,	543	600	291 à 293 kil.	
Bouleau,	700	714	318	338
Charme,	737	787	361	370
Chêne,	860	934	359	380
Hêtre,	714	860	314	380
Pin du Nord,	814	830	256	270
Pin,	528	650	287	312
Tremble,	538	550	272	290

Désignations diverses.

Le *bois flotté* est celui qui a été charrié par l'eau ;
— *pelard* provient du chêne écorcé ;
— *neuf*, bois de la coupe de l'année, ni flotté,
ni écorcé ;
— *vieux*, bois qui a plus d'un an de coupe.

Ages auxquels on abat les arbres.

Les taillis de hêtre augmentent jusqu'à.....   30 ans.
Les bois tendres déclinent après...........   15 à 17 —
Les bois à charbon s'exploitent à l'âge de...   5   6 —
L'âge où l'on doit abattre dépend du sol, du climat, de la situation de la forêt.

Le chêne et le hêtre s'abattent à l'âge de   80 à 100 ans.
Le bois de charpente demande.........   100   200   —
Le bouleau s'abat de   30   40   —
Le charme........................   50   70   —
Le pin (dans les mauvaises terres)......   60   80   —
  —   —   bonnes terres)........ ..   40   60   —

Croissance annuelle des arbres en hauteur et circonférence.

	Élévation.	Circonférence.
Peuplier,	0m,135	0m,089
Platane,	0 105	0 046
Aune,	0 097	0 034
Sapin épicéa,	0 073	0 040
Sapin commun,	0 057	0 029
Pin sylvestre,	0 054	0 047
Charme,	0 041	»
Frêne,	0 036	0 038
Tilleul,	0 032	0 030
Noyer,	0 030	0 032
Chêne,	0 030	0 023

Accroissement annuel des bois par hectare.

	Valeur en stères.		Valeur.
Quartier de chêne,	de 6m,804 à 6m,819		374 fr.
Rondinage de hêtre,	1 811	1 829	304
Quartier de chêne,	0 356	0 903	366
Rondinage de chêne,	0 183	0 286	270
Bois blanc,	0 120	0 280	294

Exploitation des taillis.

Le chêne en taillis se coupe :

pour le petit bois, à l'âge de   5 à 8 ans.
  — le bois à écorcer   —   8   28 —
  — perches,   —   20   40 --

Le hêtre et le charme se coupent :

pour le petit bois, à l'âge de 8 à 10 ans.
  — le bois de chauffage, —   10   20 —
  — cercles et claies   —   7   10 —
  — verge de vannier,   —   »   1 —

Pour les taillis mélangés de bois tendres, la révolution est de 8 à 20 ans, et si les bois durs dominent, de 10 à 35 ans.

Produit moyen annuel par hectare.

Pour les futaies............   8 stères.
  — les taillis de l'État.....   5 —
  — — des communes   4 —
  — — de particuliers   3 —

Tableau du produit moyen d'un hectare de taillis sous-futaie, en cordes (de 80 pieds cubes) et en stères

Ans.	Bons terrains:		Terrains médiocres:		Terrains en coteau :		Terrains de montagne :	
	cordes.	stères.	cordes.	stères.	cordes	stères.	cordes.	stères.
10	30	82	20	55	15	41	7	19
15	47	128	32	88	25	68	12	33
20	67	183	45	123	38	104	18	49
25	87	238	60	164	51	140	23	63
30	107	293	75	205	64	175	28	76
35	127	348	90	246	76	208	33	90
40	147	402	105	288	87	238	38	104

Valeur approximative des taillis.

Au-dessous de 5 ans,   de 100 à 150 fr.
A 10 ans,   150   250
— 15 ans,   300   450
— 20 ans,   500   700
— 25 ans,   700   900
— 30 ans,   800   1.000
— 40 ans,   1,000   1,200

BALIVAGE NORMAL DE COTTA, POUR UN TAILLIS SOUS FUTAIE
DANS UN BON SOL ET AMÉNAGÉ A 30 ANS

1° *Nombre de réserves avant la coupe.*

	Ages.	Réserve.
Vieilles écorces..........	150 ans	10
Anciens de 1ʳᵉ classe.....	120 —	20
— 2ᵉ —	90 —	30
Modernes...............	60 —	40

2° *Nombre d'arbres abattus lors de la coupe.*

Vieilles écorces..	10 —
Anciens 1ʳᵉ classe	10 —
— 2ᵉ —	10 —
Modernes.......	10 —

Le nombre de balivaux de l'âge à réserver avant la coupe est
de 50, dont 10 pour le cas d'accident.

Futaies.

L'estimation d'une futaie peut se faire par cubage individuel des
arbres ou par place d'essai.

Rendement d'une futaie eu égard à l'âge et à la révolution.

Révolution : ans.	Mètres cubes de bois suivant qualité du sol :		
	bonne.	moyenne.	mauvaise.
Chêne :			
30	106 à 144	68 à 104	28 à 66
60	212 280	136 174	52 104
80	304 410	200 280	64 184
100	376 588	280 392	94 224
120	468 748	360 460	120 280
140	480 908	416 584	138 348
Hêtre :			
40	131 210	80 134	28 104
60	212 318	132 180	52 180
80	310 494	200 335	67 290
100	387 653	280 402	94 280
120	547 800	347 507	162 320
140	547 921	347 573	»

Évaluation du branchage, d'après la grosseur de l'arbre.

Espèce et grosseur des arbres.	Produit des branches en stères :	
	maximum.	minimum.
	stères.	stères.
Chêne de 2 pieds,	0 1/2	0 1/4
— 3 —	1 »	0 3/4
— 4 —	1 2/3	1 1/4
— 5 —	3 »	2 1/4
— 6 —	5 »	4 »
— 7 —	6 »	5 »
— 8 —	8 »	7 »
Hêtre 2 —	0 2/5	0 1/3
— 3 —	1 1/3	1 »
— 4 —	2 »	1 2/3
— 5 —	3 »	2 »
— 6 —	5 »	3 1/2
— 7 —	6 »	5 »
— 8 —	8 »	7 »

Poids des bois empilés en forêt.

	Le stère. kil.		Le stère. kil.
Rondins de vieux chêne	400 à 430	Rondins de hêtre.	430 à 450
		— de charme	500 530
Rondins de jeune chêne	430 450	— de bois blanc..	300 350

Bois d'œuvre.

Se subdivisent en : bois de service ou de construction;
— de travail ou d'industrie.

Les bois de service se distinguent : en bois de marine,
— de construction ou de charpente,
— de charronnage.

Les bois de travail se distinguent : en bois de sciage,
— de fente.

Bois de sciage : planches,   Bois de fente : merrains, douves
           solives,   de futaille, bar-
           poteaux,   deaux, pelles,
           chevrons,   bâts, échalas,
           madriers.   cercles.

L'arbre abattu en forêt, on enlève le branchage et la cime pour ne laisser que la tige propre à l'œuvre, qui prend le nom de bois en grume.

Les bois de service sont enlevés en grume ou équarris sur place.

Les volumes des bois sont tous rapportés au mètre cube, pris pour unité.

Anciennes mesures :

       pied cube $= 0^{mc},0359$ ou $\frac{1}{27}$ du mètre cube ;

       pied cube du roi $= 0^{mc},03428$ ou $\frac{1}{27}$ du mètre cube ;

       solive $= 3$ pieds cubes ou $0^{mc},102832$, $\frac{1}{9}$ du mètre cube ;

       toise cube $= 7^{mc},4039$.

Abattage des arbres (divers prix).

2 fr. par pied pour arrachage,
3   du stère pour fendre les souches,
3   pour façon de 100 fagots,
2   pour sciage et fente de bois de corde.

Le menu bois est donné contre remplissage du trou.

0 f. 35 pour mise en stère du bois.

Elagage et mise en fagot des branches, 8 %.

Émondage des saules et arbres en têtards (divers prix).

Pour 100 fagots : 7 fr. dont 0 fr. 50 pour les hares.

Bois de corde : 2 fr. le stère.

Pour fendre les échalas de saule, les peler et épointer, 0 f. 75 la botte de 40 échalas.

Les émondeurs ont 0 fr. 40 par botte d'échalas de 40, non fendus.

Ormes : le tout réduit en bois de corde : 2 fr. le stère fendu,
                                   3   le stère de racines,
                                   3   le cent de fagots.

Les ouvriers ont, pour eux, le bois mort.

Arbres résineux.

De Bordeaux à Bayonne, on se livre à la culture du pin maritime, dont le plus grand revenu est le produit en gemme.

On appelle gemmage ou résinage l'opération qui consiste à extraire du pin maritime les sucs résineux qu'il renferme.

Commencement du résinage à 20 ans, suivant terrains, quelquefois seulement, sur des pieds de 30 à 40 ans.

Les produits qu'on obtient sont :

1° La gemme ou résine molle, mélange de résine et d'essence, que l'on recueille dans des récipients ;

2° Le galipot, matière qui s'extravase ou qui se fixe et se concrète sur le parcours de l'incision ;

3° Les barres, qui sont des galipots tout à fait secs, qu'il faut arracher avec un instrument de fer.

Par la distillation, on obtient une partie liquide ou essence de térébenthine et une partie solide ou résine.

Les résidus de la distillation sont la colophane ou arcanson, le brai sec et la résine jaune.

Il faut de 100 à 120 pins pour produire, par an, une barrique de résine d'une contenance de 336 litres.

Le prix d'une barrique de gemme est de 70 à 75 fr.

Un arbre de 60 à 70 ans peut fournir, en moyenne, de 6 à 8 kilos de matière brute.

Carbonisation en meules.

		Stère.		
1 stère de hêtre et de chêne (quartiers) produit	0,52 à 0,56 de charbon			
— de bouleau	—	—	0,65	0,68	—
— de pin sylvestre	—	0,69	0,64	—
— épicéa	—	0,65	0,75	—

1 hectolitre de charbon de bois pèse de 21 à 24 kil.

Le charbon se vend, en gros, en sac de 1 hect. 80.

La charge d'un bateau de charbon est ordinairement de 470 mètres cubes.

Les bannes de charbon (voitures spéciales pour le transport) contiennent 48 pieds cubes ou 4 caisses = 1^{mc},645.

La caisse $= 0^{mc},412$.

La rase $= 2$ pieds cubes ou 48 litres.

Le tonneau $= 7$ pieds cubes ou 2 hect. 4.

La voie $= 2$ hectolitres.

En province, le sac de charbon $= 4$ doubles 1/2 ou 90 litres, et se vend au pix de 3 à 4 fr.

Écorces à tan.

L'enlèvement de l'écorce se fait en pleine sève, de fin d'avril au 15 juin pour le chêne.

Les écorces de chêne se vendent à la botte, pesant de 15 à 30 kil.

1 hectare de bois de 28 ans, peuplé moitié chênes, moitié en essences diverses, peut donner de 100 à 140 bottes d'écorces.

Les 100 bottes pèsent en moyenne 22 kil. et valent, en forêt, à peu près 110 fr. (les 104 bottes).

Proportion de tanin dans les écorces,

Écorce intérieure des jeunes chênes,	16	%
— — — vieux —	15	—
— extérieure de chêne,	6,3	—
— — de châtaignier, hêtre,	9	—
— — d'orme,	2,7	—
— — de saule,	2,2	—

1 quintal d'écorces donne de 80 à 90 kil. de tan.

1,250 kil. d'écorces de chêne produisent 1,000 kil. de tannée sèche.

L'hectolitre de tannée pèse 80 kil.

Pour moudre un quintal d'écorces, on compte, comme frais, de 2 fr. 40 à 2 fr. 50.

Il faut environ 220 à 225 kil. de tan pour transformer 100 kil. de peau en cuir.

Tourbe.

Le mètre cube de tourbe mouillée pèse de 750 à 800 kil.

Séchée à l'air, son poids moyen est de 400 à 500 le mètre cube, et contient encore de 25 à 30 % d'eau.

100 kil. de tourbe, carbonisés dans des fours, donnent de 40 à 45 kil. de cendres.

Dans la Picardie, on compte qu'il faut 12 tombereaux de tourbe pour faire 1 tombereau de cendres.

La tourbe des Ardennes, carbonisée en meule, rend en poids de 20 à 25 % et, en volume, de 25 à 28 %.

BATIMENTS RURAUX

Dimensions concernant les écuries.

Écurie..................... largeur :		$4^m,50$		
— double.................. —		8^m		
— hauteur, sous plancher. ... —		$3^m,50$ à 4^m		
Longueur du râtelier par tête...	1	50	1	75
Superficie carrée, moyenne...		$1^m,90$		
Hauteur du râtelier...		$0^m,80$ à $0^m,90$		
Espacement des barreaux...	0	08	0	10
Elévation des râteliers...	1	33	1	50
Auge, profondeur...		$0^m,25$		
— largeur...	0	40		
Elévation de ses bords...		1^m à $1^m,20$		
— des barres de séparation...	$0^m,50$		0	60
Porte d'entrée, largeur...	1	33	1	50
— hauteur...	2	33	2	50
Pente du pavé...	0	03	0	05

Dimensions concernant les vacheries et bouveries.

Vacherie simple....... largeur :		$4^m,50$		
— double..... —		7 »		
Hauteur sous plancher...		3	50	
Largeur, par tête...		1	50	
Superficie carrée...		4 »		
Auge, profondeur...	$0^m,35$		$0^m,40$	
— largeur...	0	50	0	60
Elévation de ses bords...	0	60	0	70
— du râtelier au-dessus de l'auge...	0	60	0	75
Espacement des barreaux..	0	10	0	12
Pente du pavé...	0	02	0	03
Un bœuf à l'engrais exige une largeur de...	1	60	1	75
Un veau — —	0	75	1	»

Dimensions concernant les bergeries.

Brebis, superficie par tête..	2^m	»
Mouton, —	1	50
Agneau, —	1	»
Brebis, longueur de râtelier, par tête...	0	60
Mouton, — —	0	50
Agneau, — —	0	40

Hauteur sous plancher . . . . $3^m,50$ à 4   »
Hauteur du bord de l'auge 0 33 0 40
Largeur de l'auge 0 20 0 25
Profondeur de l'auge 0 10 0 12
Ecartement des barreaux des râteliers 0 05 0 07

Dimensions concernant les porcheries.

Truie, portière, superficie carrée par tête . . . . 4^m à 5^m
Cochon,   —   —   — 2   3
Verrat,   —   —   — 3   4
Porc à l'engrais,   —   — . . . . $2^m,50$ 3
Couloir de service . . . . $1^m,30$
Profondeur de l'auge . . . . $0^m,30$
Largeur   — . . . . $0^m,30$ à $0^m,40$
Hauteur sous plancher . . . . 2 » 2 · 50

Dimensions concernant les poulaillers.

Longueur du perchoir à poule 0 25 0 35
   —   du nid 0 20 0 30
Largeur   — 0 15 0 20
Hauteur du bord 0 40 0 50
   —   sous plancher . . . . 2 50 3 »
Distance qui sépare les perchoirs 0 50 0 60

Dimensions concernant les granges et greniers.

On emmagasine par mètre cube :
Céréales en gerbes . . . . 80 à 100 kil.
Foin des prairies naturelles 75   85
   —   artificielles 65   75
Hauteur des portes charretières . . . . 4^m
Largeur . . . . $3^m,30$ à $3^m,50$

Un mètre carré dans les greniers peut contenir 6 hectolitres de grains, lorsqu'on donne au tas $0^m,60$ de hauteur. Ces 6 hectolitres représentent un poids de 450 à 480 kil. de froment, charge maximum d'un plancher ayant 5 à 6 mètres de portée.

Constructions rurales.

Poids des matériaux employés dans les constructions.

	Le mètre cube : kil.			Le mètre cube : kil.
Chaux vive	800 à	857	Pouzzolane	1.085 1.128
— éteinte, en pâte	1.328	1.428	Mortier de chaux et	
Ciment	1.171	1.228	sable	1.856 2.142
Mâchefer	771	985	— et ciment . . .	1.656 1.718

	Le mètre cube : kil.			Le mètre cube : kil.	
Craie	1.214	1 285	Pierre à bâtir, compacte	2.142	2.750
Plâtre cru	1.899	2.297	Meulière poreuse	1.242	1.285
Sable fin et sec	1.399	1.420	— caillasse	2.485	2.613
— de rivière, humide	1.771	1.856	Silex pyromaque	2.570	2.927
Plâtre cuit, battu	1.199	1.228	Schiste grossier	1.813	2.784
— tamisé	1.243	1.257	Granit et gneiss	2,356	2.956
Brique	1.400	1.600	Basalte	2.756	3.056
Gravier caillouté	1.371	1.485	Houille, charbon de terre	942	1.328
Pierre à bâtir, tendre	1.142	2.713			

Poids des briques, des tuiles et des ardoises.

Ardoise carrée, forte	450 à	470
— fine	360	400
— cartelette	220	300
Brique de Bourgogne	2.410	2.480
— de Montereau	2.080	2.140
— de pays	1.800	1.850
Carreau à six pans, de Bourgogne	800	880
— — de pays	700	750
Tuile de Bourgogne, grand module	2.000	2.250
— — petit module	1.300	1.500
— pour faîtière	3.280	3.300
— de pays	1.150	1.200
— — pour faîtière	2.450	2.500

Dimensions des briques, carreaux, tuiles et ardoises.

	Longueur. m.	Largeur. m.	Épaisseur. m.
Brique de Bourgogne	0.225	0.108	0.081
— de Montereau	0.216	0.108	0.051
— de pays	0.210	0.088	0.047
Carreau à six pans	»	0.150	0.027
— carré	»	0.160	0.022
Tuile, grand module	0.300	0.244	0.013
— petit module	0.250	0.170	0.013
— du pays	0.257	0.162	0.018
— pour faîtière	»	0.350	»
Ardoise, grand carré	0.298	0 210	0.002
— cartelette	0.216	0.162	0.002

Nature des chaux hydrauliques.

	Chaux.	Argile.
Très hydraulique	80	20
Hydraulique	83	17
Peu hydraulique	89	11

Mortiers.

Gros mortier...	2 parties de sable,	1 partie de chaux éteinte.	
Mortier........	2 —	—	2 — —
— ciment..	2 —	de tuile,	1 — —

Béton....
{
chaux vive................... 1 partie.
sable .... 2 —
cailloux.................... 3 —
}

On emploie pour faire un mètre cube :

de béton gras .... { 0.55 de mortier } pour réservoir.
{ 0.77 de cailloux } chaussée d'étang.

de béton demi-gras .... { 0.52 de mortier } pour maçonnerie
{ 0.78 de cailloux } sous l'eau.

de béton ordinaire..... { 0.48 de mortier } pour maçonnerie
{ 0.84 de cailloux } sous l'eau et pavage.

de béton maigre........ { 0.38 de mortier } pour fondations et
{ 1 » de cailloux } massifs en terrain sec.

de béton un peu maigre. { 0.45 de mortier } pour fondations dans
{ 0.90 de pierrailles } les sols humides.

DIMENSIONS DES PLANCHES MARCHANDES

Chêne.

	Largeur. m.	Épaisseur. m.
Grand battant....................	0.333	0.11
Petit —	0.250	0.08
Doublette....................	0.333	0.06
Echantillon	0.250	0.04
Membrure	0.165	0.08
Entrevous....................	0.250	0.03
Chevron	0.083	0.08
Membrette	0.18	0.06
Frise....................	0.13	0.03
Panneau	0.24	0.22

Hêtre.

Feuillet....................	0.216 à 0.243		0.031 à 0.033	
Membrure....................	0.110	0.165	0.100	0.180
Doublette....................		0.330		0.881
Quartelot....................		0.236		0.056

Sapin.

	Largeur	Épaisseur
Planche ordinaire....................	0.244	0.027
— large....................	0.210	0.027
— réduite....................	0.330	0.027

DIMENSIONS QUE DOIVENT AVOIR LES POUTRES DES PLANCHERS

Portée dans œuvre	Largeur.	Hauteur.
4 mètres.	0,^{m}27	0^m,32
5 —	0 30	0 36
6 —	0 33	0 40
7 —	0 36	0 44
8 —	0 37	0 48
9 —	0 41	0 51
10 —	0 43	0 56

Inclinaison minimum des combles.

	Midi.	Nord.
Tuiles plates...	27°	34°
	Ouest.	Est.
Ardoises............	50°	50°

Dimensions, en centimètres, des pièces des combles portant un plancher.

	Longueur dans œuvre.	Arbalé- triers.	Poin- çons.	Faîtage.	Pannes.	Sablière.	Che- vrons.	Tirant.
Ferme simple	6	19 à 22	19	16 à 19	19	12 à 23	9	27 à 52
	9	24 26	26	17 20	20	14 25	10	32 40
	12	30 32	30	19 22	22	16 28	11	37 47
Ferme avec en- trait retroussé et jambes de force.	6	15 18	15	16 19	19	12 23	9	30 42
	9	22 18	18	17 20	20	14 25	10	37 52
	12	22 27	22	19 22	22	16 28	11	45 63

Poids des tuyaux de 1 mètre de longueur.

	Diamètre.	Épaisseur.	Poids.
Tuyaux en fonte :	de 0^m,055	»	9 kil.
	0 085	»	13
	0 090	»	15
	0 11	»	24
Tuyaux en plomb :	0 025	3 à 4 milli.	3 à 4
	0 030	»	4 5
	0 040	4 à 4 1/2	6 7
	0 050	»	10
	0 10	5	17

Poids des couvertures, par mètre carré.

Ardoises métalliques .... 4 kil.

Zinc.. .... 7 à 9

Ardoises d'Angers... 18 22 kil.
—   des Ardennes.. 22 30
Tuiles de Bourgogne... 90 92
— à emboitement.. 40 42
— creuses.. 95 100
— pannes... 40 42
Bardeaux.. 40 44

Le poids des lattes, voliges, clous, mortier et du plâtre n'est pas compris.

Le mètre superficiel de voliges employées en couverture pèse de 5 kil. à 5 kil. 500.

Un mille d'ardoises (grande carrée), couvre 23 mètres superficiels.

—   —   (cartelette),   — 13 —   —

Prix de revient des constructions à la campagne [1].

Terrassement :

Fr.

Fouille en rigole, pour fondation des murs, jet sur berge et regalage (épandage) des terres...... 0.20 le mètre cube.

Fouille en excavation, jet sur berge et chargement des terres sur chariot...................... 0.50 —

Maçonnerie :

Maçonnnerie en moellons ou pierrailles, en mortier de chaux et sable, par mètre cube :

Moellons ou pierrailles .... 2 f. » }
Chaux : $0^{mc}080$ à 25 fr. le m. c........ 2   » } 8 »   —
Sable : $0^{mc}250$ à 2 fr. — ...... 0 50 }
Façon ou main d'œuvre............. 3 50)

Maçonnerie en moellons ou pierrailles hourdée en terre, par mètre cube :

Moellons ou pierrailles............. 2 f. » } 5.50 —
Façon............................. 3 50 }

Maçonnerie en briques posées sur champ (les briques ayant $0^m,22 \times 0^m,11$ et $0^m,54$ d'épaisseur), le mètre superficiel :

38 briques à 32 fr. le mille.......... 1 f.22 }
Mortier........................... 0 10 } 1.67 —
Façon 0 35)

---

1 NOTA : Tous ces prix de revient, moyens, ne peuvent naturellement s'appliquer à toutes les localités. Ils varient avec le prix des matériaux, les prix de transport et le prix de la main-d'œuvre.

Maçonnerie en briquettes posées sur champ (de 0ⁿ,22 × 0,ᵐ11 et 0ⁱᵘ,27 d'épaisseur), le mètre superficiel :

		Fr.
38 briques à 22 fr. le mille............	0 f. 84	
Mortier	0 10	1.39
Façon.................................	0 45	

Maçonnerie en briques posées à plat :

Pour cloisons de 0ᵐ,11 d'épaisseur, le mètre superficiel 3.34

Encoignures de bâtiment, baies de portes et fenêtres, plus-value par quartier de taille........ 0.50 la pièce.

Seuil, appuis de croisées en pierre dure, le mètre linéaire................................ 3 »

Escalier :

La marche en pierre, pose comprise, la marche 4 »

Aire :

En pierrailles battues et damées.............. 0.50 le mètre sup.
En bitume, sur béton .... 3.40 —
Pavage en pierres dures, hourdé en chaux et sable, avec ruisseau .... 2.65 —
Bétonnage en cailloux ou pierres cassées, hourdé en mortier de chaux et de sable, avec caniveaux en briques .... 1.85 —
En bitume, sur terre damée .... 1.90 —

Chaperons des murs :

Le mètre linéaire.......................... 1.50

Aire avec tuiles, par mètre superficiel :

12 tuiles à 30 fr. le mille.............	0 f. 36	
Façon.................................	0 40	0.76

Enduit avec mortier de chaux et de sable, par mètre superficiel :

Chaux : 0ᵐᶜ018 à 25 fr. le mètre cube .	0 f. 46	
Sable : 0 010 à 2 —	0 02	0.75
Façon	0 27	

Crépi en mortier de chaux et de sable, par mètre superficiel :

Chaux : 0ᵐᶜ008 à 25 fr. le mètre......	0 f. 20	
Sable : 0 005 à 2 —	0 04	0.36
Façon.................................	0 15	

Plafond en plâtre, par mètre superficiel :

Fr.

6 lattes à 0 f. 025 l'une...................	0 f. 15	
Clous à latte, 0 f. 025 à 1 fr. le kilo ...	0 03	
Plâtre, 0mc080 à 16 fr. le mètre cube..	1 »	2.50
Façon..............................	1 04	

Plancher en torchis sur bardeaux, par mètre superficiel :

45 bardeaux de 0m,04 × 0m,7 et 0m,32 de largeur à 25 fr. le mille................. 0 f. 80) 1.20
Façon.............................. 0 40)

Dallage, en pierre dure de 0m,08 d'épaisseur, le mètre superficiel :

Pierre : 0mc080 à 30 fr. le mètre cube. 2 f. 40)
   —   sciage 5 50) 8.65
Pose et mortier 0 75)

Carrelage en terre cuite, par mètre superficiel :

38 carreaux à 20 fr. le mille.......... 0 f. 76)
Mortier... .... 0 17) 1.43
Façon 0 10)

CHARPENTE

Chêne, par stère :

Bois................................ 100 f. ») 122 f »
Façon............................... 22 »)

Bois blanc, par stère :

Bois................................ 45 ») 60 »
Façon............................... 15 »)

COUVERTURE

1° Tuiles, par mètre superficiel :

27 tuiles à 30 fr. le mille............... 1 11)
7 lattes à 0 f. 025 l'une............... 0 18) 1 78
Clous................................. 0 04)
Façon 0 45)

2° Tuiles, par mètre superficiel :

63 tuiles à 35 fr. le mille 2 20)
10 mètres lattes cœur à 0 f. 04........... 0 40)
Pointes 0 10) 3 25
Solive et chanlatte..................... 0 15)
Façon................................. 0 40)

1° *Ardoises ordinaires (0ᵐ,30 × 0ᵐ,16), par mètre superficiel :* ... fr.

44 ardoises à 32 fr. le mille..................	1 f. 41	
88 clous à ardoise à 1 fr. 15 le mille.............	0 10	
6 mètres de voliges à 0 fr. 50 le mètre.........	0 80	2 f. 67
37 clous à volige à 3 fr. le mille..............	0 11	
Façon	0 75	

2° *Ardoises fortes d'Angers :*

50 ardoises à 50 fr. le mille......	2 50	
7 mètres de voliges.....................	0 70	
100 grandes pointes.....................	0 08	4 05
80 clous à ardoise.....................	0 12	
Façon	0 65	

3° *Ardoises, grand modèle :*

10 ardoises à 22 fr. le cent...............	2 20	
20 clous en cuivre.....................	0 15	
4 mètres de voliges à 0 fr. 05.............	0 20	3 12
24 clous à volige à 3 fr. le mille...........	0 07	
Façon	0 50	

Chaume : le mètre superficiel......................... 2 75

le mètre linéaire.

Faitage en tuiles faîtières	1 f. 50
Ruellées ou rives, plus-value	0 50
Egouts, plus-value pour 2 tuiles superposées..........	0 72
Gouttières et tuyaux de descente en zinc..............	2 30

MENUISERIE

le mètre superficiel.

Porte en chêne d'habitation, barrée et rainée..............	7 f. 50
— ordinaire, en bois blanc, rainée, collée et assemblée...	5 20
— de grange, en sapin de 0ᵐ,04 avec barres et écharpes chêne..	6 50
— de remise, en sapin, à claire voie	2 10
— en chêne, à 2 ventaux........................	6 15
— en chêne brut, rainée et barrée..................	5 »
Bâti en chêne................................	0 80
— en bois blanc.............................	0 50
Escalier, la marche en bois.......................	1 50
Plancher en peuplier ou sapin, de 0ᵐ,034 d'épaisseur, rainé..	3 »
— de comble, en bois blanc, blanchi et rainé sur lambourdes minces........................	2 25
Plinthes, en sapin..............................	0 40
Croisée, en chêne, avec bâti	7 25
Volet, en chêne	6 15
Cloison, bois blanc, rainée et collée.................	3 »
— — brute....................	2 25

	le mètre linéaire.
Râteliers, traverses en orme ou frêne........................	3 f. 30
Auge, en chêne, formée de 3 planches assemblées.........	5 75
Crèche, en peuplier grisard..............................	1 75

	le mètre superficiel.
Peinture à l'huile (portes et fenêtres, volets et plinthes, 2 couches)..	0 60
3 —	0 80
Vitrerie, portes et fenêtres..............................	4 »

FERRURES

Ferrure de porte de grange, composée de 4 pentures avec gonds, 2 pivots à équerre avec crapaudines.............	21 f. 50
Ferrure pour porte ordinaire.............................	16 25
Ferrure pour croisée....................................	8 50
Ferrure pour volets.....................................	6 50
Gros fer, barreau de croisées, tirants et plates bandes, le kilo	0 50

Petits fers :

Loquet, à bouton olive, compris crampon et rosette........	1 75
Serrure de sûreté avec gâche............................	8 »
Verrou...	1 50
Charnière, targette en fer .... 0 f. 40 à	0 60
Crémone..	3 75
Paumelle (pièce)..	1 10
Bec de canne, avec bout double..........................	4 25

Mobilier de ferme ou de métairie

MEUBLES

	fr.			fr.	
Lit : (bois de lit) en cerisier, ciré...........	35 à	45	Commode : en bois ciré, avec marbre.	80 à	90
— en noyer—..........	50	60	— en bois verni, avec marbre.	130	150
— — frêne ou ormeau.	60	70	— en bois verni, sans marbre.	100	120
— — fer, suivant grandeur............	16	30			
Armoire à linge : en bois ciré............	80	100	Buffet : (bas de buffet, seul...........	50	85
— en bois verni..	150	160	— à deux étages, en cerisier....	100	120
Commode : en bois ciré, sans marbre.	50	60	— — noyer......	130	150

	fr.		fr.
Buffet : en frêne ou ormeau	150 à 170	Grande horloge	50 à 60
		Boîte (seule)........	20 25
Table : de nuit...... ..	15 30	Chaises : en bois blanc, foncées jonc,	
— carrée, en bois blanc...........	10 20	la pièce.......	1,80 2
— carrée ou maie, comme pétrin..	30 40	— en bois ciré, la pièce	3 » 3,50
— ronde...........	25 30		

LITERIE

		fr.
Matelas, en laine : laine, 14 kil., à 3 fr. le kil......	42 f. »	
étoffe, 4ᵐ,25 à 1 fr. 70 le mètre..	7. 20	
écharpillage de la laine	8 »	62.20
façon...	5 »	
Matelas, en laine et crin : laine, 10 kil.	30 »	
crin, 5 kil., à 5 fr. le kil........	25 »	
étoffe	7 70	73.20
écharpillage..	6 »	
façon...........	5 »	
Matelas, en crin végétal : crin végétal, 20 kil., à 0 fr. 51 le kil....	10 »	
étoffe, 4ᵐ,25, à 1 fr. 40.........	5 95	20.95
façon.......... ..	5 »	
Matelas, en guinche : guinche, 16 kil , à 0 f. 15 le kil.	2 40	
étoffe...........	5 95	13.35
façon........... .	5 »	
Sommier : ordinaire, à une personne........		35 à 40
à deux personnes...		50 60
Lit de plumes ou couette (plumes mortes) : plumes, 12 kil. 500, à 2 f. 30 le kil.	28 f. 75	
étoffe, 4ᵐ,50, 2 75 le m.	12 35	43 10
façon.........	2 »	
Lit de plumes (plumes vives) : plumes, 12 kil. 500, à 3 f. 25 le kil.	40 60	
étoffe, 2 75 le m..	12 35	54.95
façon........	2 »	
Traversin : Plumes, 2 kil., à 2 f. 30 le kil.....	4 60	
étoffe, 1ᵐ, 2 75 le m.....	2 75	8.35
façon	2 »	
Petits oreillers (2) : plumes, 2 kil., 2 f. 30...........	4 60	
étoffe, 1ᵐ....... :	2 75	9.35
façon..........	2 »	
Paillasse : 4 bottes de paille choisie	0 80	
étoffe, 4ᵐ,50, à 1 f. 70 le m.......	7 65	11.45
façon.........	3 »	

fr.

Couverture :	1/2 laine, verte	14 »
	pure —	25 »
	coton................................	14 »
	piquée, garnie en laine....................	22 »
Couvre-pieds :	....	14 »
Rideaux de lit :	25^m d'étoffe, à 1 f. 25 le m................	31.25
Carré de lit :	....	7 »
Draps :	la paire, coton, 11^m, à 1 f. 70 le m	18.70
	— toile, 11 2 » —	22 »

LINGE

Chemise :	pour homme, en toile, 2^m,20 à 2 f. 50 le m. (façon comprise)				5.50
	pour femme, en toile, 2^m,50, à 2 f. 50 le m. (façon comprise)				6.25
Serviette :	pièce....................	de	1 f. »	à	1 f. 50
Tablier de coton, couleur :	—		1	45	2 »
— de toile :	—		3	»	3 50
Mouchoir :	—		0	60	1 »
Nappe :	—		4	»	7 »
Torchon :	—		0	40	0 80

PRIX DES BARRIQUES NEUVES

Demi-barrique de Bordeaux........................	de	8 f. 50	à	9 f. 50
Barrique de 225 litres de Bordeaux (cerclée fer et bois)....................		10	50	11 50
Futailles de Cognac, de 100 litres................			15	»
— — 228 —			24	»
— — 500 —			50	»
La bordelaise, renvoyée, est reprise pour..........		7	»	7 50
— vendue vieille, vaut..............		3	»	4 »

DES SAUVETAGES

L'importance du sauvetage est généralement en rapport inverse de la violence et de la rapidité de l'incendie.

Les objets sauvés, intacts ou avariés, conservent une valeur que les experts établissent facilement. La difficulté, pour eux, commence lorsqu'il s'agit de déterminer avec précision la quotité et la valeur des objets n'ayant laissé que des traces.

On peut établir, en principe, que rien ne brûle sans laisser des traces et des vestiges, dont la forme et la quantité dépendent de l'agglomération plus ou moins grande, sur un même point, d'objets combustibles, et de l'intensité du feu qui les a laissés.

S'il s'agit de meubles, alors même que le bois est entièrement brûlé, il reste les ferrures, qui se retrouvent dans les décombres.

Le linge, les effets d'habillement laissent assez de débris pour permettre, sinon de les reconstituer entièrement, du moins de se faire une idée de leur valeur primitive. Le linge plié, réuni ou entassé sur un même point, brûle difficilement, les flammes ne pouvant, faute d'air, le pénétrer et le traverser.

Même dans la supposition d'un incendie ayant presque tout détruit, il restera toujours comme vestiges, dans les décombres, pour les vêtements en drap, les parties ourlées; pour les chemises, les poignets et les cols. Les vêtements en drap ou en laine se consument avec un extrême lenteur.

La plume, le crin et la laine ne sont jamais entièrement consumés; on en retrouve toujours des débris dans les résidus.

Les résidus sont d'une grande importance pour l'évaluation des récoltes perdues. Ainsi, les pommes de terre, dans un incendie, cuisent ou se calcinent, mais ne disparaissent jamais entièrement.

Les grains brûlent, mais comme des grains de café, en conservant leur forme primitive et en s'agglutinant en une masse plus ou moins épaisse, suivant leur volume au moment de l'incendie.

Pour les fourrages, en meule ou en grange, les résidus sont aussi un moyen de vérification. Mais on est surtout guidé par les traces laissées sur les murs.

Métaux neufs et vieux (Cote de mars 1887).

	Poids du mètre cube. kil.	Métaux neufs, les 100 kil. fr.	Métaux vieux, les 100 kil. fr.		
Fer marchand : au bois	»	16.50			
au coke	7.650	14 »	6 » à	7	»
à cheval	»	19.60			
Tôle	7.700	18 »	4 »	4.50	
Fonte : colonne	7.200	16 »	4 »	5	»
tuyau	»	20 »	»		»
brûlée	»	»	1.50	2	»
Cuivre : brut, lingot	8 800	115 »	»		»
tuyau	»	135 »	80 »	110	»
mitraille	»	»	45 »	60	»
Étain : en lingot	7.275	277 »	»		»
— baguette	»	280 »	»		»
— mitraille	»	»	100 »	120	»
Zinc : brut	7.190	42 »	»		»
laminé	»	58 »	»		»
de couverture	»	»	22 »	27	»
Plomb : brut	11.300	35 »	»		»
laminé	»	44 »	»		»
fondu	»	»	22 »	24	»
Bronze : mécanique	»	»	85 »	92	»
tournure	»	»	60 »	65	»

Chiffons, Papiers, Os, Verres cassés.

	Métaux neufs		
Chiffon blanc (toile et coton)	50 à 50 fr. les 100 kil.		
— bulle	22	25	—
— drap, pure laine	50	60	—
Etoupes	14	16	—
Vieux papiers de rue	5	8	—
Rognures couleurs	16	20	—
Os à travailler	25	35	—
— à brûler	14	16	—
Cornes de bœuf	30	35	—
Verre blanc	10	12	—
— noir à bouteille	18	20	—
— cristal	18	20	—

TABLE DES MATIÈRES

Angers, imprimerie P. Lachèse et Dolbeau, Chaussée Saint-Pierre, 4.

APPENDICE

ÉVALUATION DES RÉCOLTES SUR PIED OU PENDANTES

Observer d'abord : la nature du sol, les modes de culture suivis dans la contrée, l'exposition climatérique.

Après avoir considéré l'aspect général de la récolte, constater ensuite : les vides, manques ou places non garnies, la nature et la quantité des arbres plantés, la proportion des herbes envahissantes, les pertes causées par les maladies, les ravages ûs aux animaux nuisibles.

Du jour des semailles au jour de la maturité, les récoltes ont à passer par bien des phases qui, naturellement, influent sur leur végétation. Elles ont à redouter les gelées, les excès d'humidité et de sécheresse, les grands vents, la grêle, la coulure (défaut de fécondation des fleurs) et la verse, qui, pour les céréales, a des conséquences plus ou moins graves suivant qu'elle s'est produite avant ou après la floraison.

Animaux nuisibles à l'agriculture.

1. *Quadrupèdes* : Le sanglier, le cerf, le daim, le chevreuil, le lièvre, le lapin, le rat, la souris, le mulot, le loir et le campagnol.

2. *Oiseaux :* Le ramier, la tourterelle, la corneille, le moineau, le faisan, la perdrix, la caille, l'alouette, le pinson, le chardonneret, la fauvette, la grive.

3. *Insectes :* (Sont indiqués à la suite, par nature de récolte).

a

Récoltes céréales.

Sans tous les ravages que les insectes exercent, les semences que l'on confie à la terre n'auraient pas besoin d'être aussi abondantes. Pour couvrir un hectare de blé, par exemple, 80 à 100 litres suffiraient, tous les grains germant. C'est pour assurer la récolte contre toutes les causes destructives (insectes et maladies), qu'on est obligé d'employer de 250 à 300 litres de semence.

INSECTES NUISIBLES

Les *Baniules* ou *Iules* (vers à mille pieds), les larves des *Hannetons* ou vers blancs, les larves des *Taupins*, les *Courtillères* ; les *Limaces grises* attaquent les semences et les tiges.

Les larves des moucherons *Céphus* et *Clorops*, les larves du *Saperde grêle* (coléoptère) attaquent les tiges de blé.

Les *Anguillules*, vers invisibles à l'œil nu, attaquent les plantes encore jeunes et se multiplient dans les graines lors de la formation des épis. Dans le grain on trouve à la place de farine, une poussière blanche, sèche, constituée par des myriades d'anguillules. A cet état du grain on applique souvent le nom de *nielle*.

A l'époque de la floraison, la mouche *Cécidomye* pond ses œufs sur les balles des épilets ; les larves rapidement écloses, rongent les grains.

La *Noctuelle des moissons* attaque le blé dès la floraison ; la chenille dévore le grain jusqu'à l'époque de la moisson et même dans les lieux où elle se trouve transportée.

En Provence et dans le Languedoc, les blés sont parfois entièrement détruits par les *Sauterelles* et les *Criquets*.

En Algérie, ce sont des contrées entières que les sauterelles ravagent.

L'*Alucite* ou *butale des céréales*

MALADIES

La *Carie*, champignon qui se développe dans l'intérieur du grain et qui attaque particulièrement le froment, est vulgairement appelée *moucheture, bosse, chambucle* et les grains sont dits *boutés, cloqués, noirs, gras* ou *pourris*. Sorti de la gaine, l'épi atteint est d'un vert blanchâtre, et, écrasé, dégage une odeur de poisson gâté. L'épi carié semble plutôt mûr que ceux restés intacts. Les pertes causées par la carie peuvent s'élever au 1/4 à 1/2 et même au 3/4 de ce que le produit aurait été sans elle. On la combat en chaulant ou en sulfatant les grains employés pour semences.

Le *Charbon*, appelé aussi *noir, charbonnette* ou *nielle*, champignon microscopique qui convertit le grain de froment en une poussière noire, et se répand avant la maturité. Il apparaît dans les champs d'orge et d'avoine à l'époque de l'épiage. Ce sont les organes de la floraison qui sont convertis en une poussière noire. Se confond souvent avec la *carie*. La poussière noire du charbon n'a pas la mauvaise odeur de celle de la carie.

La *Rouille* ou *miellure, emmiellure* se développe dans le cours de la végétation, à la surface des tiges, des feuilles sous forme de taches rouges ou jaunes. Le grain rouillé est petit, maigre, léger ; la paille

(papillon nocturne) attaque le blé dans les greniers. L'œuf est pondu sur les épis peu de temps avant la récolte. Les ravages de la chenille, cachée dans le grain, commencent quand le grain est rentré. Un blé alueité perd de 40 à 50 °/o de sa valeur.

Le *Charançon* et la *Cadette* (Trogosite) causent leurs ravages dans les greniers.

VÉGÉTAUX NUISIBLES AUX CÉRÉALES

Indépendamment de certains végétaux, tant vivaces qu'annuels, qui nuisent aux récoltes par leur envahissement, il en est d'autres dont les semences, forcément mêlées avec celles des céréales, les déprécient. Telles sont les semences :

1º De l'*ivraie enivrante*, graminée dont le feuillage ressemble à celui du blé, même analogie pour le grain, qui est vénéneux.

2º Du *brome - seigle*, graminée semblable à l'ivraie.

3º Du *mélampyre*, appelé aussi *rougette* ou *rougeole, queue de renard, blé de vache*, dont le grain est assez semblable à celui du froment.

4º De la *nielle*, plante à fleurs bleues et à grains noirs. Les blés qui en renferment beaucoup sont peu estimés.

prend une couleur grise. Cette maladie, plus particulière au froment et au seigle, est causée par l'humidité du sol, les brouillards. Peut diminuer le rendement de moitié au 2/3.

La *Pucinie* ou *rouille noire* se développe aussi sur les épis.

Le *Piétin* se manifeste à l'époque de la floraison par des taches brunes au bas des tiges. Le pied du blé devient entièrement noir avant la maturité du grain. Cette maladie se produit surtout les années humides.

L'*Ergot*, production singulière plus particulière au seigle, espèce de champignon, se développe peu après la floraison dans les années humides. A la place du grain, on trouve une excroissance d'un noir violacé ou verdâtre. Des champs entiers de seigle peuvent en être infestés. L'ergot est un poison.

BRULURE, GRAIN ÉCHAUDÉ

Dans le Midi, aux approches de la maturité, on a à redouter, pour les froments les effets d'un soleil brûlant succédant à une rosée abondante. Les goutelettes de rosée, jusqu'à évaporation complète jouent le rôle de lentilles, puis, en s'évaporant, créent une humidité nuisible au grain, qui se rétrécit au lieu de grossir.

On remédie à cet inconvénient, qui peut devenir calamiteux, en recourant, comme dans le Var, au cordage du blé, opération qui consiste à passer une corde tendue sur les épis, avant le lever du soleil, de manière à faire tomber à terre toutes les goutelettes de rosée.

Plantes légumineuses.

INSECTES NUISIBLES

A leur sortie de terre, toutes les plantes légumineuses, à part les

MALADIES

Les légumineuses prennent facilement *la rouille* et *le blanc*, déter-

haricots, ont à redouter les limaces, les puces de terre, les vers blancs, les courtillières, les blaniules. Le *Sitone rayé* (coléoptère), mange les feuilles par le pourtour. Les pucerons (*Aphis*) surviennent à la floraison. La *Bruche des pois* (coléoptère), attaque les fleurs ; sa larve se développe à l'intérieur des gousses qu'elle dévore.

minés par des végétaux cryptogames. On constate alors sur les feuilles des taches rousses ou noires, accompagnées de poussières blanches.

Les légumineuses craignent en général la sécheresse. Les champs ensemencés sont parfois envahis par la *Cuscute* (parasite).

Plantes oléagineuses.

INSECTES NUISIBLES

Les loches, les limaces, les chenilles vertes, les altises ou pucerons de terre, les larves des hannetons et les courtillières attaquent les plants, et, parfois, ravagent des champs entiers.

La *Noctuelle du chou* dévore les feuilles de tous les crucifères.

La larve du charançon, la chenille de la teigne et le petit ver blanc rongent les siliques et les graines.

MALADIES

La *Moisissure blanche* ou *Blanc de colza*, altération due au champignon *Sclerotium varium*, qui est généralement amenée par une humidité abondante.

La *Rouille* se développe, dans les mêmes conditions, sur les tiges et les siliques du colza. Le manque de siliques pour le colza et la navette peut aussi avoir pour cause le froid, les gelées blanches et la coulure.

Plantes cultivées pour leurs racines ou leurs tubercules.

INSECTES NUISIBLES

Les betteraves, les carottes et les pommes de terre ont à redouter les attaques des limaces grises, des courtillières, des pucerons, des vers blancs.

Les coléoptères *Atomaria*, *Hylemia* et *Cryptophagus*, rongent plus particulièrement les feuilles et le pivot des racines des betteraves et des carottes. Les feuilles de betteraves attaquées par le *Nématode*, deviennent rapidement noires.

La betterave, la carotte et la pomme de terre ont chacune leur *Noctuelle*.

MALADIES

Les années humides donnent lieu à diverses altérations causées par des champignons microscopiques ; elles occasionnent aussi la Chlorose.

La *Frisolée*, affection plus spéciale à la pomme de terre, est causée par des cryptogames ; les feuilles sont rapetissées et déformées.

La *Gale* attaque le tubercule de la pomme de terre au-dessous de l'épiderme.

Plantes textiles.

INSECTES NUISIBLES	MALADIES
Le lin et le chanvre craignent peu les attaques des insectes à part l'altise ou puce de terre, qui ronge la plante à sa naissance.	La *Moisissure*, est causée par un végétal cryptogame qui attaque le bas des tiges, lesquelles jaunissent ensuite. Plantes parasites : la *Cuscute* et l'*Orobanche*.

Plantes économiques.

INSECTES NUISIBLES	MALADIES
Les limaces, les courtillières, les vers blancs, lors de la sortie de terre des plants. Les jeunes feuilles du *tabac* sont attaquées par les pucerons, les fourmis et divers autres insectes.	La *Mouffe* s'attaque aux racines ; le feuillage jaunit, et l'arbre se dessèche et finit par mourir. Le *Noir* ou *Morfée*, matière noire, tantôt friable, tantôt compacte, qui couvre l'écorce et la partie supérieure des feuilles. Les galles, les chancres et les mousses qui donnent asile à une multitude d'animaux microscopiques.

L'Olivier.

INSECTES NUISIBLES	MALADIES
Le *Bostriche de l'olivier*, qui vit du bois de l'arbre. La *Tinéite*, le *Charançon* attaquent les feuilles et les bourgeons. La *Mouche de l'olivier*, attaque la chair, l'amande et le noyau de l'olive. La *Cochenille adonide* et la *Psylle* sucent la sève de l'arbre. La *Teigne* de l'olivier, chenille qui dévore les feuilles.	Le safran redoute le *Rhysoctone*, champignon qui vit sur le bulbe ; les pieds atteints deviennent jaunes. Le *Fausset*, protubérance sur le côté de l'oignon. Le *Tacon* attaque le cœur de l'oignon. Les tiges et les cônes du houblon, les tiges et les feuilles de tabac sont sujets à la rouille.

La Vigne.

INSECTES NUISIBLES	MALADIES

Les chenilles de la *Noctuelle pronuba*, du *Sphinx espenor*, du *Bombyx caja* et de la *Pyrale;* — la première sans poils, grise, avec deux petits filets blancs de chaque côté, la seconde d'un gris-noirâtre, la troisième à anneaux noirs avec de longs poils bruns-rougeâtre, la quatrième d'un vert-jaunâtre — dévorent les bourgeons au printemps, puis les feuilles. La Pyrale s'attaque aussi aux grains.

L'*Eumolpus vitis* (coléoptère) appelé aussi *gribouri, écrivain*, dévore les jeunes branches et la grappe ; sa larve, plus dangereuse encore, vit sur le collet des racines.

Le *Phylloxera* ronge les racines et surtout la partie chevelue

L'*Hélice vigneronne*, sorte de colimaçon, suce le jus du raisin, ne laissant que la pellicule et les pépins.

L'*Oïdium*, parasite végétal, et l'*Antrachnose*, cryptogame, envahissant les bourgeons et les grains, les années humides.

Le *Mildew* ou *Mildiou* (peronospora viticola), champignon, attaque le dessous des feuilles et amène leur chute bien avant la maturité des grains.

Le *Pourridié*, champignon parasite des racines.

La *Brûlure*, maladie des feuilles, qui tombent pendant la maturation du raisin, lequel mollit après et prend une couleur rouge-brique.

En Lorraine, on appelle le *chaud* une maladie qui dessèche les grappes de raisin en partie ou en totalité.

La *pourriture* est une maladie qui se développe avec plus ou moins d'intensité suivant l'humidité ; elle s'attaque aux grappes en voie de formation ; elle est souvent accompagnée de moisissures.

Prairies naturelles et artificielles.

INSECTES NUISIBLES	MALADIES

Les sauterelles, les criquets, les chenilles *Noctua graminis*, les *Phalœna calamitosa* et les *Tinéides*.

La luzerne, dans le Midi, est attaquée par l'*Eumolpe obscur*, appelé en Provence *barbarotte* et dans le Languedoc *négril*. Les larves dévorent les jeunes pousses de luzerne.

La *Gamase des fourrages* : arachnide de la famille des *Acarides*, parasite que l'on trouve, parfois, en grande quantité dans le Midi. Tombant avec la poussière des fourrages sur la tête, le cou et le dos des chevaux, il provoque des

Récolté une année pluvieuse, sur une prairie basse et humide, le foin peut présenter, sur les tiges, des taches pulvérulentes d'une couleur brun foncé ; il est dit alors *rouillé*. La *rouille* ne doit pas être confondue avec la *moisissure*, autre maladie également causée par des cryptogames, qui apparaît après la fauchaison, tandis que la *rouille* se déclare pendant la pousse des herbes.

Altérations du foin : un foin est dit *lavé*, lorsqu'il a subi alternativement l'action de la pluie et du

démangeaisons et des éruptions souvent dangereuses.

Plantes parasites : dans les prés, la *Pétasite*; dans les luzernes : la *Cuscute.*

soleil et pendant plusieurs jours. Valeur nutritive en moins : 1/5.

Un foin est *vasé*, lorsque avant ou pendant la fenaison, il a été inondé par de l'eau vaseuse. Donné dans ces conditions, sans être battu, secoué ou lavé, il peut causer des épizooties.

PLANTES QUI ENTRENT DANS LA COMPOSITION DES BONS FOINS

Graminées : Les poa (paturins), les vulpins, les fléoles, les avoines, les fétuques, les flouves et les conches odorantes.

Autres que les graminées : La gesse, le trèfle, la luzerne, le lotier, la lupuline, le mélilot, le millefeuilles, la pimprenelle, le carvi.

PLANTES QUI ENTRENT DANS LA COMPOSITION DES FOINS ORDINAIRES

Graminées : Les dactyles, les bromes, les fétuques élevées, le fromental et l'orge des prés.

Autres que les graminées : La véronique, la scabieuse, le caille-lait, l'origan, la salicaire, le panais, la carotte sauvage, le pissenlit.

PLANTES QUI ENTRENT DANS LA COMPOSITION DES MAUVAIS FOINS

Graminées : Les graminées dures, comme les bromes.

Autres que les graminées : La renoncule, l'anémone, la cigüe, le chardon, les joncs, la mousse, la prêle, la patience, la colchique.

Le meilleur foin est celui composé par 2/3 graminées et 1/3 égumineuses.

Le foin n'a toute sa valeur nutritive que 2 à 3 mois après la récolte, quand il a ressué. Donné nouveau, c'est-à-dire non ressué, il peut occasionner des indigestions et des congestions. Le foin peut conserver ses qualités pendant 1 an à 1 an 1/2; passé ce temps, il devient cassant, poudreux, sans goût et est peu nutritif.

a.

Quantité de grains par litre de semence.

	Grains dans 1 litre.		Grains dans 1 litre.
Céréales :		Maïs, gros grains...	1,500
		— quarantain.........	5,000
Blé Richelle blanche......	12,000	— poulet	6,500
— de Saumur...........	13,500	Sarrasin	25,000
— de Noé	15,000	Millet.............	180,000
— de Saint-Laud........	15,500		
— Richelle de mars.....	16,000	*Légumineuses :*	
— d'Ecosse	17,000		
— Hickling	19,300	Féverolle	1,600
— blanc de Flandre.....	21,700	Pois grosse variété.	15,000
— tendre d'Odessa......	29,000	— gris...	30,000
— Seisette rouge de Tou-		— chiche	2,000
lon......	38,000	Lentille	10,000
Epeautre...............	10,000	— d'Auvergne..........	15,000
Seigle..................	30,000	Haricot de Soissons.......	2,000
Orge	10,000	Gesse, Vesce....	12,000
Avoine.................	10,000		

Pour les blés, la moyenne des grains, par litre, est de 16.500.

—   —   par kilo, est de 20.000.

— comme répartition de semence sur le sol :
4 grains par décimètre carré.

—   —   4 millions par hectare.

Dans un épi de blé, on trouve de 12 à 60 grains, moyenne : de 26 à 30.

Dans un épi d'avoine, 25 grains annoncent un rendement de 20 hectol. à l'hectare.

Dans un épi d'avoine, 30 grains annoncent un rendement de 24 hectol. à l'hectare.

Dans un épi d'avoine, 40 grains annoncent un rendement de 32 hectol. à l'hectare.

Chaque silique de colza contient, en moyenne, 24 grains.

Lorsque dans un champ de blé on compte :

Par mètre carré 250 à 300 tiges, c'est l'indication d'un bon rendement.

Par mètre carré 200 tiges, c'est l'indication d'un rendement satisfaisant.

Par mètre carré 150 tiges, c'est l'indication d'un rendement médiocre.

Estimation théorique d'une récolte céréale sur pied.

Pour avoir une moyenne, prendre dans trois ou quatre endroits différents du champ une surface de 1 mètre carré que l'on fait couper ; puis, les tiges comptées et battues, compter également les grains.

Divisant ce dernier nombre par celui des tiges, on obtient, comme quotient, le nombre d'hectolitres par hectare.

Estimation pratique pour les récoltes céréales des départements environnant Paris, d'après M. Boreau, chef des cultures à l'École de Grignon.

Ce mode d'évaluation comprend deux opérations distinctes. La première opération consiste à évaluer le nombre de gerbes que l'on peut récolter à l'hectare ; elle exige une certaine habitude pour juger ainsi *de visu.*

M. Boreau part de ce point : qu'un champ parfaitement semé et très régulier dans son ensemble, peut donner, dans les bonnes terres, en blé non versé 1,000 gerbes, du poids de 11 à 12 kilos. — Si le blé est versé, mais mûr, le rendement en gerbes peut-être de 1,200 à 1,400; celles-ci, alors, sont d'un poids inférieur.

Pour d'autres champs comparés au précédent, suivant leur régularité et l'importance des manques, supposant le rendement moindre de 1/4, on n'aura plus que 750 gerbes à l'hectare.

—	1/3,	—	660	—
—	1/2,	—	500	—

La seconde opération consiste, la quantité des gerbes à récolter à l'hectare une fois reconnue, à examiner le nombre de grains que renferme les plus fortes mailles ou épillets d'épis pris de ci et de là dans le champ.

Admettant un champ qui présente comme rendement possible 800 gerbes :

1º Si on trouve pas mal d'épis donnant quelques mailles (3 ou 4) à 5 grains, on peut compter de 15 à 16 gerbes pour 1 hectolitre, ou 50 hectolitres à l'hectare.

2º Si on ne trouve que peu de mailles à 5 grains, il faut compter 20 gerbes à l'hectol., ou 40 hectol. à l'hectare.

3° S'il n'y a pas de mailles à 5 grains, mais quelques-unes à 4, il faut compter 25 gerbes à l'hectol. ou 32 hectol. à l'hectare.

4° S'il n'y a pas beaucoup de mailles à 4 grains, il faut compter 30 gerbes à l'hectol. ou 26 hectol. à l'hectare.

5° S'il y a beaucoup de mailles à 3 grains et peu à 2, il faut compter 35 gerbes, ou 22 hectol. à l'hectare.

6° S'il y a peu de mailles à 3 grains et beaucoup à 2, il faut compter 40 à 45 gerbes à l'hectol., ou 18 à 20 hectolitres à l'hectare.

A conditions égales, l'avoine rend 1/3 en plus que le blé, l'orge autant que le blé, l'escourgeon autant que l'avoine et le seigle 1/4 en moins que le blé.

Des effets de la grêle sur les récoltes.

L'importance des dommages que cause la chute de la grêle est en raison de son intensité, de la nature de la récolte et de l'époque à laquelle elle se produit, par rapport au degré de végétation des plantes.

CÉRÉALES

En herbe : A ce moment, la grêle cause des dommages qui se réparent facilement au bout de 15 à 20 jours. Aussi, dans pareille circonstance et avant de se prononcer, doit-on toujours attendre les effets de la réparation.

Avant et après l'épiage. — *Avant l'épiage* : Si les tiges ont une hauteur de 0^m.20 à 0^m,50 et qu'elles soient coupées ou même ployées par les grelons, le grain ne se formera que difficilement ; cependant on peut encore s'attendre à une certaine réparation.

Après l'épiage : Toute tige coupée ou ployée à l'état vert, entraîne la perte du grain. Reste la paille, qui, y compris le grain mal formé, conserve une valeur comme fourrage.

Avant et au moment de la maturité : Avant la maturité, la paille étant seulement ployée, le grain n'est pas perdu, il continue à mûrir. Au moment de la maturité, la grêle égrène plus ou moins les épis et les coupe, parfois, sans que pour cela la paille soit toujours endommagée.

En javelles ou en gerbes : Pour qu'il y ait un dommage appréciable à ce moment, il faut une grêle intense. L'égrenage trouvé sous les javelles ou les gerbes sert à en déterminer l'importance: Le fauchage et le liage produisent aussi un égrenage.

PLANTES LÉGUMINEUSES

Les pois, les haricots et les féverolles sont sensibles aux effets de la grêle. Lorsque celle-ci arrive avant la floraison, le dommage est réparable ; il ne l'est plus quand la grêle a coupé les fleurs ou ouvert les cosses.

PLANTES OLÉAGINEUSES

Colza : La grêle survenant avant la formation des siliques, de nouveaux rejetons peuvent encore se former ; tandis que si les siliques sont atteintes une fois formées, il n'y a plus à espérer de réparation. Ne pas confondre les effets de la grêle avec les taches de rouille qu'on rencontre souvent sur les tiges et les siliques.

Œillette : Le plant très tendre est facilement coupé dans la première phase de sa végétation. Si la grêle atteint la tige une fois montée, mais non encore fleurie, la réparation peut se faire en partie ; il n'en est plus de même soit au moment de la floraison, soit après.

Cameline : Cette plante craint peu les effets de la grêle avant la floraison, à part la première quinzaine qui suit la levée de la graine. Après la floraison, il n'y a plus à compter que la récolte se refasse.

PLANTES A RACINES ET A TUBERCULES

Leur récolte n'est compromise que si la grêle, survenant dans les premiers temps de la végétation, coupe le plant lorsqu'il n'a que 2 à 4 feuilles. A cette époque, on peut recourir à un nouveau repiquage, ou procéder au remplacement de la plante. On a toujours le droit de s'attendre à une certaine réparation, lorsque les racines sont atteintes, même par une grêle intense, à l'époque où elles sont encore capables de produire de nouvelles feuilles.

PRAIRIES NATURELLES ET ARTIFICIELLES

La grêle ne cause aux prairies naturelles et artificielles qu'une sorte de dommage, qui se traduit par une différence dans les rendements.

PLANTES TEXTILES

Chanvre : La tige ou le brin de chanvre, ployé à l'état vert, se rompt à l'arrachage ou au teillage. Le lin et le chanvre ne croissent plus après la floraison. Le chanvre n'est marchand que quand il a atteint une hauteur de $0^m,70$ à $0^m,80$. Quand il n'a que $0^m,50$, il ne peut servir à la filasse. Le manque de croissance peut aussi avoir pour cause certaines conditions climatériques.

Lin : Le lin redoute plus que le chanvre les effets de la grêle. Tout brin dont la tête est coupée est un brin perdu pour la filasse, tandis que la graine peut continuer à mûrir.

PLANTES ÉCONOMIQUES

Tabac : Grêlé avant de monter, le tabac est généralement fort endommagé. Si la saison le permet, il est préférable de recourir à un repiquage. L'administration des Tabacs peut exiger l'arrachage complet des plants, lorsque le tabac est grêlé une fois monté.

Houblon : Lorsque le houblon est grêlé avant la formation des cônes, on doit attendre cette époque pour juger des dommages. La grêle survenant après la formation des cônes, le dommage se traduira par une différence de poids dans le rendement au moment de la récolte.

LA VIGNE

La vigne est très sensible aux effets de la grêle jusqu'au moment où les grains commencent à se nouer. La grêle se produisant avant ou après la formation des grappes, il n'y a pas de réparation possible.

Assurance contre la grêle.

Extraits des conditions générales des polices.

Les Compagnies assurant contre la grêle, à primes fixes, ne répondent, en aucun cas, des dommages causés *à la qualité* des récoltes ; elles ne tiennent compte que des diminutions de *quantité*.

L'assurance comprend *obligatoirement et sous peine de déchéance,* en cas de sinistre, toutes les récoltes de même nature dépendant d'une même exploitation.

Toutes les parties intégrantes et utiles de la récolte sont comprises dans l'assurance : *la paille ou la partie fourragère* entre pour 1/5 de la valeur assurée sur les céréales, les légumineuses et les coupes de prairies artificielles réservées pour graine ; pour 1/10 de la valeur assurée sur les sarrasins, les betteraves, les plantes légumineuses de toutes espèces et les plantes oléagineuses.

La graine est comprise pour 1/4 de la valeur de la récolte assurée sur lin et chanvre.

Les fruits seuls de la vigne sont assurés pendant toutes les phases de leur formation et de leur développement.

L'assurance des prairies naturelles et artificielles comprend toutes les coupes de l'année, pourvu que l'assuré indique dans sa police la partie de rendement qu'il entend affecter à chacune d'elle ; faute de quoi la première coupe seule est assurée.

L'assuré est tenu de faire connaître, pour chaque parcelle de terre, l'espèce de récolte, la contenance en hectares et en ares, le rendement en nature espéré.

La police mentionnera en outre le prix attribué à chaque nature de récolte par unité de mesure ou de poids. Ce prix, fixé d'accord entre la Compagnie et l'assuré, servira de base à l'établissement du capital assuré et de la prime et au calcul de l'indemnité, en cas de sinistre.

Le détail parcellaire est rigoureusement obligatoire ; en cas de sinistre, il n'y aura lieu à aucun règlement *pour toute parcelle* qui n'aura pas été *séparément désignée* à la police.

En cas de sinistre, la déclaration envoyée directement à la Compagnie, suivant le modèle imprimé à la fin de la police, devra comprendre l'espèce de la récolte, la contenance en ares et hectares et l'évaluation, *en vingtièmes,* de la perte présumée.

La Compagnie qui assure se réserve, jusqu'à l'époque de la maturité des récoltes, le droit de fixer le jour de l'estimation des dommages. Si elle le juge convenable, elle peut provoquer une expertise provisoire.

Les dommages sont réglés de gré à gré entre l'assuré et la Compagnie, ou évalués, en suite d'expertise contradictoire par deux experts qui seront choisis, l'un par la Compagnie, l'autre par l'assuré. En cas de désaccord, les experts s'adjoignent un troisième expert.

Les experts, après avoir pris tous les renseignements et vérifié tous les documents préalables nécessaires, déterminent l'étendue de la parcelle grêlée.

Ils estiment ensuite, d'après leurs appréciations :

1º Quel aurait été *en quantité* le rendement à l'hectare du principal produit de la récolte sur la parcelle sinistrée, si elle était arrivée à maturité sans être grêlée ; c'est-à-dire qu'ils ramènent la récolte à sa valeur réelle au moment du sinistre, en tenant compte de tout dommage étranger à la grêle qui s'est produit avant le sinistre, et qui doit entrer en déduction de la valeur de la récolte.

2º Qu'elle est *en vingtièmes* ou *fractions de vingtièmes*, et séparément pour chacun des produits compris dans l'assurance, la perte *réelle* occasionnée par la grêle.

Si la pièce de terre atteinte est d'une grande étendue, les experts pourront, sur la demande de l'une des parties, la diviser en parcelles de 50 ares, et procéder séparément à l'expertise de chacune de ces parcelles.

L'assurance ne devant jamais être une cause de bénéfice, les experts, dans leurs évaluations, ne doivent jamais perdre de vue ce principe du droit commun, et tiennent compte en conséquence de tous les sauvetages, de la part proportionnelle des frais de récoltes et de toutes compensations qui viennent atténuer la perte apparente.

Le rendement *réel* constaté par les experts ou à l'amiable, combiné avec le prix de l'unité de rendement, détermine la valeur de la parcelle sinistrée.

Cette valeur se répartit entre les différents produits suivant les proportions indiquées ci-dessus sur la paille, la partie fourragère, etc., et sert de base à la fixation de l'indemnité due sur chacun d'eux. Cependant, si le rendement *réel* est supérieur à celui porté sur la police, l'assuré sera considéré comme son propre assureur pour la différence et l'indemnité sera réglée d'après ce rendement.

Il n'est dûe aucune indemnité sur tout produit d'une parcelle ou fraction de 50 ares, dont la perte n'excédera pas 2/20.

Lorsque la perte éprouvée dépasse 2/20, l'indemnité sera payée intégralement.

Conditions particulières aux lins et tabacs.

L'assurance cesse pour les *lins* dès que les tiges sont arrachées et pour les *tabacs* dès que les plantes sont détachées du sol ou que les feuilles sont détachées de la plante.

L'assuré est tenu de fournir, tant aux experts qu'aux délégués de la Compagnie, tous les documents qu'il peut posséder sur ses plantations de tabacs, et de représenter aux besoins les extraits de l'acte de vérification délivré par les employés de la régie.

Si la perte constatée sur des tabacs peut se réparer au moyen de repiquage, ou de recépage, l'assuré est tenu de procéder à l'une ou à l'autre de ces opérations, sur la demande de la Compagnie et aux frais de cette dernière.

Dans ce cas, il sera procédé, avant la cueillette des tabacs, à une seconde évaluation qui seule déterminera le chiffre définitif du dommage.

Est déchu de tout droit à l'indemnité, l'assuré qui, même avec l'autorisation des employés de la régie, a détruit ou enlevé ses tabacs avant l'arrivée du mandataire de la Compagnie chargé de faire procéder au règlement du sinistre.

ERRATA

Page   65 : *lire* Perrée au lieu de Penée.

—   91 : Ne pas tenir compte de la virgule dans les colonnes 3, 5, 6, 7 et 8 : *lire* les chiffres comme entiers.

— 123, ligne 22 : *lire* 1,000 à 1,200   au lieu de 500 à 1,000.

— — — 23 : — 1,200 à 1,500   —   1,000 à 1,500.

— — — 30 : — 5,000 à 6,000   —   600 à   800.

— — — 31 : — 5,000 à 6,000   —   400 à   500.

— — — 33 : —   400 à   500   —   150   ».

— 124 —   2 : — 0,025 au lieu de 0,25 (prairies irriguées).

— 125 — 33 : le battage de 70 hectol., en 10 heures, a lieu dans les contrées où on laisse près de la moitié de la paille sur le champ.

— — — 36 : *lire* 30 à 40 hectol. au lieu de 130.

— — — 37 : —   80 à 100   —   150.

— 182 — 18 : *lire* 10 à 12 p. % pour prix de la mouture en nature.

— 186 L'unité des valeurs, pour graines oléagineuses, est l'hecto-litre.

— 193, ligne 4 : *lire* : en blé ou seigle, au lieu en blé de seigle.

Angers. imprimerie P. Lachèse et Dolbeau.

www.ingramcontent.com/pod-product-compliance
Ingram Content Group UK Ltd.
Pitfield, Milton Keynes, MK11 3LW, UK
UKHW021917070726
13614UKWH00001B/81